职业教育
数字媒体应用人才培养系列教材

AutoCAD 中文版
实例教程

AutoCAD 2019 | 微课版

胡志栋 束华娜 袁国伟／主编　尹雄 乔志杰 肖新耀／副主编

人民邮电出版社
北　京

图书在版编目（CIP）数据

AutoCAD中文版实例教程：AutoCAD 2019：微课版 /
胡志栋，束华娜，袁国伟主编. -- 北京：人民邮电出版
社，2022.5（2023.1重印）
职业教育数字媒体应用人才培养系列教材
ISBN 978-7-115-58082-5

Ⅰ．①A… Ⅱ．①胡… ②束… ③袁… Ⅲ．①
AutoCAD软件－职业教育－教材 Ⅳ．①TP391.72

中国版本图书馆CIP数据核字(2021)第243201号

内 容 提 要

本书系统地介绍了 AutoCAD 2019 中文版的功能和操作技巧，包括 AutoCAD 2019 中文版入门知识、绘图设置、基本绘图操作、高级绘图操作、图形编辑操作、图块与外部参照、书写文字与应用表格、尺寸标注、三维图形基础、获取图形对象信息、图形打印与输出、综合设计实训等内容。

本书既注重基础性知识的讲解，又突出实践性应用。本书内容的安排以课堂案例为主线，以详细操作步骤为主体，循序渐进，帮助读者熟悉软件功能和绘图思路。章后的课堂练习和课后习题可以拓展读者的实际应用能力，提高读者的软件使用技巧。

本书可以作为高等职业院校数字媒体专业 AutoCAD 课程的教材，也可供 AutoCAD 初学者自学参考。

◆ 主　　编　胡志栋　束华娜　袁国伟

　　副 主 编　尹　雄　乔志杰　肖新耀

　　责任编辑　王亚娜

　　责任印制　王　郁　焦志炜

◆ 人民邮电出版社出版发行　　北京市丰台区成寿寺路 11 号

　　邮编　100164　电子邮件　315@ptpress.com.cn

　　网址　https://www.ptpress.com.cn

　　固安县铭成印刷有限公司印刷

◆ 开本：787×1092　1/16

　　印张：16.25　　　　　　　　　2022 年 5 月第 1 版

　　字数：410 千字　　　　　　　2023 年 1 月河北第 3 次印刷

定价：59.80 元

读者服务热线：(010)81055256　印装质量热线：(010)81055316
反盗版热线：(010)81055315
广告经营许可证：京东市监广登字 20170147 号

PREFACE 前言

　　AutoCAD 是由 Autodesk 公司开发的计算机辅助设计软件，功能强大、易学易用，深受工程设计人员的喜爱。目前，我国很多高等职业院校的数字媒体专业都将 AutoCAD 设为一门重要的专业课程。为了帮助高职院校的教师全面、系统地讲授这门课程，使学生能够熟练地使用 AutoCAD 来进行设计制图，我们几位长期在高职院校从事 AutoCAD 教学的教师联合设计公司经验丰富的设计师，共同编写了本书。

　　本书内容按照"课堂案例—软件功能解析—课堂练习—课后习题"的思路进行编排。通过课堂案例演练，读者能快速熟悉软件功能和设计思路；通过解析软件功能，读者能深入学习软件使用技巧；通过课堂练习和课后习题，读者能提高实际应用能力。本书内容详细全面、重点突出，选取的案例强调针对性和实用性。

　　为方便教师教学，本书除了提供所有案例的素材和效果文件，还配备了微课视频、PPT 课件、习题答案、教学大纲等丰富的教学资源，任课教师可到人邮教育社区（www.ryjiaoyu.com）免费下载使用。本书的参考学时为 51 学时，其中实训环节为 17 学时，各章的参考学时参见下面的学时分配表。

章　节	课程内容	学时分配	
		讲　授	实　训
第 1 章	AutoCAD 2019 中文版入门知识	2	
第 2 章	绘图设置	2	
第 3 章	基本绘图操作	3	2
第 4 章	高级绘图操作	4	3
第 5 章	图形编辑操作	4	2
第 6 章	图块与外部参照	2	2
第 7 章	书写文字与应用表格	3	2
第 8 章	尺寸标注	3	2
第 9 章	三维图形基础	4	2
第 10 章	获取图形对象信息	2	
第 11 章	图形打印与输出	2	
第 12 章	综合设计实训	3	2
学 时 总 计		34	17

　　由于编者水平有限，书中难免存在不妥之处，敬请广大读者批评指正。

编者

2021 年 11 月

教学辅助资源

素材类型	数量	素材类型	数量
教学大纲	1 套	课堂案例	22 个
电子教案	1 份	课堂练习	9 个
PPT 课件	12 章	微课视频	44 个

微课视频列表

第 3 章 基本绘图操作	绘制表面粗糙度符号	第 7 章 书写文字与 应用表格	填写技术要求 1
	绘制孔板式带轮		书写标题栏、技术要求和明细表
	绘制吊钩		填写技术要求 2
	绘制内六角圆柱头螺钉		填写圆锥齿轮轴零件图 的技术要求、标题栏和明细表
	绘制联接板		
第 4 章 高级绘图操作	绘制圆锥销	第 8 章 尺寸标注	标注阶梯轴零件图
	绘制床头灯图形		标注压盖零件图
	绘制手柄		标注圆锥齿轮轴
	绘制会议室墙体	第 9 章 三维图形基础	观察支架的三维模型
	绘制箭头图标		绘制螺母
	绘制凸轮		绘制普通阶梯轴
	绘制开口垫圈		绘制手柄
	绘制客房墙体		绘制深沟球轴承
	绘制大理石拼花		绘制标准直齿圆柱齿轮
第 5 章 图形编辑操作	绘制圆螺母	第 12 章 综合设计实训	绘制泵盖
	绘制泵盖		制作齿轮啮合装配图
	绘制推杆盘形凸轮		标注拔叉零件图
	绘制棘轮		打印拔叉零件图
	绘制千斤顶底座		绘制油标
第 6 章 图块与外部参照	定义和插入表面粗糙度符号图块		绘制滑动轴承座
	定义带有属性的表面粗糙度符号		绘制腹板式带轮
	创建门动态块		绘制咖啡厅墙体
	插入深沟球轴承图块		
	绘制会议室平面布置图		

目录 CONTENTS

CONTENTS 目 录

目 录 CONTENTS

CONTENTS 目录

目 录 CONTENTS

第1章
AutoCAD 2019 中文版入门知识

本章介绍

本章主要介绍 AutoCAD 2019 中文版的基本知识，包括 AutoCAD 2019 中文版的启动方法、工作界面及基本的文件操作方法。通过本章的学习，读者可以快速了解 AutoCAD 2019 中文版的特点与功能。

学习目标

- 熟悉 AutoCAD 2019 中文版的工作界面组成
- 了解文件的基本操作方法
- 了解 AutoCAD 2019 中文版的常用命令

技能目标

- 熟悉掌握 AutoCAD 2019 中文版的启动方法
- 熟练掌握鼠标的使用方法和技巧
- 熟练掌握新建、打开、保存和关闭文件的方法
- 熟练掌握取消、重复、放弃、重做、缩放和移动命令的使用方法和技巧

1.1 AutoCAD 在工程制图中的应用

AutoCAD 主要应用于机械、建筑等行业，其凭借平面绘图功能强大、界面直观和操作简捷等优点，受到了众多工程师的青睐。在建筑设计方面，工程师利用 AutoCAD 可以绘制建筑施工图、

结构施工图、设备施工图和三维图形；在机械设计方面，AutoCAD 的应用更为普遍，工程师应用 AutoCAD 可以方便地绘制出机械零件图、装配图、轴测图和三维图形，还可以快速标注图形尺寸和打印图形，进行三维图形渲染，制作出逼真的效果图。

1.2　AutoCAD 2019 中文版的启动与工作界面

在使用 AutoCAD 2019 中文版之前，要了解 AutoCAD 2019 中文版的启动方法，以及其工作界面。

1.2.1　启动 AutoCAD 2019 中文版

启动 AutoCAD 2019 中文版有以下 3 种方式。

1. 双击桌面上的快捷图标

安装 AutoCAD 2019 中文版后，Windows 7/8/10 等系统的桌面上将默认产生一个快捷图标，如图 1-1 所示。双击该快捷图标即可启动 AutoCAD 2019 中文版。

2. 选择菜单命令

选择"开始 > 所有程序 > Autodesk > AutoCAD 2019-简体中文（Simplified Chinese） > AutoCAD 2019-简体中文（Simplified Chinese）"命令，如图 1-2 所示，即可启动 AutoCAD 2019 中文版。

图 1-1

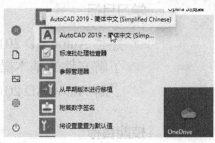

图 1-2

3. 双击图形文件

若硬盘内已存在 AutoCAD 的图形文件（.dwg），双击该图形文件，即可启动 AutoCAD 2019 中文版，并在窗口中打开该图形文件。

1.2.2　AutoCAD 2019 中文版的工作界面

AutoCAD 2019 中文版的工作界面主要由标题栏、绘图窗口、菜单栏、功能选项卡、工具栏、命令提示窗口、滚动条、状态栏等部分组成，如图 1-3 所示。AutoCAD 2019 中文版提供了比较完善的操作环境，下面分别介绍主要部分的功能。

1. 标题栏

标题栏显示软件的名称、版本，以及当前绘制的图形文件的名称。运行 AutoCAD 2019 时，在没有打开任何图形文件的情况下，标题栏显示的是"AutoCAD 2019 Drawing 1.dwg"，其中"Drawing1"是系统默认的文件名，"dwg"是 AutoCAD 2019 中文版图形文件的后缀名。

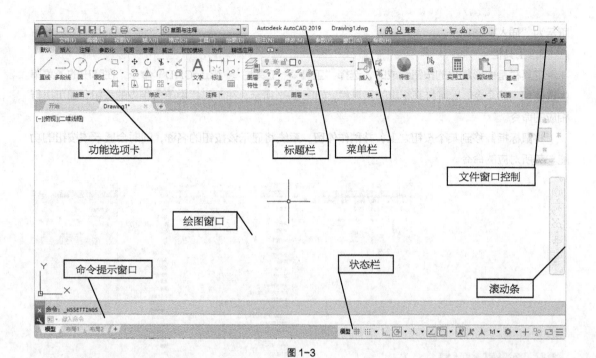

图 1-3

2. 绘图窗口

绘图窗口是用户绘图的工作区域，相当于工程制图中绘图板上的绘图纸，用户绘制的图形显示于该窗口中。绘图窗口的左下方显示坐标系图标，其中的"X"和"Y"分别表示 x 轴和 y 轴。同时该图标指示绘图时的正负方位。

AutoCAD 2019 中文版包含两种绘图环境，分别为模型空间和图纸空间。系统在绘图窗口的左下角提供了 3 个切换选项卡，如图 1-4 所示。默认的绘图环境为模型空间，单击"布局 1"或"布局 2"选项卡，绘图环境会从模型空间切换至图纸空间。

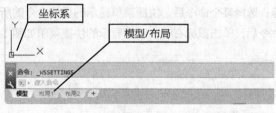

图 1-4

3. 菜单栏

菜单栏集合了 AutoCAD 2019 中文版中的绘图命令，如图 1-5 所示。这些命令被分类放置在不同的菜单中，供用户选择使用。

图 1-5

4. 功能选项卡

根据任务的不同将 AutoCAD 2019 中文版中的多个面板集合到一起即构成功能选项卡，图 1-6

所示为"插入"选项卡。

5. 工具栏

工具栏是由形象化的按钮组成的，选择"工具 > 工具栏 > AutoCAD"命令，在弹出的子菜单中选择相应的命令，即可打开相应的工具栏，如图 1-7 所示。在工具栏中单击相应的按钮，即可执行相应的命令。

将鼠标指针移到某个按钮之上，并稍作停留，系统将显示该按钮的名称，同时会显示该按钮的功能与其所对应的命令。

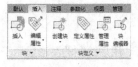

图 1-6　　　　　　　　　　　　　　　　　　　　图 1-7

6. 快捷菜单

为了方便用户操作，AutoCAD 2019 中文版提供了快捷菜单。在绘图窗口中单击鼠标右键，系统会根据当前系统的状态及鼠标指针的位置弹出相应的快捷菜单，如图 1-8 所示。

在没有选择任何命令时，快捷菜单显示的是 AutoCAD 2019 中文版最基本的编辑命令，如"平移""缩放""查找"等；选择某个命令后，快捷菜单显示的是该命令的所有相关命令。

例如，选择"圆"命令后，单击鼠标右键，系统显示的快捷菜单如图 1-9 所示。

图 1-8　　　　　　　　　　　　　　　　　　　　图 1-9

7. 命令提示窗口

命令提示窗口是用户与 AutoCAD 2019 中文版进行交互式对话的位置，用于显示系统的提示信息与用户输入的信息。命令提示窗口位于绘图窗口的下方，是一个水平方向上的较长的小窗口，如图 1-10 所示。

图 1-10

8. 滚动条

在绘图窗口的右边与下面有两个滚动条，利用这两个滚动条可以上下和左右移动视图，以便用户观察图形。

9. 状态栏

状态栏位于命令提示窗口的下方，用于显示当前的工作状态与相关信息。当鼠标指针出现在绘图窗口时，状态栏左边的坐标显示区将显示当前鼠标指针所在位置的坐标，如图 1-11 所示。

图 1-11

状态栏中间的按钮用于控制相应的工作状态。当按钮高亮显示时，表示打开了相应功能的开关，该功能处于启用状态。

例如，单击"正交限制光标"按钮 ，使其处于高亮显示状态，即可打开正交模式；再次单击"正交限制光标"按钮 ，即可关闭正交模式。

状态栏中间的按钮的功能如下。

 ： 控制是否显示栅格。

 ： 控制是否使用捕捉功能。

 ： 控制是否使用推断约束功能。

 ： 控制是否采用动态输入。

 ： 控制是否以正交模式绘图。

 ： 控制是否使用极轴追踪功能。

 ： 控制是否使用对象捕捉追踪功能。

 ： 控制是否使用对象捕捉功能。

 ： 控制是否显示线条的宽度。

 ： 控制显示或隐藏透明度。

 ： 控制是否使用选择循环功能。

 ： 控制是否使用三维对象捕捉功能。

 ： 控制是否使用动态 UCS。

 ： 控制是否打开注释监视器。

 ： 控制是否使用快捷特性面板。

使用对象捕捉功能绘制图形的方法如下。

（1）单击"直线"按钮 ，启用"直线"命令。

（2）在绘图窗口的任意处单击以确定直线的起点，移动鼠标并再次单击以确定直线的终点，然后按 Enter 键，即可绘制出一条直线。

（3）单击"对象捕捉"按钮 ▢，使其处于高亮显示状态，即可打开对象捕捉开关，进而使用对象捕捉功能。

（4）再次单击"直线"按钮 ╱，启用"直线"命令。

（5）将鼠标指针移动到刚才绘制的直线的端点附近，此时直线的端点处出现一个小正方形图标，单击小正方形图标，系统会自动捕捉直线的端点。

（6）移动鼠标并单击，然后按 Enter 键，即可绘制另一条直线。

（7）再次单击"对象捕捉"按钮 ▢，使其处于灰色显示状态，关闭对象捕捉开关。

10. 工具选项板

选择"工具 > 选项板 > 工具选项板"命令，或按 Ctrl+3 组合键，打开工具选项板，它提供了绘制图形与组织、共享和放置图块的快捷方法，如图 1-12 所示。

使用工具选项板绘制代号为 6000 的深沟球轴承的方法如下。

（1）在工具选项板中单击"机械"选项卡"公制样例"选项组的"滚珠轴承-公制"图标。

（2）将"滚珠轴承-公制"图标拖到绘图窗口中，即可绘制深沟球轴承，如图 1-13 所示。

（3）选择绘图窗口中的深沟球轴承，此时深沟球轴承的线条变为蓝色，并出现三角图标，如图 1-14 所示。

（4）在三角图标上单击鼠标右键，弹出快捷菜单，如图 1-15 所示。选择"6000"命令并按 Enter 键，完成绘制图形的操作，如图 1-16 所示。

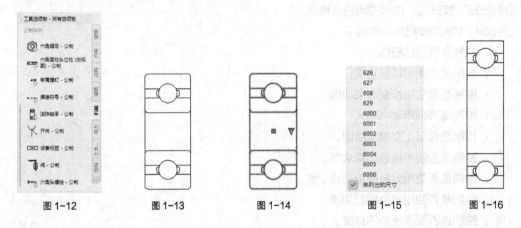

图 1-12　　　图 1-13　　　图 1-14　　　图 1-15　　　图 1-16

1.3　启用命令的方法

在 AutoCAD 2019 中文版中，命令是系统的核心，用户执行的每一步操作都需要启用相应的命令。因此，必须掌握启用命令的方法。

通常情况下，单击工具栏中的按钮或选择菜单中的命令，便可启用相应的命令，然后进行具体操作。在 AutoCAD 2019 中文版中，启用命令通常有以下 4 种方法。

1. 工具栏中的按钮方式

直接单击工具栏中的按钮，启用相应的命令。

2. 菜单命令方式

在菜单栏中选择命令，启用相应的命令。

3. 命令提示窗口的命令行方式

在命令行中输入一个命令的名称，按 Enter 键即可启用该命令。有些命令还有相应的缩写名称，输入其缩写名称也可以启用该命令。

例如，绘制一个圆时，可以在命令行中输入"圆"命令的名称"circle"（大小写字母均可），也可输入其缩写名称"C"。输入命令的缩写名称是快捷的操作方法，有利于提高工作效率。

4. 快捷菜单中的命令方式

在绘图窗口中单击鼠标右键，弹出相应的快捷菜单，从中选择命令，启用相应的命令。

根据前面的介绍，启用"矩形"命令通常有以下 3 种方法。

- 单击"绘图"工具栏或"默认"选项卡中的"矩形"按钮 □ 。
- 在菜单栏中选择"绘图 > 矩形"命令。
- 在命令行中输入"矩形"命令的名称"rectang"，然后按 Enter 键。

注意：为了书写简洁，以上启用命令的方法在后面的章节中将简写如下。

- 工具栏：单击"绘图"工具栏中的"矩形"按钮 □ 。
- 菜单命令："绘图 > 矩形"。
- 命令行：rectang（快捷命令：REC）。

无论以哪种方法启用命令，命令行中都会显示与该命令相关的信息。信息中可能会包含一些选项，这些选项显示在方括号"[ ]"中。如果要选择方括号中的某个选项，可在命令行中输入该选项后的数字和大写字母（输入字母时大小写均可）。

例如，启用"矩形"命令，命令行显示的信息如图 1-17 所示。如果需要选择"圆角"选项，则输入"F"，按 Enter 键即可。

图 1-17

1.4 鼠标的使用方法

在 AutoCAD 2019 中文版中，鼠标的各个按键具有不同的功能。下面简要介绍各个按键的功能。

1. 左键

左键为拾取键，可以用于单击工具栏按钮、选择菜单命令以发出命令，也可以在绘图过程中选择点和图形对象等。

2. 右键

右键默认设置是用于显示快捷菜单，单击鼠标右键可以弹出快捷菜单。

用户可以自定义右键的功能，其方法如下。

选择"工具 > 选项"命令，弹出"选项"对话框，单击"用户系统配置"选项卡，单击其中的 "自定义右键单击"按钮，弹出"自定义右键单击"对话框，如图 1-18 所示，可以在对话框中自定义右键的功能。

3. 中键

中键常用于快速浏览图形。在绘图窗口中按住中键，十字光标将变为 形状，移动鼠标可快速移动图形；双击中键，绘图窗口中将显示全部图形对象。当鼠标中键为滚轮时，将十字光标放置于绘图窗口中，直接向下滚动滚轮则缩小图形，直接向上滚动滚轮则放大图形。

图 1-18

1.5 文件的基础操作

文件的基础操作一般包括新建图形文件、打开图形文件、保存图形文件和关闭图形文件等。在绘图之前，必须掌握文件的基础操作。下面详细介绍 AutoCAD 2019 中文版文件的基础操作。

1.5.1 新建图形文件

在应用 AutoCAD 2019 中文版绘图时，首先需要新建一个图形文件。AutoCAD 2019 中文版为用户提供了"新建"命令，用于新建图形文件。

启用命令方法：单击快速访问工具栏中的"新建"按钮，或"标准"工具栏中的"新建"按钮。

启用快捷方法：按 Ctrl+N 组合键。

单击 按钮，在弹出的下拉列表中选择"新建 > 图形"命令，弹出"选择样板"对话框，如图 1-19 所示。在"选择样板"对话框中，可以选择系统提供的样板文件创建图形，也可以选择从空白文件开始创建图形。

图 1-19

1. 利用样板文件创建图形

"选择样板"对话框的列表框中提供了许多标准的样板文件。单击"打开"按钮 打开(O) ，将选中的样板文件打开，此时可在该样板文件上创建图形。也可直接双击列表框中的样板文件将其打开。

AutoCAD 2019 中文版根据绘图标准设置了相应的样板文件，其目的是使图纸中的字体、标注样式、图层等保持一致。

2. 从空白文件开始创建图形

"选择样板"对话框中还提供了两个空白文件，分别为 acad 与 acadiso。当需要从空白文件开始创建图形时，可以选择这两个文件。

单击"选择样板"对话框中"打开"按钮右侧的 ▾ 按钮，弹出下拉列表，
如图 1-20 所示。当选择"无样板打开 - 英制"选项时，打开的是采用英制
单位的空白文件；当选择"无样板打开 - 公制"选项时，打开的是采用公
制单位的空白文件。

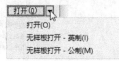

图 1-20

1.5.2　打开图形文件

可以利用"打开"命令来浏览和编辑绘制好的图形文件。

启用命令方法：单击快速访问工具栏中的"打开"按钮 ⬆️，或"标准"工具栏中的"打开"按钮 🗁。

启用快捷方法：按 Ctrl+O 组合键。

单击 🅰 按钮，在弹出的下拉列表中选择"打开 > 图形"命令，弹出"选择文件"对话框，如图 1-21
所示。在"选择文件"对话框中，用户可通过不同的方式打开图形文件。

在"选择文件"对话框的列表框中选择要打开的文件，或者在"文件名"文本框中输入要打开文
件的路径与名称，单击"打开"按钮，打开选中的图形文件。

单击"打开"按钮右侧的 ▾ 按钮，弹出下拉列表，如图 1-22 所示。选择"以只读方式打开"选
项，将以只读方式打开图形文件；选择"局部打开"选项，将打开图形文件的一部分；选择"以只读
方式局部打开"选项，将以只读方式打开图形文件的一部分。

当图形文件包含多个命名视图时，选择"选择文件"对话框中的"选择初始视图"复选框，在打
开图形文件时可以指定显示的视图。

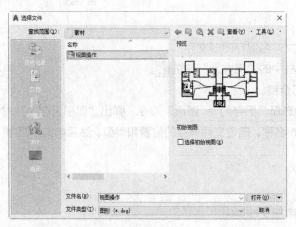

图 1-21

图 1-22

在"选择文件"对话框中单击"工具"按钮，弹出下拉列表，如图 1-23 所示。选择"查找"选
项，弹出"查找"对话框，如图 1-24 所示。在"查找"对话框中，可以根据图形文件的名称和位置
或修改日期来查找相应的图形文件。

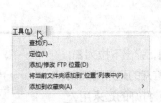

图 1-23　　　　　　　　　　　　　　图 1-24

1.5.3　保存图形文件

绘制图形后，可以将其保存起来。保存图形文件的方法有两种，一种是以当前文件名保存图形文件，另一种是指定新的文件名保存图形文件。

1. 以当前文件名保存图形文件

使用"保存"命令即可以当前文件名保存图形文件。

启用命令方法：单击快速访问工具栏中的"保存"按钮，或"标准"工具栏中的"保存"按钮。

启用快捷方法：按 Ctrl+S 组合键。

单击A按钮，在弹出的下拉列表中选择"保存"命令，当前图形文件将以原名称直接保存到原来的位置。若是第一次保存图形文件，则会弹出"图形另存为"对话框，用户可在"文件名"文本框中输入文件名称，并指定文件保存的位置和类型，如图 1-25 所示。然后单击"保存"按钮，保存图形文件。

图 1-25

2. 指定新的文件名保存图形文件

使用"另存为"命令可以指定新的文件名保存图形文件。

启用命令方法：单击快速访问工具栏中的"另存为"按钮。

启用快捷方法：按 Ctrl+Shift+S 组合键。

单击A按钮，在弹出的下拉列表中选择"另存为 > 图形"命令，弹出"图形另存为"对话框，可以在"文件名"文本框中输入文件的新名称，指定文件保存的位置和类型。然后单击"保存"按钮，保存图形文件。

1.5.4　关闭图形文件

保存图形文件后，可以将窗口中的图形文件关闭。

1. 关闭当前图形文件

启用命令方法：单击A按钮，在弹出的下拉列表中选择"关闭 > 当前图形/所有图形"命令；或单击绘图窗口右上角的X按钮，关闭当前图形文件。如果图形文件尚未保存，则会弹出"AutoCAD"对话框，询问用户是否保存图形文件，如图 1-26 所示。

图 1-26

2. 退出 AutoCAD 2019 中文版

单击标题栏右侧的 × 按钮；或单击 A 按钮，在弹出的下拉列表中单击 退出 Autodesk AutoCAD 2019 按钮，即可退出 AutoCAD 2019 中文版。

1.6 取消与重复命令

在 AutoCAD 2019 中文版中，用户可以取消当前正在执行的命令，也可以重复启用某一个命令。

1.6.1 取消命令

在绘图过程中，可以随时按 Esc 键取消当前正在执行的命令；或者在绘图窗口中单击鼠标右键，从弹出的快捷菜单中选择"取消"命令，取消正在执行的命令。

1.6.2 重复命令

当需要重复启用某个命令时，可以按 Enter 键或空格键；或者在绘图窗口中单击鼠标右键，从弹出的快捷菜单中选择"重复××"命令（其中"××"为上一步使用过的命令）。

1.7 放弃与重做命令

在 AutoCAD 2019 中文版中，用户可以放弃前面执行的一个或多个操作，也可以通过重做命令将图形恢复到原来的效果。

1.7.1 放弃命令

在绘图过程中，当出现了一些错误而需要放弃前面执行的一个或多个操作时，可以使用"放弃"命令。

启用命令的方法如下。

- 工具栏：单击快速访问工具栏中的"放弃"按钮 ⤆，或"标准"工具栏中的"放弃"按钮 ⤺。
- 菜单命令："编辑 > 放弃"。
- 启用快捷方法：按 Ctrl+Z 组合键。
- 命令行：undo。

例如，在绘图窗口中绘制一条直线后，发现了一些错误，现在希望删除该直线。

（1）单击"直线"按钮 ╱，或选择"绘图 > 直线"命令，在绘图窗口中绘制一条直线。

（2）单击"放弃"按钮 ⤆，或选择"编辑 > 放弃"命令，删除该直线。

另外，还可以一次性放弃前面执行的多个操作。

（1）在命令行中输入"undo"，按 Enter 键。

（2）命令行中将提示用户输入要放弃的操作数目，如图 1-27 所示。在命令行中输入相应的数字，按 Enter 键。例如，想要放弃最近的 5 次操作，可先输入"5"，然后按 Enter 键。

当前设置：自动 = 开，控制 = 全部，合并 = 是，图层 = 是
UNDO 输入要放弃的操作数目或 [自动(A) 控制(C) 开始(BE) 结束(E) 标记(M) 后退(B)] <1>:

图 1-27

1.7.2　重做命令

如果放弃前面执行的一个或多个操作后，又想重做这些操作，将图形恢复到原来的效果，则可以使用"重做"命令。

启用命令的方法如下。

- 工具栏：单击快速访问工具栏中的"重做"按钮 ⟳，或"标准"工具栏中的"重做"按钮 ⟳。
- 菜单命令："编辑 > 重做"。
- 启用快捷方法：按 Ctrl+Y 组合键。
- 命令行：redo。

1.8　快速浏览图形

AutoCAD 2019 中文版的绘图区域是非常大的。在绘图的过程中，用户可以通过缩放和移动等操作快速浏览绘图窗口中的图形。

1.8.1　缩放图形

在 AutoCAD 2019 中文版中，"标准"工具栏中的"实时缩放"按钮 可用于缩放图形。单击"实时缩放"按钮 ，绘图窗口中的十字光标会变为 图标，此时按住鼠标左键并向上移动鼠标指针，可以放大图形；按住鼠标左键并向下移动鼠标指针，可以缩小图形。完成图形的缩放后，按 Esc 键可以退出缩放图形的状态。

当鼠标有滚轮时，将十字光标放置于绘图窗口中，然后向上滚动滚轮，可以放大图形；向下滚动滚轮，可以缩小图形。

1.8.2　移动图形

在 AutoCAD 2019 中文版中，"标准"工具栏中的"实时平移"按钮 可用于快速移动图形。单击"实时平移"按钮 ，绘图窗口中的十字光标会变为 图标，此时按住鼠标左键并移动鼠标，可以快速移动图形。完成图形的移动后，按 Esc 键可退出移动图形的状态。

1.9　使用帮助和教程

AutoCAD 2019 中文版的帮助信息中包含了有关使用此软件的完整信息。学会有效地使用帮助信息，将会为解决疑难问题带来很大的帮助。

AutoCAD 2019 中文版的帮助信息几乎全部集中在菜单栏的"帮助"菜单中，如图 1-28 所示。下面介绍"帮助"菜单中常用命令的功能。

- "帮助"命令：提供了 AutoCAD 2019 中文版的完整信息。选择"帮助"命令，弹出"AutoCAD 2019 帮助：用户文档"对话框。该对话框汇集了 AutoCAD 2019 中文版的各种问题，其左侧窗口上方的选项卡提供了多种查看所需主题的方法。在左侧的窗口中查找信息，右侧窗口即显示所选主题的信息，供用户查阅。

图 1-28

知识提示

按 F1 键也可以打开"AutoCAD 2019 帮助：用户文档"对话框。当选择某个命令时，按 F1 键，AutoCAD 2019 中文版将显示这个命令的帮助信息。

- "其他资源"命令：提供了可从网络中查找 AutoCAD 网站以获取相关帮助信息的功能。选择"其他资源"命令，弹出子菜单，如图 1-29 所示，从中可以使用各项联机帮助命令。例如，选择"开发人员帮助"命令，弹出"Autodesk AutoCAD 2019-帮助"对话框，开发人员可以从中查找和浏览各种信息。

图 1-29

- "关于 AutoCAD 2019"命令：提供了 AutoCAD 2019 中文版软件的相关信息，如版权和产品信息等。

第 2 章
绘图设置

本章介绍

本章主要介绍在绘制工程图之前的一些设置，如 AutoCAD 2019 中文版中坐标系的设置、图形单位与界限的设置，一些常用工具栏的设置及图层的管理等，还将详细讲解设置图形对象特性与非连续线外观的方法。通过本章的学习，读者可以掌握如何进行绘图设置，从而为绘制复杂的工程图做好准备。

学习目标

- ✔ 了解 WCS 和 UCS 的区别
- ✔ 了解图形单位和图形界限的设置方法
- ✔ 了解图层的常见操作
- ✔ 了解图形对象的颜色、线型和线宽的设置方法

技能目标

- ✔ 能熟练设置图形单位与图形界限
- ✔ 能熟练完成图层的常见操作
- ✔ 熟练掌握图形对象的属性设置方法和技巧

2.1 设置坐标系

AutoCAD 2019 中文版中的坐标系可分为两种类型：世界坐标系（World Coordinate System, WCS）和用户坐标系（User Coordinate System, UCS）。

2.1.1 WCS

WCS 是 AutoCAD 2019 中文版的默认坐标系,如图 2-1 所示。在 WCS 中,x 轴为水平方向,y 轴为垂直方向,z 轴垂直于 xy 平面,原点是图形左下角 x 轴和 y 轴的交点(0,0)。图形中的任何一点都可以用相对于原点(0,0)的距离和方向来表示。

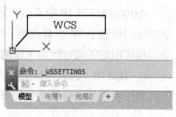

图 2-1

在 WCS 中,AutoCAD 2019 中文版提供了多种坐标输入方式。

1. 直角坐标方式

在二维空间中,利用直角坐标方式输入点的坐标值时,只需输入点的 x、y 坐标值,AutoCAD 2019 中文版自动分配 z 坐标值为 0。

在输入点的坐标值(即 x、y 坐标值)时,可以使用绝对坐标值或相对坐标值形式。绝对坐标值是相对于坐标系原点的坐标值,而相对坐标值是指相对于最后输入点的坐标值。

● 绝对坐标值

绝对坐标值的输入形式是:x,y。

其中,x、y 分别是输入点相对于原点的 x 坐标值和 y 坐标值。

● 相对坐标值

相对坐标值的输入形式是:@x,y,即在坐标值前面加上符号@。例如,"@10,5"表示距当前点沿 x 轴正方向 10 个单位、沿 y 轴正方向 5 个单位的新点。

2. 极坐标方式

在二维空间中,利用极坐标方式输入点的坐标值时,只需输入点与原点的距离 r,和原点连线与 x 轴正方向的夹角 θ,AutoCAD 2019 中文版自动分配 z 坐标值为 0。

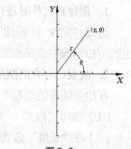

利用极坐标方式输入点的坐标值时,可以使用绝对极坐标值或相对极坐标值形式。

● 绝对极坐标值

绝对极坐标值的输入形式是:$r<\theta$。

图 2-2

其中,r 表示输入点与原点的距离,θ 表示输入点和原点的连线与 x 轴正方向的夹角。默认情况下,逆时针为正,顺时针为负,如图 2-2 所示。

● 相对极坐标值

相对极坐标值的输入形式是:@$r<\theta$。

表 2-1 所示为坐标输入方式。

表 2-1

坐标输入方式	直角坐标	极坐标
绝对坐标值形式	x,y	r(距离值)$<\theta$(角度值)
相对坐标值形式	@x,y	@r(距离值)$<\theta$(角度值)

2.1.2　UCS

AutoCAD 2019 中文版的另一种坐标系是 UCS。WCS 是系统提供的，不能移动或旋转，而 UCS 是由用户相对于 WCS 建立的，因此 UCS 可以移动、旋转。用户可以设定屏幕上的任意一点为坐标原点，也可指定任何方向为 x 轴的正方向。

在 UCS 中，输入坐标的方式与在 WCS 中输入坐标的方式相同，也有 4 种输入方式，见表 2-1。但其坐标值不是相对于 WCS，而是相对于当前坐标系。

2.2　设置图形单位与图形界限

利用 AutoCAD 2019 中文版绘制工程图时，一般是根据零件的实际尺寸来绘制图纸的，这就需要选择某种度量单位作为标准来绘制出精确的工程图，并且通常还需要为图形设置类似图纸边界的界限，目的是使绘制的图形对象能够按合适的比例打印。因此在绘制工程图之前，通常需要设置图形单位与界限。

2.2.1　设置图形单位

可以在创建新文件时设置图形文件的单位，也可以在建立图形文件后，改变其默认的单位设置。

1.　创建新文件时进行单位设置

选择"文件 > 新建"命令，弹出"选择样板"对话框，单击"打开"按钮右侧的 ▼ 按钮，在弹出的下拉列表中选择相应的打开选项，创建一个公制或英制单位的图形文件。

2.　改变已存在的图形的单位设置

在绘制图形的过程中，可以改变图形的单位设置，操作步骤如下。

（1）选择"格式 > 单位"命令，弹出"图形单位"对话框，如图 2-3 所示。

（2）在"长度"选项组中，可以设置长度单位的类型和精度；在"角度"选项组中，可以设置角度单位的类型、精度和方向；在"插入时的缩放单位"选项组中，可以设置缩放插入内容的单位。

（3）单击"方向"按钮，弹出"方向控制"对话框，可以在其中设置基准角度，如图 2-4 所示。单击"确定"按钮，返回"图形单位"对话框。

图 2-3

图 2-4

（4）单击"确定"按钮，确认图形的单位设置。

2.2.2 设置图形界限

设置图形界限就是设置图纸的大小。绘制建筑工程图时，通常根据建筑物体的实际尺寸来绘制图形，因此需要设置图形的界限。在 AutoCAD 2019 中文版中，设置图形界限主要是为图形确定图纸的边界。

建筑图纸常用的几种比较固定的图纸规格有：A0(1189mm × 841mm)、A1(841mm × 594mm)、A2（594mm × 420mm ）、A3（420mm × 297mm ）和 A4（297mm × 210mm ）等。

选择"格式 > 图形界限"命令，或在命令行中输入"limits"，调用设置图形界限的命令，操作步骤如下。

```
命令：limits                                              //输入图形界限命令
重新设置图纸空间界限：
指定左下角点或 [开(ON)/关(OFF)] <0.0000,0.0000>：        //按 Enter 键
指定右上角点<420.0000,297.0000>：10000,8000              //输入设置数值
```

2.3 设置工具栏

工具栏提供访问 AutoCAD 2019 中文版命令的快捷方式，利用工具栏中的命令可以完成大部分绘图工作。

2.3.1 打开常用工具栏

在绘制图形的过程中可以打开一些常用的工具栏，如"标注""对象捕捉"等。

在任意一个工具栏上单击鼠标右键，会弹出图 2-5 所示的快捷菜单。有"√"标记的命令表示其工具栏已打开。选择快捷菜单中的命令，如"对象捕捉""标注"等（图 2-5中尚未选择），打开工具栏。

将绘图过程中常用的工具栏（如"对象捕捉""标注"等）打开，合理地使用工具栏，可以提高工作效率。

2.3.2 自定义工具栏

"自定义用户界面"对话框用来自定义工作空间、工具栏、菜单、快捷菜单和其他用户界面元素。在"自定义用户界面"对话框中，可以创建新的工具栏。例如，可以将绘图过程中常用的命令放置于同一工具栏中，以满足自己的绘图需要，提高绘图效率。

启用命令方法如下。

● 菜单命令："视图 > 工具栏"或"工具 > 自定义 > 界面"。

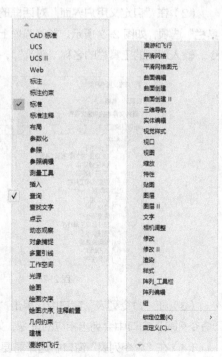

图2-5

● 命令行：toolbar 或 cui。

在绘制图形的过程中，可以自定义工具栏，操作步骤如下。

（1）选择"工具 > 自定义 > 界面"命令，弹出"自定义用户界面"对话框，如图 2-6 所示。

图 2-6

（2）在"自定义用户界面"对话框的"所有文件中的自定义设置"窗口中，选择"ACAD > 工具栏"选项，如图 2-7 所示。在该选项上单击鼠标右键，在弹出的快捷菜单中选择"新建工具栏"命令。输入新建的工具栏的名称"建筑"，如图 2-8 所示。

图 2-7

图 2-8

（3）在"命令列表"窗口中，单击"仅所有命令"选项，在弹出下拉列表中选择"修改"选项，"命令列表"窗口中会列出相应的命令，如图 2-9 所示。

（4）在"命令列表"窗口中选择需要添加的命令，并按住鼠标左键，将其拖到"建筑"工具栏下，如图 2-10 所示。

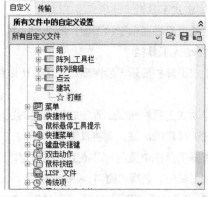

图 2-9   图 2-10

（5）按照自己的绘图习惯将常用的命令拖到"建筑"工具栏下，创建自定义的工具栏。

（6）单击"确定"按钮，返回绘图窗口，自定义的"建筑"工具栏如图 2-11 所示。

图 2-11

2.3.3　布置工具栏

根据工具栏的显示方式，AutoCAD 2019 中文版的工具栏可分为 3 种，分别为弹出式工具栏、固定式工具栏和浮动式工具栏，如图 2-12 所示。

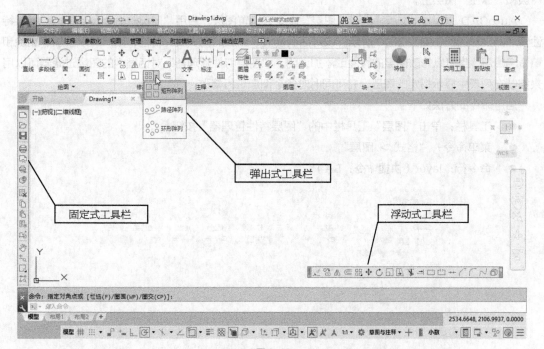

图 2-12

1. 弹出式工具栏

有些按钮的右下角有一个三角标记，如"矩形阵列"按钮 。单击这样的按钮将显示弹出式工具栏。

2. 固定式工具栏

固定式工具栏显示于绘图窗口的四周，其上部或左部有两条凸起的线条。

3. 浮动式工具栏

浮动式工具栏显示于绘图窗口之内。可以将浮动式工具栏拖曳至新位置，可以调整其大小或将其固定。

将浮动式工具栏拖曳到固定式工具栏的区域，可将其设置为固定式工具栏；将固定式工具栏拖曳到浮动式工具栏的区域，可将其设置为浮动式工具栏。

调整好工具栏位置后，可将工具栏锁定。选择"窗口 > 锁定位置 > 浮动工具栏"命令，可以锁定浮动式工具栏；选择"窗口 > 锁定位置 > 固定工具栏"命令，可以锁定固定式工具栏。如果想移动工具栏，需要临时解锁工具栏，可以按住 Ctrl 键并单击工具栏，将其拖曳至新位置、或调整其大小、或将其固定。

2.4 设置图层

在绘制工程图时，可以将特性相似的图形绘制在同一图层上，以便于管理和修改图形。例如，将工程图中的轮廓线、剖面线、文字和尺寸标注分别绘制在"轮廓线"图层、"剖面线"图层、"文字"图层和"标注"图层上。

AutoCAD 2019 中文版提供了"图层"命令来设置图层。启用"图层"命令，会弹出"图层特性管理器"对话框，如图 2-13 所示。该对话框会显示图层的列表及其特性，用户可以添加、删除和重命名图层，也可以修改图层的特性或添加说明。"图层特性管理器"对话框中的图层过滤器可以用来控制在列表中显示指定的图层，并可同时对多个图层进行修改。

启用命令的方法如下。

● 工具栏：单击"图层"工具栏中的"图层特性管理器"按钮 。

● 菜单命令："格式 > 图层"。

● 命令行：layer（快捷命令：LA）。

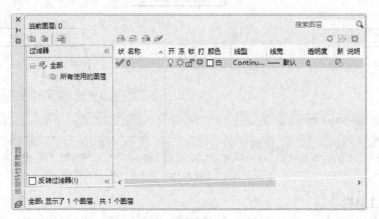

图 2-13

2.4.1 创建图层

在工程图中，可以根据图形的特点启用"图层"命令，弹出"图层特性管理器"对话框，然后在对话框中创建一个或多个图层。

创建"轮廓线"图层和"剖面线"图层的方法如下。

（1）选择"格式 > 图层"命令，或单击"图层"工具栏中的"图层特性管理器"按钮 ，弹出"图层特性管理器"对话框。

（2）单击"图层特性管理器"对话框中的"新建图层"按钮 ，或按 Alt+N 组合键。

（3）图层列表中会显示新创建的图层，其默认名称为"图层 1"，如图 2-14 所示。在"名称"栏中输入图层的名称"轮廓线"，按 Enter 键，确认新图层的名称。

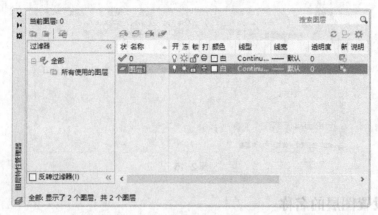

图 2-14

（4）再次单击"图层特性管理器"对话框中的"新建图层"按钮 ，在"名称"栏中输入图层的名称"剖面线"，按 Enter 键，确认新图层的名称。

图层的名称最多可有 225 个字符，它们可以是数字、汉字和字母等，但是"，""＞""＜"等符号不能用于图层的名称。为了便于识别和管理图层，建议采用表 2-2 所示的图层名称。

表 2-2

图层名称	绘制的图形对象
轮廓线	零件轮廓
细实线	螺纹
剖面线	剖面
标　注	尺寸标注、文字
中心线	中心线、辅助线
虚　线	隐藏线
波浪线	破断线

2.4.2 删除图层

绘制完图形后，可以删除不使用的图层，以减小图形文件的大小。

删除前面创建的"剖面线"图层的方法如下。

（1）选择"格式 > 图层"命令，或单击"图层"工具栏中的"图层特性管理器"按钮，弹出"图层特性管理器"对话框。

（2）在"图层特性管理器"对话框的图层列表中选择要删除的"剖面线"图层，然后单击"删除图层"按钮，或按 Alt+D 组合键，如图 2-15 所示。

系统默认的"0"图层、包含图形对象的图层、当前图层及使用外部参照的图层是不能被删除的。在"图层特性管理器"对话框的图层列表中，图层名称前的状态图标（蓝色）表示图层中包含图形对象，（灰色）表示图层中不包含图形对象。

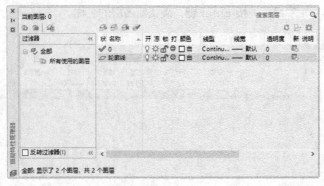

图 2-15

2.4.3 设置图层的名称

在 AutoCAD 2019 中文版中，图层的名称默认为"图层 1""图层 2""图层 3"等。在绘制图形的过程中，用户可以随时重命名图层。

将前面创建的"轮廓线"图层重命名为"中心线"的方法如下。

（1）选择"格式 > 图层"命令，或单击"图层"工具栏中的"图层特性管理器"按钮，弹出"图层特性管理器"对话框。

（2）在"图层特性管理器"对话框的图层列表中选择需要重命名的"轮廓线"图层。

（3）单击"轮廓线"图层的名称或按 F2 键，使图层的名称变为文本编辑状态，如图 2-16 所示。输入新的图层名称"中心线"，按 Enter 键，确认图层的新名称。

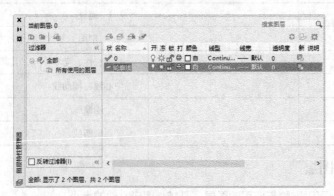

图 2-16

2.4.4 设置图层的颜色、线型和线宽

1. 设置图层颜色

图层的默认颜色为白色，为了区别各个图层，应该为图层设置不同的颜色，这样在绘制图形时就可以通过图层的颜色来直接区分不同类型的图形对象，从而方便管理图层和提高工作效率。

AutoCAD 2019 中文版提供了 256 种颜色，但在设置图层的颜色时，通常采用 7 种标准的颜色，即红色、黄色、绿色、青色、蓝色、紫色和白色。由于这 7 种颜色区别较大又有名称，因此在复杂的工程图中很容易区分。

将"中心线"图层的颜色设置为红色的方法如下。

（1）选择"格式 > 图层"命令，或单击"图层"工具栏中的"图层特性管理器"按钮 🔲，弹出"图层特性管理器"对话框。

（2）在"图层特性管理器"对话框的图层列表中选择需要设置颜色的"中心线"图层。

（3）在"中心线"图层中单击"颜色"栏的 🔲 白图标，弹出"选择颜色"对话框，如图 2-17 所示。

（4）从颜色列表中选择红色，此时"颜色"文本框中将自动显示选中颜色的名称。

（5）单击"选择颜色"对话框的"确定"按钮，返回"图层特性管理器"对话框，在图层列表中可以看到"中心线"图层的"颜色"栏中显示红色，如图 2-18 所示。

图 2-17

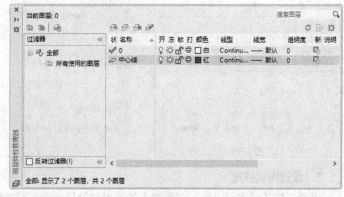

图 2-18

2. 设置图层线型

图层的线型用来表示图层中图形线条的特性，通过设置图层的线型可以区分不同图形对象所代表的含义和作用。图层的默认线型为"Continuous"。

将"中心线"图层的线型设置为"CENTER"的方法如下。

（1）选择"格式 > 图层"命令，或单击"图层"工具栏中的"图层特性管理器"按钮 🔲，弹出"图层特性管理器"对话框。

（2）在"图层特性管理器"对话框的图层列表中选择需要设置线型的"中心线"图层。

（3）在"中心线"图层中单击"线型"栏的 Continuous 图标，弹出"选择线型"对话框，如图 2-19 所示，"线型"列表中显示的是默认的线型。

（4）单击"加载"按钮，弹出"加载或重载线型"对话框，选择"CENTER"线型，如图 2-20 所示。

图 2-19

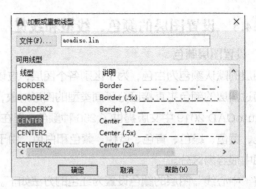

图 2-20

（5）单击"加载或重载线型"对话框中的"确定"按钮，返回"选择线型"对话框，所选择的"CENTER"线型会加载到线型列表中。

（6）在"选择线型"对话框中，选择刚刚加载的"CENTER"线型，如图 2-21 所示。

（7）单击"选择线型"对话框的"确定"按钮，返回"图层特性管理器"对话框，在图层列表中可以看到"中心线"图层的"线型"栏中会显示新设置的"CENTER"线型，如图 2-22 所示。

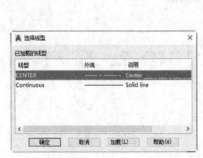

图 2-21

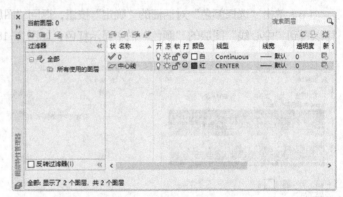

图 2-22

3. 设置图层线宽

设置图层的线宽可以使不同图层中的图形对象显示出不同的线宽，从而便于观察图形对象。此外，在图层上设置的线宽可以直接用于打印图形。通常情况下，图层线宽的默认值为 0.25mm。

在工程图中，零件轮廓线的线宽一般为 0.3～0.6mm，细实线一般为 0.13～0.25mm。用户可以根据图纸的大小来确定线宽，通常在 A4 图纸中，轮廓线可以设置为 0.3mm，细实线可以设置为 0.13mm；在 A0 图纸中，轮廓线可以设置为 0.6mm，细实线可以设置为 0.25mm。

将"中心线"图层的线宽设置为 0.13mm 的方法如下。

（1）选择"格式 > 图层"命令，或单击"图层"工具栏中的"图层特性管理器"按钮，弹出"图层特性管理器"对话框。

（2）在"图层特性管理器"对话框的图层列表中选择需要设置线宽的"中心线"图层。

（3）在"中心线"图层中单击"线宽"栏的 — 默认图标，弹出"线宽"对话框，如图 2-23 所示。

（4）在"线宽"对话框中选择 0.30mm 的线宽。

（5）单击"线宽"对话框的"确定"按钮，返回"图层特性管理器"对话框，在图层列表中可以看到"中心线"图层的"线宽"栏中会显示新设置的线宽，如图 2-24 所示。

图 2-23

图 2-24

（6）单击"图层特性管理器"对话框中的 ✕ 按钮。

设置图层的线宽后，需要进行相应的操作才能在绘图窗口中显示图形的线宽。显示图形的线宽有以下两种方法。

● 利用"状态栏"中的"线框"按钮 ▤

单击"状态栏"中的"线框"按钮 ▤，可以切换绘图窗口中图形线宽的显示模式。当"线框"按钮 ▤ 处于灰色状态时，图形不显示线宽；当"线框"按钮 ▤ 处于蓝色状态时，图形显示线宽。

● 启用"线宽"命令

选择"格式 > 线宽"命令，弹出"线宽设置"对话框，如图 2-25 所示。在该对话框中可以设置系统默认的线宽和单位。选择"显示线宽"复选框，单击"确定"按钮，绘图窗口中的图形将显示线宽；若取消选择"显示线宽"复选框，则绘图窗口中的图形不显示线宽。

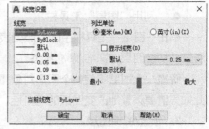

图 2-25

2.4.5 控制图层的显示状态

如果工程图中包含大量信息且有很多图层，则可控制图层状态使编辑、绘制和观察等工作变得更为方便。图层状态主要包括打开与关闭、冻结与解冻、锁定与解锁、打印与不打印等，AutoCAD 2019 中文版采用不同样式的图标来表示这些状态。

1. 打开/关闭图层

处于打开状态的图层是可见的；而处于关闭状态的图层是不可见的，且不能被编辑或打印。当图形重新生成时，处于关闭状态的图层将一起生成。设置图层的打开/关闭状态有以下两种方法。

● 利用"图层特性管理器"对话框

单击"图层"工具栏中的"图层特性管理器"按钮 ⛀，弹出"图层特性管理器"对话框，在对话框的图层列表中选择"中心线"图层，单击"开"栏的 ♀ 或 ♀ 图标，切换图层的打开/关闭状态。当图标为 ♀（黄色）时，表示图层被打开；当图标为 ♀（蓝色）时，表示图层被关闭。如果关闭的图层是当前图层，系统将弹出"图层 – 关闭当前图层"提示框，如图 2-26 所示。

● 利用"图层"工具栏

单击"图层"工具栏中的图层列表，弹出"图层信息"下拉列表，如图 2-27 所示。单击灯泡图标🔘或🔘，可以切换图层的打开/关闭状态。

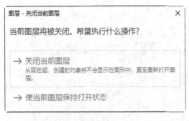

图 2-26

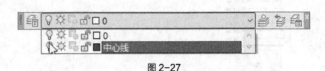

图 2-27

2. 冻结/解冻图层

冻结图层可以缩短复杂图形对象重新生成时的显示时间，并且可以加快绘图、缩放和编辑等命令的执行速度。处于冻结状态图层上的图形对象不能被显示、打印和重新生成。解冻图层将重新生成并显示该图层上的图形对象。设置图层的冻结/解冻状态有以下两种方法。

● 利用"图层特性管理器"对话框

单击"图层"工具栏中的"图层特性管理器"按钮🔲，弹出"图层特性管理器"对话框，在对话框的图层列表中选择"中心线"图层，单击"冻结"栏的☀或❄图标，切换图层的冻结/解冻状态。当图标为☀时，表示图层处于解冻状态；当图标为❄时，表示图层处于冻结状态。

● 利用"图层"工具栏

单击"图层"工具栏中的图层列表，弹出"图层信息"下拉列表，单击图标❄或☀，如图 2-28 所示，切换图层的冻结/解冻状态。

解冻一个图层将使整个图形对象重新生成，而打开一个图层只是重画这个图层上的图形对象，因此如果需要频繁地改变图层的可见性，建议关闭图层而不是冻结图层。

3. 锁定/解锁图层

锁定图层可以使图层中的图形对象不能被编辑和选择。但被锁定的图层是可见的，并且用户可以查看和捕捉此图层上的图形对象，还可在此图层上绘制新的图形对象。解锁图层是将图层恢复为可编辑和可选择的状态。设置图层的锁定/解锁状态有以下两种方法。

● 利用"图层特性管理器"对话框

单击"图层"工具栏中的"图层特性管理器"按钮🔲，弹出"图层特性管理器"对话框，在对话框的图层列表中选择"中心线"图层，单击"锁定"栏的🔒或🔓图标，切换图层的锁定/解锁状态。当图标为🔓时，表示图层处于解锁状态；当图标为🔒时，表示图层处于锁定状态。

● 利用"图层"工具栏

单击"图层"工具栏中的图层列表，弹出"图层信息"下拉列表，单击图标🔒或🔓，如图 2-29 所示，切换图层的锁定/解锁状态。

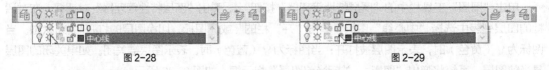

图 2-28   图 2-29

4. 打印/不打印图层

在打印工程图时，绘图过程中的一些辅助线条通常不需要打印，此时可以将这些辅助线条所在的图层设置为不打印状态的图层。图层被设置为不打印状态后，该图层上的图形对象仍会显示在绘图窗口中。只有当图层处于打开与解冻的状态下，才可以将图层设置为不打印状态。此外，若图层设置为打印状态，但该图层处于关闭或冻结的状态，则 AutoCAD 2019 中文版在打印工程图时将不打印该图层。

单击"图层"工具栏中的"图层特性管理器"按钮，弹出"图层特性管理器"对话框。在对话框的图层列表中选择"中心线"图层，单击"打印"栏的 或 图标，可以切换图层的打印/不打印状态。

2.4.6 切换当前图层

当需要在某个图层上绘制图形时，必须先将图层切换为当前图层。系统默认的当前图层为"0"图层。

1. 将某个图层切换为当前图层

切换当前图层有以下两种方法。

● 利用"图层特性管理器"对话框

单击"图层"工具栏中的"图层特性管理器"按钮，弹出"图层特性管理器"对话框。在对话框的图层列表中选择要切换为当前图层的图层，然后双击"状态"栏中的图标，或单击"置为当前"按钮；或按 Alt+C 组合键，使"状态"栏的图标变为当前图层的图标，如图 2-30 所示。

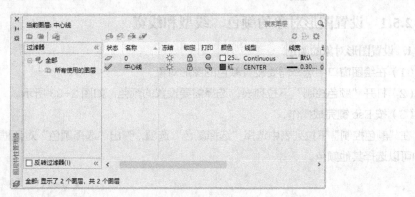

图 2-30

● 利用"图层"工具栏

在不选择任何图形对象的情况下，在"图层"工具栏的下拉列表中直接选择要设置为当前图层的图层，如图 2-31 所示。

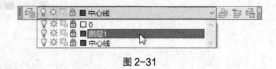

图 2-31

2. 将图形对象所在的图层切换为当前图层

在绘图窗口中选择某个图形对象，单击"图层"工具栏中的"将对象的图层置为当前"按钮，然后选择某个图形对象，可以将该图形对象所在的图层切换为当前图层。

3. 返回上一次设置的当前图层

单击"图层"工具栏的"上一个图层"按钮 ，系统将自动把上一次设置的当前图层切换为现在的当前图层。

2.5 设置图形对象特性

绘图过程中需要特意指定某一图形对象的颜色、线型和线宽时，可以通过设置图形对象的特性来完成操作。AutoCAD 2019 中文版提供了"特性"工具栏来设置图形对象的特性，通过该工具栏可以快速修改图形对象的颜色、线型及线宽等特性。默认情况下，"特性"工具栏的"颜色控制""线型控制"和"线宽控制"3 个下拉列表都会显示"ByLayer"，如图 2-32 所示。"ByLayer"表示图形对象的颜色、线型和线宽等特性与其所在图层的特性相同。

一般情况下，为了便于管理图层与观察图形对象，在不需要特意指定某一图形对象的颜色、线型和线宽时，建议用户不要随意单独设置它们。

图 2-32

2.5.1 设置图形对象的颜色、线型和线宽

1. 设置图形对象的颜色

（1）在绘图窗口中选择需要设置颜色的图形对象。

（2）打开"颜色控制"下拉列表，选择需要设置的颜色，如图 2-33 所示。

（3）按 Esc 键完成操作。

在"颜色控制"下拉列表中选择"选择颜色"选项，弹出"选择颜色"对话框，如图 2-34 所示，从中可以选择其他颜色。

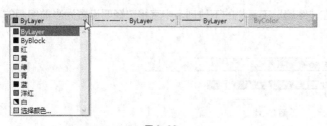

图 2-33

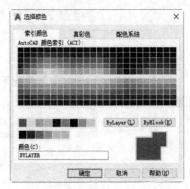

图 2-34

2. 设置图形对象的线型

（1）在绘图窗口中选择需要设置线型的图形对象。

（2）打开"线型控制"下拉列表，选择需要设置的线型，如图 2-35 所示。

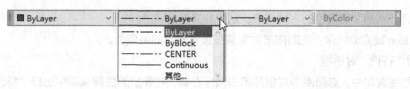

图 2-35

（3）按 Esc 键完成操作。

在"线型控制"下拉列表中选择"其他"选项，弹出"线型管理器"对话框，如图 2-36 所示。单击"加载"按钮，弹出"加载或重载线型"对话框，如图 2-37 所示，从中可以选择其他的线型。单击"加载或重载线型"对话框中的"确定"按钮，返回"线型管理器"对话框，此时选择的线型将会加载到"线型管理器"对话框的列表中；再次将其选中，并单击"确定"按钮，可以将其设置为图形对象的线型。

图 2-36

图 2-37

3. 设置图形对象的线宽

（1）在绘图窗口中选择需要设置线宽的图形对象。

（2）打开"线宽控制"下拉列表，从中选择需要设置的线宽，如图 2-38 所示。

（3）按 Esc 键完成操作。

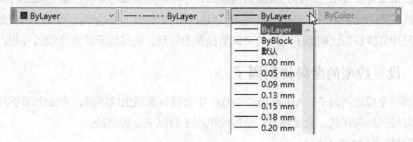

图 2-38

2.5.2 修改图形对象所在的图层

在 AutoCAD 2019 中文版中，可以修改图形对象所在的图层，修改方法有以下两种。

1. 利用"图层"工具栏

（1）在绘图窗口中选择需要修改图层的图形对象。

（2）打开"图层"工具栏的下拉列表，从中选择新的图层。

（3）按 Esc 键完成操作，此时图形对象将被放置到新的图层上。

2. 利用"特性"对话框

（1）在绘图窗口中，选择图形对象并单击鼠标右键，在弹出的快捷菜单中选择"特性"命令，打开"特性"对话框，如图 2-39 所示。

（2）选择"常规"选项组中的"图层"选项，打开"图层"下拉列表，如图 2-40 所示，从中选择新的图层。

（3）关闭"特性"对话框，此时图形对象将被放置到新的图层上。

图 2-39

图 2-40

2.6 设置非连续线的外观

非连续线是由短横线和空格等元素重复构成的。这种非连续线的外观，如短横线的长短和空格的大小，是由其线型的比例因子来控制的。例如，当绘制的中心线、虚线等线条的外观看上去与实线一样时，可以采用修改线型比例因子的方法来调节线条的外观，使其显示非连续线的外观。

2.6.1 设置线型的全局比例因子

设置线型的全局比例因子，AutoCAD 2019 中文版将重新生成图形，该比例因子将控制工程图中所有非连续线的外观样式。设置线型的全局比例因子有以下 3 种方法。

1. 设置系统变量 LTSCALE

（1）在命令行中输入"lts"或"ltscale"，然后按 Enter 键。

（2）输入线型的比例因子，系统将自动重新生成图形。

当输入的比例因子增大时，非连续线的短横线将加长、空格将增大，反之则结果相反，如图 2-41 所示。

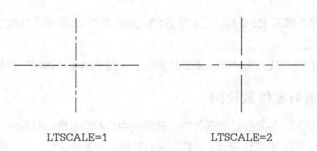

LTSCALE=1   LTSCALE=2

图 2-41

打开云盘中的"Ch02 > 素材 > 全局比例因子.dwg"文件，修改中心线的外形。

命令: lts	//输入命令
LTSCALE 输入新线型比例因子 <1.0000>: 2	//输入线型的比例因子
正在重生成模型	//系统重新生成图形

2. 利用"线型"命令

（1）选择"格式 > 线型"命令，弹出"线型管理器"对话框，如图 2-42 所示。

（2）单击"显示细节"按钮 显示细节(D)，对话框的底部出现"详细信息"选项组，同时 显示细节(D) 按钮变为 隐藏细节(D) 按钮，如图 2-43 所示。

（3）在"全局比例因子"文本框中输入新的比例因子，然后单击"确定"按钮。

图 2-42   图 2-43

知识提示

全局比例因子的数值不能为 0。

3. 使用"特性"工具栏

（1）打开"特性"工具栏中的"线型控制"下拉列表，如图 2-44 所示。选择"其他"选项，弹出"线型管理器"对话框。

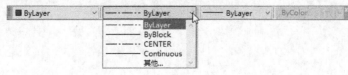

图 2-44

（2）单击"显示细节"按钮 显示细节(D)，对话框的底部出现"详细信息"选项组，同时 显示细节(D) 按钮变为 隐藏细节(D) 按钮。

（3）在"全局比例因子"文本框中输入新的比例因子，然后单击"确定"按钮。

2.6.2 设置当前对象缩放比例

设置当前对象缩放比例，将改变当前选择的图形对象中所有非连续线的外观。非连续线外观的显示比例＝当前对象缩放比例×全局比例因子。若当前对象缩放比例设置为 2，全局比例因子设置为 3，则选择的非连续线外观的显示比例为 6。设置当前对象缩放比例有以下两种方法。

1. 利用"线型管理器"对话框

（1）选择"格式 > 线型"命令，弹出"线型管理器"对话框。

（2）单击"显示细节"按钮 显示细节(D)，对话框的底部出现"详细信息"选项组。

（3）在"当前对象缩放比例"文本框中输入新的比例因子，然后单击"确定"按钮。

2. 利用"特性"对话框

（1）选择"修改 > 特性"命令，弹出"特性"对话框，如图 2-45 所示。

（2）选择需要设置当前对象缩放比例的图形对象，"特性"对话框显示刚才选择的图形对象的特性，如图 2-46 所示。

图 2-45

图 2-46

（3）在"常规"选项组中，选择"线型比例"选项，然后输入新的比例，按 Enter 键。此时所选的图形对象的外观会发生变化。

在不选择任何图形对象的情况下，设置"特性"对话框中的线型比例，将改变线型的全局比例因子，此时绘图窗口中所有非连续线的外观都会发生变化。

第 3 章
基本绘图操作

本章介绍

本章主要介绍 AutoCAD 2019 中文版的基本绘图操作，如绘制直线、点、圆、圆弧、矩形和多边形等。通过本章的学习，读者可以掌握绘制图形的基本命令，学会如何绘制简单的图形，培养良好的绘图习惯，为将来绘制工程图打下扎实的基础。

学习目标

- 掌握点样式的设置方法，以及单点、多点和等分点的绘制方法
- 掌握圆、圆弧、矩形和多边形的绘制方法
- 掌握辅助栅格绘图的设置和应用方法
- 掌握使用对象捕捉功能绘制直线的方法

技能目标

- 掌握"表面粗糙度符号"的绘制方法
- 掌握"孔板式带轮"的绘制方法
- 掌握"吊钩"的绘制方法
- 掌握"内六角圆柱头螺钉"的绘制方法
- 掌握"联接板"的绘制方法

3.1 绘制直线

使用"直线"命令可以绘制一条线段，也可以绘制连续的折线，它是绘制工程图时使用最为广泛的命令之一。

微课视频

绘制表面
粗糙度符号

3.1.1 课堂案例——绘制表面粗糙度符号

【案例学习目标】掌握并熟练使用直线命令。

【案例知识要点】使用"直线"命令绘制表面粗糙度符号，效果如图 3-1 所示。

【效果文件所在位置】云盘/Ch03/DWG/表面粗糙度符号。

（1）选择"文件 > 新建"命令，弹出"选择样板"对话框，单击"打开"按钮，创建新的图形文件。

（2）单击"直线"按钮 /，绘制表面粗糙度符号，如图 3-2 所示。

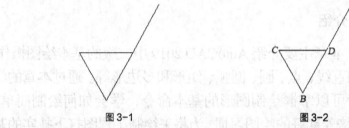

图 3-1   图 3-2

命令：line 指定第一点：	//单击"直线"按钮 /，单击确定 A 点
指定下一点或 [放弃(U)]：@10<-120	//输入 B 点的相对极坐标值
指定下一点或 [放弃(U)]：@5<120	//输入 C 点的相对极坐标值
指定下一点或 [闭合(C)/放弃(U)]：@5,0	//输入 D 点的相对直角坐标值
指定下一点或 [闭合(C)/放弃(U)]：	//按 Enter 键

3.1.2 启动直线命令的方法

在绘制直线的过程中，需要用户先利用鼠标指定线段的端点或在命令行中输入端点的坐标值，之后 AutoCAD 2019 中文版会自动将这些点连接起来。

启用直线命令的方法如下。

● 工具栏：单击"绘图"工具栏中的"直线"按钮 /，或"默认"选项卡中的"直线"按钮 /。

● 菜单命令："绘图 > 直线"。

● 命令行：line（快捷命令：L）。

3.1.3 绘制直线的操作过程

启用"直线"命令绘制图形时，在绘图窗口中单击一点作为线段的起点，然后移动鼠标，在适当的位置上单击另一点作为线段的终点，按 Enter 键，即可绘制出一条线段。若在按 Enter 键之前在其他位置再次单击，则可绘制出一条连续的折线。

利用鼠标指定线段的端点来绘制直线，如图 3-3 所示。

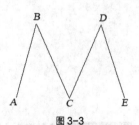

图 3-3

命令：line 指定第一点：	//单击"直线"按钮 /，单击确定 A 点
指定下一点或 [放弃(U)]：	//再次单击确定 B 点
指定下一点或 [放弃(U)]：	//再次单击确定 C 点
指定下一点或 [闭合(C)/放弃(U)]：	//再次单击确定 D 点
指定下一点或 [闭合(C)/放弃(U)]：	//再次单击确定 E 点
指定下一点或 [闭合(C)/放弃(U)]：	//按 Enter 键

3.1.4 利用绝对坐标绘制直线

利用绝对坐标绘制直线时，可输入点的绝对直角坐标值或绝对极坐标值。绝对坐标是相对于 WCS 原点的坐标。

通过输入点的绝对直角坐标值来绘制线段 AB，如图 3-4 所示。

命令：line 指定第一点：0,0	//单击"直线"按钮／，输入 A 点的绝对直角坐标值
指定下一点或 ［放弃(U)］：40,40	//输入 B 点的绝对直角坐标值
指定下一点或 ［放弃(U)］：	//按 Enter 键

通过输入点的绝对极坐标值来绘制线段 AB，如图 3-5 所示。

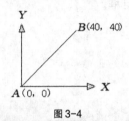

图 3-4

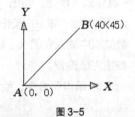

图 3-5

命令：line 指定第一点：0,0	//单击"直线"按钮／，输入 A 点的绝对直角坐标值
指定下一点或 ［放弃(U)］：40<45	//输入 B 点的绝对极坐标值
指定下一点或 ［放弃(U)］：	//按 Enter 键

3.1.5 利用相对坐标绘制直线

利用相对坐标绘制直线时，可输入点的相对直角坐标值或相对极坐标值。相对坐标是相对于用户最后输入点的坐标。

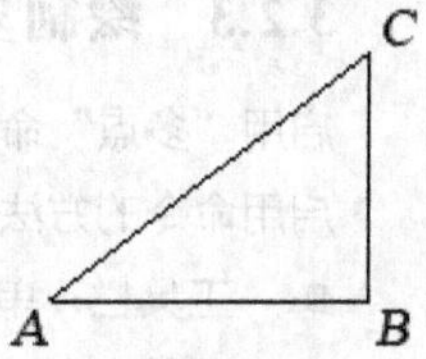

通过输入点的相对坐标值来绘制三角形 ABC，如图 3-6 所示。

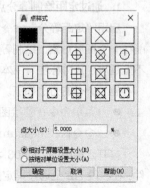

图 3-6

命令：line 指定第一点：	//单击"直线"按钮／，单击确定 A 点
指定下一点或 ［放弃(U)］：@80,0	//输入 B 点的相对直角坐标值
指定下一点或 ［放弃(U)］：@60<90	//输入 C 点的相对极坐标值
指定下一点或 ［闭合(C)/放弃(U)］：C	//选择"闭合"选项，按 Enter 键

3.2 绘制点

在 AutoCAD 2019 中文版中，绘制的点通常作为绘图的参考点。一般情况下，为了便于观察绘制的点，需要设置点的样式。

3.2.1 点的样式

通过设置点的样式可以控制点的形状与大小，方法如下。

（1）选择"格式 > 点样式"命令，弹出"点样式"对话框，如图 3-7 所示。

（2）在"点样式"对话框中，单击相应的按钮，选择点的形状。

（3）在"点大小"数值框中输入点的大小数值。

图 3-7

（4）单击"确定"按钮完成设置。

3.2.2 绘制单点

启用"单点"命令可以方便、快捷地绘制一个点。

启用命令的方法如下。

- 菜单命令："绘图 > 点 > 单点"。
- 命令行：point（快捷命令：PO）。

绘制一点，如图 3-8 所示，方法如下。

（1）选择"格式 > 点样式"命令，弹出"点样式"对话框。

（2）在"点样式"对话框中，单击 ⊕ 按钮。

（3）在"点大小"数值框中输入点的大小数值"5"。

（4）单击"确定"按钮完成设置。

（5）选择"绘图 > 点 > 单点"命令，绘制单点。

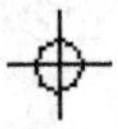

图 3-8

```
命令：point
当前点模式：PDMODE=34  PDSIZE=0.0000        //显示当前点的样式
指定点：                                   //在绘图窗口中单击确定点的位置
```

3.2.3 绘制多点

启用"多点"命令可以绘制多个点。

启用命令的方法如下。

- 工具栏：单击"绘图"工具栏中的"点"按钮 ⋅⋅。
- 菜单命令："绘图 > 点 > 多点"。

绘制多个点，如图 3-9 所示。

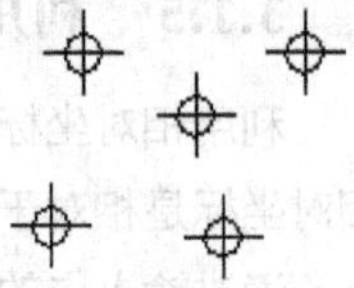

图 3-9

```
命令：point                                //单击"点"按钮 ⋅⋅
当前点模式：PDMODE=34  PDSIZE=0.0000        //显示当前点的样式
指定点：                                   //依次单击确定点的位置
指定点：*取消*                             //按 Esc 键
```

3.2.4 绘制等分点

绘制等分点有两种方法：通过定距绘制等分点和通过定数绘制等分点。

1. 通过定距绘制等分点

启用"定距等分"命令可以通过定距绘制等分点，此时需要输入等分点之间的间距，并且每次只能在一个图形对象上绘制等分点。可以绘制等分点的图形对象有直线、圆、多段线和样条曲线等，但不能是块、尺寸标注、文本及剖面线等图形对象。

启用命令的方法如下。

- 菜单命令："绘图 > 点 > 定距等分"。
- 命令行：measure（快捷命令：ME）。

打开云盘中的"Ch03 > 素材 > 定距绘制等分点.dwg"文件，在线段 AB 上通过指定间距来绘制等分点，如图 3-10 所示。

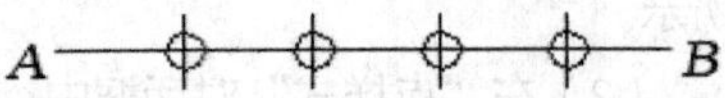

A————⊕——⊕——⊕——⊕————B

图 3-10

命令: measure	//选择"绘图 > 点 > 定距等分"命令
选择要定距等分的对象:	//选择线段 *AB*
指定线段长度或 [块(B)]: 5	//输入等分点之间的间距

提示选项解释如下。

- 指定线段长度：用于输入点的间距。
- 块（B）：用于按照输入的间距在选择的图形对象上插入图块。

通过定距绘制等分点时，距离选择对象点较近的端点将作为等分的起始位置，若图形对象的总长不能被输入的间距整除，则最后一段的间距小于输入的间距。

2. 通过定数绘制等分点

启用"定数等分"命令可以通过定数绘制等分点，此时需要输入等分的数目，并且每次只能在一个图形对象上绘制等分点，其等分的最大数目为 32767。

启用命令的方法如下。

- 菜单命令："绘图 > 点 > 定数等分"。
- 命令行：divide（快捷命令：DIV）。

打开云盘中的"Ch03 > 素材 > 定数绘制等分点.dwg"文件，在圆上通过指定数目来绘制等分点，如图 3-11 所示。

图 3-11

命令: divide	//选择"绘图 > 点 > 定数等分"命令
选择要定数等分的对象:	//选择圆
输入线段数目或 [块(B)]: 5	//输入等分的数目

3.3 绘制圆和圆弧

3.3.1 课堂案例——绘制孔板式带轮

微课视频

【案例学习目标】掌握并熟练使用圆命令。

【案例知识要点】利用"圆"命令绘制孔板式带轮，效果如图 3-12 所示。

【效果文件所在位置】云盘/Ch03/DWG/孔板式带轮。

绘制孔板式带轮

（1）选择"文件 > 打开"命令，打开云盘文件中的"Ch03 > 素材 > 孔板式带轮.dwg"文件，如图 3-13 所示。

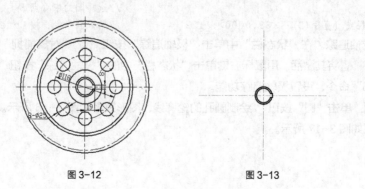

图 3-12   图 3-13

（2）将"中心线"图层设置为当前图层。绘制圆的中心线。单击"圆"按钮 ⊙ 绘制中心线，效果如图 3-14 所示。

命令: circle 指定圆的圆心或 [三点(3P)/两点(2P)/相切、相切、半径(T)]:	
	//单击"圆"按钮 ⊙，指定圆的中心点 E
指定圆的半径或 [直径(D)]: 59	//输入圆半径，按 Enter 键
命令:	//按 Enter 键
CIRCLE 指定圆的圆心或 [三点(3P)/两点(2P)/相切、相切、半径(T)]:	
	//选择圆的中心点 E
指定圆的半径或 [直径(D)] <59.0000>: 118	//输入圆半径，按 Enter 键

（3）将"轮廓线"图层设置为当前图层。绘制圆。单击"圆"按钮 ⊙ 绘制带轮的轮廓线，图形效果如图 3-15 所示。

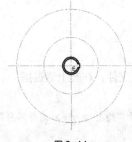

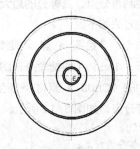

图 3-14   图 3-15

命令: circle 指定圆的圆心或 [三点(3P)/两点(2P)/相切、相切、半径(T)]:	
	//单击"圆"按钮 ⊙，指定圆的中心点 E
指定圆的半径或 [直径(D)] <118.0000>: 32	//输入圆半径，按 Enter 键
命令:	//按 Enter 键
CIRCLE 指定圆的圆心或 [三点(3P)/两点(2P)/相切、相切、半径(T)]:	
	//选择圆的中心点 E
指定圆的半径或 [直径(D)] <32.0000>: 86	//输入圆半径，按 Enter 键
命令:	//按 Enter 键
CIRCLE 指定圆的圆心或 [三点(3P)/两点(2P)/相切、相切、半径(T)]:	
	//选择圆的中心点 E
指定圆的半径或 [直径(D)] <86.0000>: 89	//输入圆半径，按 Enter 键
命令:	//按 Enter 键
CIRCLE 指定圆的圆心或 [三点(3P)/两点(2P)/相切、相切、半径(T)]:	
	//选择圆的中心点 E
指定圆的半径或 [直径(D)] <89.0000>: 123	//输入圆半径，按 Enter 键

（4）设置极轴追踪。在"状态栏"中单击"极轴追踪"按钮 ⊘、"对象捕捉"按钮 □ 和"对象捕捉追踪"按钮 ∠，将其激活。用鼠标右键单击"状态栏"中的"极轴追踪"按钮 ⊘，在弹出的快捷菜单中选择"45"命令，设置极轴追踪功能。

（5）绘制圆。单击"圆"按钮 ⊙ 绘制圆孔的轮廓线，图形效果如图 3-16 所示。用相同的方法绘制其他圆，效果如图 3-17 所示。

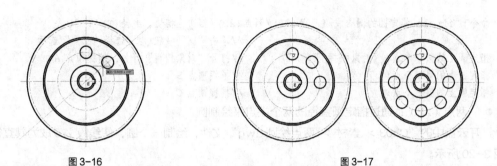

图 3-16   图 3-17

命令：circle 指定圆的圆心或 [三点(3P)/两点(2P)/相切、相切、半径(T)]：
                                         //单击"圆"按钮⊙，指定圆的中心点 O
指定圆的半径或 [直径(D)] <123.0000>：12.5   //输入圆孔半径，按 Enter 键
命令：   //按 Enter 键
CIRCLE 指定圆的圆心或 [三点(3P)/两点(2P)/相切、相切、半径(T)]：<极轴 开> <对象捕捉追踪 开>
                                         //从圆的中心点 E 追踪捕捉圆心，如图 3-17 所示
指定圆的半径或 [直径(D)] <12.5000>：   //按 Enter 键
命令：   //按 Enter 键
CIRCLE 指定圆的圆心或 [三点(3P)/两点(2P)/相切、相切、半径(T)]：
                                         //从圆的中心点 E 追踪捕捉圆心
指定圆的半径或 [直径(D)] <12.5000>：   //按 Enter 键

3.3.2　绘制圆

绘制圆的方法有 6 种，用户可以根据图形的特点选择不同的方法进行绘制，其中默认的方法是通过确定圆心和半径来绘制圆。

启用命令的方法如下。

● 工具栏：单击"绘图"工具栏中的"圆"按钮⊙，或"默认"选项卡中的"圆"按钮⊙。
● 菜单命令："绘图 > 圆"。
● 命令行：circle（快捷命令：C）。

绘制一个圆，如图 3-18 所示。

命令：circle 指定圆的圆心或 [三点(3P)/两点(2P)/相切、相切、半径(T)]：
                                         //单击"圆"按钮⊙，在绘图窗口中单击确定圆心位置
指定圆的半径或 [直径(D)]：20   //输入圆半径

提示选项解释如下。

● 三点（3P）：通过指定的 3 个点绘制圆。

打开云盘中的"Ch03 > 素材 > 三点绘圆.dwg"文件，通过三角形 ABC 的 3 个顶点绘制一个圆，如图 3-19 所示。

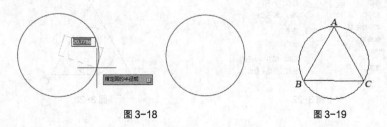

图 3-18   图 3-19

```
命令: circle 指定圆的圆心或 [三点(3P)/两点(2P)/相切、相切、半径(T)]: 3P
                                //单击"圆"按钮⊙，选择"三点"选项
指定圆上的第一个点: <对象捕捉 开>      //打开"对象捕捉"开关，捕捉顶点 A
指定圆上的第二个点:                    //捕捉顶点 B
指定圆上的第三个点:                    //捕捉顶点 C
```

- 两点（2P）：通过指定圆直径的两个端点来绘制圆。

打开云盘中的"Ch03 > 素材 > 两点绘圆.dwg"文件，绘制一个圆，使线段 AB 成为其直径，如图 3-20 所示。

```
命令: circle 指定圆的圆心或 [三点(3P)/两点(2P)/相切、相切、半径(T)]: 2P
                                //单击"圆"按钮⊙，选择"两点"选项
指定圆直径的第一个端点:<对象捕捉 开>    //打开"对象捕捉"开关，捕捉端点 A
指定圆直径的第二个端点:                //捕捉端点 B
```

- 相切、相切、半径（T）：通过选择两个与圆相切的图形对象，然后输入圆的半径来绘制一个圆。

打开云盘中的"Ch03 > 素材 > 相切、相切、半径绘圆.dwg"文件，在三角形 ABC 的 AB 边与 BC 边之间绘制一个相切圆，如图 3-21 所示。

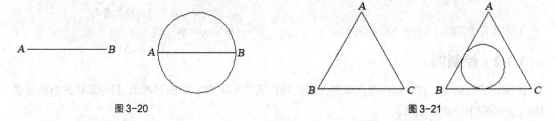

图 3-20   图 3-21

```
命令: circle 指定圆的圆心或 [三点(3P)/两点(2P)/相切、相切、半径(T)]:T
                                //单击"圆"按钮⊙，选择"相切、相切、半径"选项
指定对象与圆的第一个切点:        //选择 AB 边
指定对象与圆的第二个切点:        //选择 BC 边
指定圆的半径: 10                //输入圆半径
```

- 直径（D）：在确定圆心后，通过输入圆的直径来确定圆。

菜单栏的"绘图 > 圆"子菜单中提供了 6 种绘制圆的方法，如图 3-22 所示。上面介绍的 5 种方法可以直接在命令行中选择，而"相切、相切、相切"命令只能从菜单栏的"绘图 >圆"子菜单中选择。

打开云盘中的"Ch03 > 素材 > 绘制内切圆.dwg"文件，在正三角形 ABC 内绘制一个内切圆，该圆与三角形 ABC 的 AB、BC 和 AC 边均相切，如图 3-23 所示。

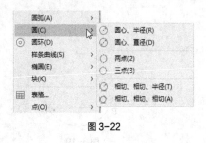

图 3-22

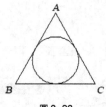

图 3-23

命令：circle 指定圆的圆心或 [三点(3P)/两点(2P)/相切、相切、半径(T)]：3P	//选择"绘图 > 圆 > 相切、相切、相切"命令
指定圆上的第一个点：tan 到	//选择 AB 边
指定圆上的第二个点：tan 到	//选择 BC 边
指定圆上的第三个点：tan 到	//选择 AC 边

3.3.3 课堂案例——绘制吊钩

微课视频

【案例学习目标】掌握并熟练使用圆弧命令。

【案例知识要点】利用"圆弧"命令绘制吊钩，效果如图 3-24 所示。

【效果文件所在位置】云盘/Ch03/DWG/吊钩。

绘制吊钩

（1）选择"文件 > 打开"命令，打开云盘文件中的"Ch03 > 素材 > 吊钩.dwg"文件，如图 3-25 所示。

（2）单击"圆弧"按钮，绘制轮廓线，如图 3-26 所示。

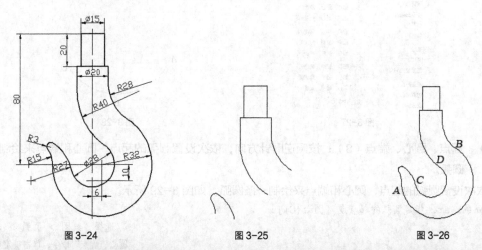

图 3-24　　　　　　图 3-25　　　　　　图 3-26

命令：arc 指定圆弧的起点或 [圆心(C)]：	//单击"圆弧"按钮，选择 A 点作为圆弧的起点
指定圆弧的第二个点或 [圆心(C)/端点(E)]：E	//选择"端点"选项
指定圆弧的端点：	//选择 B 点作为圆弧的端点
指定圆弧的圆心或 [角度(A)/方向(D)/半径(R)]：R	//选择"半径"选项
指定圆弧的半径：-32	//输入半径
命令：_arc 指定圆弧的起点或 [圆心(C)]：	//单击"圆弧"按钮，选择 C 点作为圆弧的起点
指定圆弧的第二个点或 [圆心(C)/端点(E)]：E	//选择"端点"选项
指定圆弧的端点：	//选择 D 点作为圆弧的端点
指定圆弧的圆心或 [角度(A)/方向(D)/半径(R)]：R	//选择"半径"选项
指定圆弧的半径：-14	//输入半径

3.3.4 绘制圆弧

绘制圆弧的方法有 11 种，用户可以根据图形的特点选择不同的方法进行绘制，其中默认的方法是通过确定 3 点来绘制圆弧。

启用命令的方法如下。

● 工具栏：单击"绘图"工具栏中的"圆弧"按钮，或"默认"选项卡中的"圆弧"按钮。

- 菜单命令："绘图 > 圆弧"。
- 命令行：arc（快捷命令：A）。

选择"绘图 > 圆弧"命令，弹出"圆弧"命令的子菜单，如图 3-27 所示。子菜单中提供了 11
种绘制圆弧的命令。

菜单命令解释如下。

- 三点（P）：通过设置圆弧的起点、圆弧上的一点及圆弧终点来绘制圆弧。该方法是绘制圆弧的默认方法。

通过 3 点绘制一条圆弧，如图 3-28 所示。

命令：arc 指定圆弧的起点或 [圆心(C)]：	//单击"圆弧"按钮 ，单击确定圆弧起点 A
指定圆弧的第二个点或 [圆心(C)/端点(E)]：	//单击确定 B 点
指定圆弧的端点：	//单击确定终点 C

图 3-27

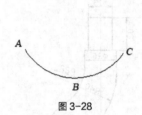

图 3-28

- 起点、圆心、端点（S）：按照逆时针方向，依次设置圆弧的起点、圆心和端点来绘制一条圆弧。

依次设置圆弧的起点、圆心和端点来绘制一条圆弧，如图 3-29 所示。

命令：arc 指定圆弧的起点或 [圆心(C)]：	//选择"绘图 > 圆弧 > 起点、圆心、端点"命令，单击确定起点 A
指定圆弧的第二个点或 [圆心(C)/端点(E)]：c 指定圆弧的圆心：	//单击确定圆心 B
指定圆弧的端点或 [角度(A)/弦长(L)]：	//单击确定端点 C

- 起点、圆心、角度（T）：按照逆时针方向，依次设置圆弧的起点、圆心，然后输入圆弧的角度值来绘制一条圆弧。

依次设置圆弧的起点、圆心和角度值来绘制一条圆弧，如图 3-30 所示。

命令：arc 指定圆弧的起点或 [圆心(C)]：	//选择"绘图 > 圆弧 > 起点、圆心、角度"命令，单击确定起点 A
指定圆弧的第二个点或 [圆心(C)/端点(E)]：c 指定圆弧的圆心：	//单击确定圆心 B
指定圆弧的端点或 [角度(A)/弦长(L)]：a 指定包含角：90	//输入圆弧的角度值

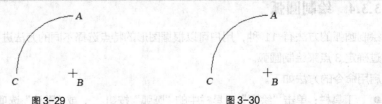

图 3-29   图 3-30

- 起点、圆心、长度（A）：按照逆时针方向，依次设置圆弧的起点、圆心，然后输入圆弧的长度值来绘制一条圆弧。

依次设置圆弧的起点、圆心和长度值来绘制一条圆弧，如图3-31所示。

命令：arc 指定圆弧的起点或 [圆心(C)]：

//选择"绘图 > 圆弧 > 起点、圆心、长度"命令，单击确定起点A

指定圆弧的第二个点或 [圆心(C)/端点(E)]：c 指定圆弧的圆心：　//单击确定圆心B
指定圆弧的端点或 [角度(A)/弦长(L)]：_l 指定弦长：100　//输入圆弧的长度值

- 起点、端点、角度（N）：按照逆时针方向，依次设置圆弧的起点、端点，然后输入圆弧的角度值来绘制一条圆弧。

依次设置圆弧的起点、端点和角度值来绘制一条圆弧，如图3-32所示。

命令：arc 指定圆弧的起点或 [圆心(C)]：

//选择"绘图 > 圆弧 > 起点、端点、角度"命令，单击确定起点A

指定圆弧的第二个点或 [圆心(C)/端点(E)]：e
指定圆弧的端点：@ -25,0　//输入B点的相对坐标值
指定圆弧的圆心或 [角度(A)/方向(D)/半径(R)]：a 指定包含角:150 //输入圆弧的角度值

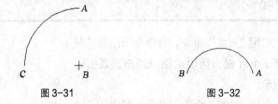

图3-31　　　　　　　图3-32

- 起点、端点、方向（D）：通过设置圆弧的起点、端点和起点处的切线方向来绘制一条圆弧。

依次设置圆弧的起点、端点及起点处的切线方向来绘制一条圆弧，如图3-33所示。

命令：arc 指定圆弧的起点或 [圆心(C)]：

//选择"绘图 >圆弧 >起点、端点、方向"命令，单击确定起点A

指定圆弧的第二个点或 [圆心(C)/端点(E)]：e
指定圆弧的端点：　//单击确定端点B
指定圆弧的圆心或 [角度(A)/方向(D)/半径(R)]：d 指定圆弧的起点切向：//单击确定起点处的切线方向

- 起点、端点、半径（R）：通过设置圆弧的起点、端点和半径值来绘制一条圆弧。

依次设置圆弧的起点、端点和半径值来绘制一条圆弧，如图3-34所示。

命令：arc 指定圆弧的起点或 [圆心(C)]：

//选择"绘图 >圆弧 >起点、端点、半径"命令，单击确定起点A

指定圆弧的第二个点或 [圆心(C)/端点(E)]：e
指定圆弧的端点：　//单击确定端点B
指定圆弧的圆心或 [角度(A)/方向(D)/半径(R)]：r 指定圆弧的半径：　//单击点C确定圆弧半径

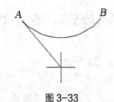

图 3-33

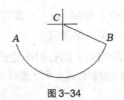

图 3-34

- 圆心、起点、端点（C）：按照逆时针方向依次设置圆弧的圆心、起点和端点来绘制一条圆弧。
- 圆心、起点、角度（E）：按照逆时针方向依次设置圆弧的圆心、起点，然后输入圆弧的角度值来绘制一条圆弧。
- 圆心、起点、长度（L）：按照逆时针方向依次设置圆弧的圆心、起点，然后输入圆弧的长度值来绘制一条圆弧。
- 继续（O）：用于绘制一条圆弧，使其相切于上一次绘制的直线或圆弧。

> 知识提示
> 　　若输入的角度值为正值，则按逆时针方向绘制圆弧；若输入的角度值为负值，则按顺时针方向绘制圆弧。若输入的长度值和半径值为正值，则绘制的圆弧对应的圆心角小于 180°；若输入的长度值和半径值为负值，则绘制的圆弧对应的圆心角大于 180°。

　　绘制一条圆弧后，启用"直线"命令，当命令行出现"指定第一点"提示时，按 Enter 键，可以绘制一条与圆弧相切的直线，如图 3-35 所示。

　　绘制一条直线后，启用"圆弧"命令，当命令行出现"指定起点"提示时，按 Enter 键，可以绘制一条与直线相切的圆弧。

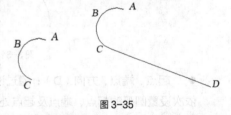

图 3-35

命令：arc 指定圆弧的起点或 [圆心(C)]：	//单击"圆弧"按钮，单击确定 A 点
指定圆弧的第二个点或 [圆心(C)/端点(E)]：	//单击确定 B 点
指定圆弧的端点：	//单击确定 C 点
命令：line 指定第一点：	//单击"直线"按钮，按 Enter 键
直线长度：	//单击确定 D 点
指定下一点或 [放弃(U)]：	//按 Enter 键

3.4 绘制矩形

　　启用"矩形"命令可以通过设置矩形对角线上的两个端点来绘制矩形。
　　启用命令的方法如下。

- 工具栏：单击"绘图"工具栏中的"矩形"按钮，或"默认"选项卡中的"矩形"按钮。
- 菜单命令："绘图 > 矩形"。
- 命令行：rectang（快捷命令：REC）。

　　绘制一个矩形，效果如图 3-36 所示。

命令：rectang	//单击"矩形"按钮□
指定第一个角点或 [倒角(C)/标高(E)/圆角(F)/厚度(T)/宽度(W)]：	//单击确定 A 点
指定另一个角点或 [面积(A)/尺寸(D)/旋转(R)]：@150,-100	//输入 B 点的相对坐标值

提示选项解释如下。

● 倒角（C）：x 用于绘制带有倒角的矩形。

绘制带有倒角的矩形，如图 3-37 所示。

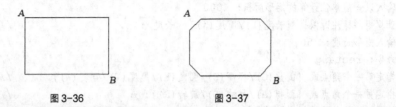

图 3-36   图 3-37

命令：rectang	//单击"矩形"按钮□
指定第一个角点或 [倒角(C)/标高(E)/圆角(F)/厚度(T)/宽度(W)]：C	//选择"倒角"选项
指定矩形的第一个倒角距离<0.0000>：20	//输入第一个倒角的距离
指定矩形的第二个倒角距离<20.0000>：20	//输入第二个倒角的距离
指定第一个角点或 [倒角(C)/标高(E)/圆角(F)/厚度(T)/宽度(W)]：	//单击确定 A 点
指定另一个角点或 [面积(A)/尺寸(D)/旋转(R)]：	//单击确定 B 点

设置矩形的倒角时，如果将第一个倒角距离与第二个倒角距离设置为不同数值，则运行程序时将会沿同一方向形成倒角，如图 3-38 所示。

● 标高（E）：用于确定矩形所在的平面高度。默认情况下，其标高为 0，即矩形位于 xy 平面内。

● 圆角（F）：用于绘制带有圆角的矩形。

绘制带有圆角的矩形，如图 3-39 所示。

命令：rectang	//单击"矩形"按钮□
指定第一个角点或 [倒角(C)/标高(E)/圆角(F)/厚度(T)/宽度(W)]：F	//选择"圆角"选项
指定矩形的圆角半径 <0.0000>：20	//输入圆角的半径
指定第一个角点或 [倒角(C)/标高(E)/圆角(F)/厚度(T)/宽度(W)]：	//单击确定 A 点
指定另一个角点或 [面积(A)/尺寸(D)/旋转(R)]：	//单击确定 B 点

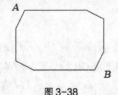 

图 3-38   图 3-39

● 厚度（T）：设置矩形的厚度，用于绘制三维图形。

● 宽度（W）：用于设置矩形的边线宽度。

绘制具有线宽的矩形，如图 3-40 所示。

命令：rectang	//单击"矩形"按钮□
指定第一个角点或 [倒角(C)/标高(E)/圆角(F)/厚度(T)/宽度(W)]：W	//选择"宽度"选项
指定矩形的线宽 <0.0000>：2	//输入矩形的线宽
指定第一个角点或 [倒角(C)/标高(E)/圆角(F)/厚度(T)/宽度(W)]：	//单击确定 A 点
指定另一个角点或 [面积(A)/尺寸(D)/旋转(R)]：	//单击确定 B 点

● 面积（A）：通过设置面积、长度或宽度来绘制矩形。

绘制两个面积为 4000 的矩形，其中一个矩形的长度为 80，另一个矩形的宽度为 80，如图 3-41 所示。

```
命令: rectang                                          //单击"矩形"按钮⬚
指定第一个角点或 [倒角(C)/标高(E)/圆角(F)/厚度(T)/宽度(W)]:    //单击确定 A 点
指定另一个角点或 [面积(A)/尺寸(D)/旋转(R)]: A                  //选择"面积"选项
输入以当前单位计算的矩形面积: 4000                            //输入面积
计算矩形标注时依据 [长度(L)/宽度(W)] <长度>: L               //选择"长度"选项
输入矩形长度: 80                                         //输入长度
命令: rectang                                          //单击"矩形"按钮⬚
指定第一个角点或 [倒角(C)/标高(E)/圆角(F)/厚度(T)/宽度(W)]:    //单击确定 C 点
指定另一个角点或 [面积(A)/尺寸(D)/旋转(R)]: A                  //选择"面积"选项
输入以当前单位计算的矩形面积: 4000                            //输入面积
计算矩形标注时依据 [长度(L)/宽度(W)] <长度>: W               //选择"宽度"选项
输入矩形宽度 <50.0000>: 80                                //输入宽度
```

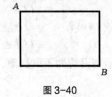

图 3-40

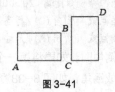

图 3-41

● 尺寸（D）：通过设置矩形的长度、宽度和角点的位置来绘制矩形。

绘制一个长度为 150、宽度为 100 的矩形，如图 3-42 所示。

```
命令: rectang                                          //单击"矩形"按钮⬚
指定第一个角点或 [倒角(C)/标高(E)/圆角(F)/厚度(T)/宽度(W)]:    //单击确定 A 点
指定另一个角点或 [面积(A)/尺寸(D)/旋转(R)]: D                  //选择"尺寸"选项
指定矩形的长度<10.0000>: 150                             //输入长度
指定矩形的宽度<10.0000>: 100                             //输入宽度
指定另一个角点或 [面积(A)/尺寸(D)/旋转(R)]:                  //在 A 点右下侧单击
```

● 旋转（R）：通过设置旋转角度来绘制矩形。

绘制一个旋转角度为 60° 的矩形，如图 3-43 所示。

```
命令: rectang                                          //单击"矩形"按钮⬚
指定第一个角点或 [倒角(C)/标高(E)/圆角(F)/厚度(T)/宽度(W)]:    //单击确定 A 点
指定另一个角点或 [面积(A)/尺寸(D)/旋转(R)]: R                  //选择"旋转"选项
指定旋转角度或 [拾取点(P)] <0>: 60                          //输入旋转角度
指定另一个角点或 [面积(A)/尺寸(D)/旋转(R)]:                  //单击确定 B 点
```

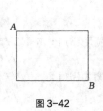

图 3-42

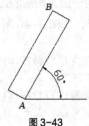

图 3-43

3.5 绘制多边形

3.5.1 课堂案例——绘制内六角圆柱头螺钉

【案例学习目标】掌握并熟练使用多边形命令。

【案例知识要点】利用"圆"和"多边形"命令绘制内六角圆柱头螺钉,效果如图 3-44 所示。

【效果文件所在位置】云盘/Ch03/DWG/内六角圆柱头螺钉。

绘制内六角
圆柱头螺钉

（1）选择"文件 > 新建"命令,弹出"选择样板"对话框,单击"打开"按钮,新建一个图形文件。

（2）单击"图层"工具栏的"图层特性管理器"按钮 ,或选择"格式 > 图层"命令,依次创建名称为"轮廓线"和"细点划线"的两个图层,并设置"轮廓线"图层的颜色为黑色、线型为"Continuous"、线宽为 0.3mm;设置"细点划线"图层的颜色为红色、线型为"CENTER"、线宽为"默认"。

（3）将"细点划线"图层设置为当前图层。单击"状态栏"中的 □ 按钮,使其处于高亮状态,打开"对象捕捉"开关。单击"直线"按钮 ,绘制两条长度为 20 的线段,如图 3-45 所示。

```
命令: line 指定第一点:              //单击"直线"按钮 ,并在绘图窗口中单击确定中心线的 A 点
指定下一点或 [放弃(U)]: @20,0       //输入中心线 B 点的相对坐标值
指定下一点或 [放弃(U)]:             //按 Enter 键
命令: line 指定第一点:              //单击"直线"按钮 ,垂直向上移动鼠标指针引用垂直追踪虚线
                                    并在绘图窗口中单击确定中心线的 C 点
指定下一点或 [放弃(U)]: @0,-20      //输入中心线 D 端点的相对坐标值
指定下一点或 [放弃(U)]:             //按 Enter 键
```

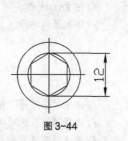

图 3-44

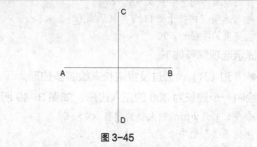

图 3-45

（4）将"轮廓线"图层设置为当前图层。单击"圆"按钮 ,绘制两个圆,一个半径为 6,另一个直径为 9,如图 3-46 所示。

```
命令: circle 指定圆的圆心或 [三点(3P)/两点(2P)/相切、相切、半径(T)]:
                                              //单击"圆"按钮 ,捕捉中心线交点
指定圆的半径或 [直径(D)]:6                     //输入圆半径,按 Enter 键
命令:                                         //按 Enter 键
CIRCLE 指定圆的圆心或 [三点(3P)/两点(2P)/相切、相切、半径(T)]:
                                              //捕捉圆心
指定圆的半径或 [直径(D)] <6.0000>: 9           //输入圆半径,按 Enter 键
```

（5）绘制内接多边形。单击"多边形"按钮 ⬡，绘制内六角圆柱头螺钉的轮廓线，如图 3-47 所示。

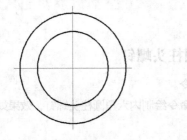 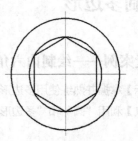

图 3-46　　　　　　　　　　　　图 3-47

```
命令：polygon 输入边的数目 <4>:6
指定正多边形的中心点或 [边(E)]:                    //捕捉圆心
输入选项 [内接于圆(I)/外切于圆(C)] <I>:            //按 Enter 键
指定圆的半径：                                    //捕捉中心线与小圆的交点
```

3.5.2　多边形工具

在 AutoCAD 2019 中文版中，多边形是具有等长边的封闭图形，其边数为 3～1024。多边形可以通过与假想圆的内接或外切来绘制，也可以通过设置多边形某边的端点来绘制。

启用命令的方法如下。

- 工具栏：单击"绘图"工具栏中的"多边形"按钮 ⬡。
- 菜单命令："绘图 > 多边形"。
- 命令行：polygon（快捷命令：POL）。

绘制一个正六边形，如图 3-48 所示。

```
命令：polygon 输入边的数目 <4>: 6               //单击"多边形"按钮 ⬡，输入边的数目
指定多边形的中心点或 [边(E)]:                    //单击确定中心点 A
输入选项 [内接于圆(I)/外切于圆(C)] <I>:          //按 Enter 键
指定圆的半径：300                               //输入圆的半径
```

提示选项解释如下。

- 边（E）：通过设置边长来绘制多边形。

绘制一个边长为 300 的正六边形，如图 3-49 所示。

```
命令：polygon 输入边的数目 <4>:6               //单击"多边形"按钮 ⬡，输入边的数目
指定多边形的中心点或 [边(E)]: E                 //选择"边"选项
指定边的第一个端点：                            //单击确定 A 点
指定边的第二个端点： @300,0                     //输入 B 点的相对坐标值
```

 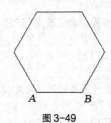

图 3-48　　　　　　　　　　　　图 3-49

- 内接于圆（I）：通过内接于圆的方式绘制多边形，如图 3-50 所示。
- 外切于圆（C）：通过外切于圆的方式绘制多边形，如图 3-51 所示。

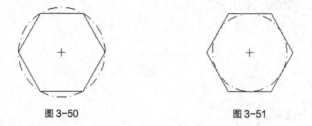

图 3-50   图 3-51

3.6 绘图技巧提高

3.6.1 课堂案例——绘制联接板

【案例学习目标】掌握各种绘图技巧，提高绘图水平。

【案例知识要点】利用"极轴"工具、"对象捕捉"工具栏和其他绘图命令绘制联接板，效果如图 3-52 所示。

【效果文件所在位置】云盘/Ch03/DWG/联接板。

（1）选择"文件 > 新建"命令，弹出"选择样板"对话框，单击"打开"按钮，创建新的图形文件。

（2）单击"直线"按钮 ⁄，在绘图窗口任意位置单击开始绘制图形。打开正交开关，向右移动鼠标指针，输入"20"，然后按 Enter 键，绘制一条长度为 20 的水平线段，如图 3-53 所示。

（3）用鼠标右键单击"状态栏"中的"极轴追踪"按钮，在弹出的快捷菜单中选择"正在追踪设置"命令，弹出"草图设置"对话框，选择"启用极轴追踪"复选框，并在"增量角"数值框中输入"30"，单击"确定"按钮。

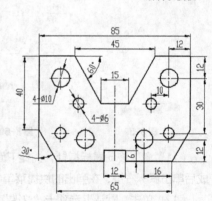

图 3-52

（4）向右下方移动十字光标，出现极轴追踪线，如图 3-54 所示。输入"30"，按 Enter 键，绘制一条长度为 30、角度为-60°的线段，如图 3-55 所示。

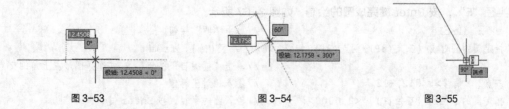

图 3-53   图 3-54   图 3-55

（5）向右移动鼠标指针，当出现"极轴：××.××××<0°"的提示时，输入"7.5"，并按 Enter 键，绘制一条长度为 7.5 的线段，如图 3-56 所示。按 Enter 键结束当前的图形绘制。

（6）单击"直线"按钮 ∕，打开对象捕捉开关，捕捉直线的端点，如图 3-57 所示。然后向下移动鼠标指针，当出现"极轴：××.×××× <270°"的提示时，输入"40"，按 Enter 键，绘制一条长度为 40 的竖直线段，如图 3-58 所示。

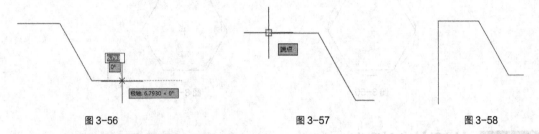

| 图 3-56 | 图 3-57 | 图 3-58 |

（7）向右下方移动鼠标指针，当出现"极轴：××.×××× <300°"的提示时，输入"20"，按 Enter 键完成图形绘制，如图 3-59 所示。

（8）向右移动鼠标指针，当出现"极轴：××.×××× <0°"的提示时，输入"32.5"，按 Enter 键完成图形绘制，如图 3-60 所示。

（9）向上移动鼠标指针，当出现"极轴：××.×××× <90°"的提示时，输入"6"，按 Enter 键完成图形绘制，如图 3-61 所示。

（10）向左移动鼠标指针，当出现"极轴：××.×××× <180°"的提示时，输入"6"，按 Enter 键完成图形绘制，如图 3-62 所示。

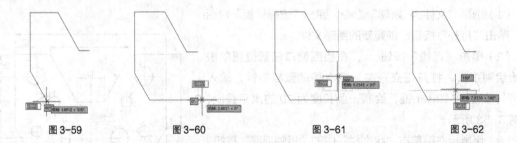

| 图 3-59 | 图 3-60 | 图 3-61 | 图 3-62 |

（11）向下移动鼠标指针，捕捉下面一条直线的垂足点，如图 3-63 所示。绘制一条垂直线，完成后单击鼠标右键，在弹出的快捷菜单中选择"确认"命令，结束当前图形的绘制，如图 3-64 所示。

（12）单击"默认"选项卡"修改"面板中的"修剪"按钮 ✂ 和"删除"按钮 ，修剪多余的线条，如图 3-65 所示。

（13）单击"圆"按钮 ⊙，然后单击"对象捕捉"工具栏中的"捕捉自"按钮 。移动十字光标，捕捉图形左上角的交点并单击，如图 3-66 所示。然后输入圆心的相对坐标值"@12,-12"，并输入圆的半径"5"，按 Enter 键完成圆的绘制，如图 3-67 所示。

```
命令: circle                          //单击"圆"按钮 ⊙
指定圆的圆心或 [三点(3P)/两点(2P)/相切、相切、半径(T)]: from
                                      //单击"捕捉自"按钮 ，并选择图形左上角的交点
基点: <偏移>: @12,-12                  //输入相对坐标值
指定圆的半径或 [直径(D)] <0.0000>: 5    //输入圆的半径，按 Enter 键
```

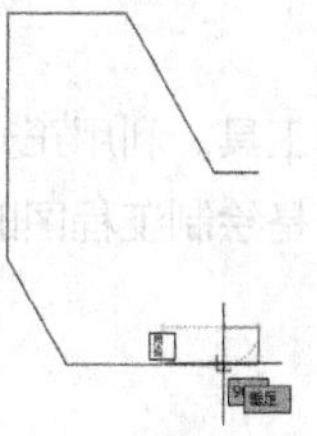

图 3-63 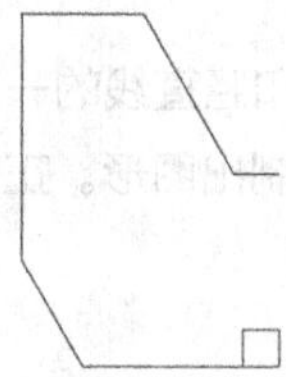　　　　　　图 3-64 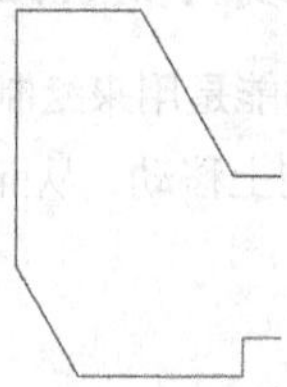　　　　　　图 3-65 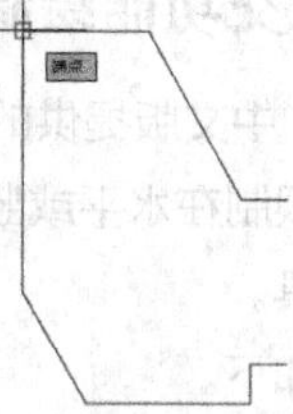　　　　　　图 3-66 　　　　　　图 3-67

（14）单击"圆"按钮⊙，打开对象捕捉追踪开关。单击"对象捕捉"工具栏中的"捕捉自"按钮，移动光标追踪圆心与端点，捕捉追踪线的相交点并单击，如图 3-68 所示。然后输入圆心的相对坐标值"@10,0"，并输入圆的半径"3"，按 Enter 键完成圆的绘制，如图 3-69 所示。

（15）用同样的方法绘制另外两个圆，如图 3-70 所示。

（16）单击"直线"按钮／，捕捉圆的象限点，绘制两条相交的中心线，如图 3-71 所示。

（17）单击"默认"选项卡"修改"面板中的"缩放"按钮，捕捉中心线的交点，并输入缩放的比例因子"1.5"，对上一步骤中绘制的两条中心线进行缩放，如图 3-72 所示。

```
命令: scale                                        //单击"缩放"按钮
选择对象: 指定对角点: 找到 2 个                      //选择两条中心线
选择对象:                                           //按 Enter 键
指定基点:                                           //选择中心线的中点
指定比例因子或 [复制(C)/参照(R)] <0.0000>: 1.5       //输入比例因子
```

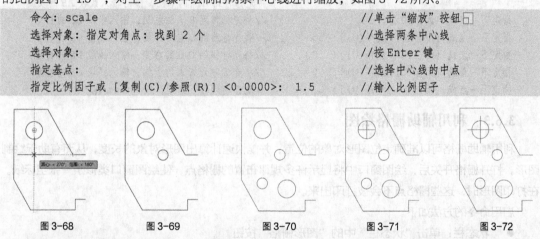

图 3-68　　　　　　图 3-69　　　　　　图 3-70　　　　　　图 3-71　　　　　　图 3-72

（18）单击"复制"按钮，通过捕捉中心线的交点与圆心，将中心线复制到另外 3 个圆的圆心处，如图 3-73 所示。

（19）将"细点划线"图层设置为当前图层，单击"直线"按钮／，通过对象追踪绘制一条竖直中心线，如图 3-74 所示。

（20）将"轮廓线"图层设置为当前图层，单击"镜像"按钮，绘制另一半图形，如图 3-75 所示。

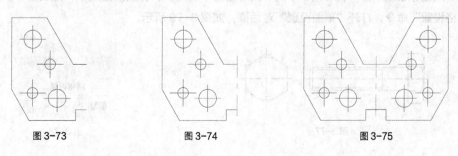

图 3-73　　　　　　　　图 3-74　　　　　　　　图 3-75

3.6.2　利用正交功能绘制水平线与竖直线

AutoCAD 2019 中文版提供的正交功能是用来绘制水平线和竖直线的一种辅助工具。利用正交功能可以将十字光标限制在水平或竖直方向上移动，从而快速绘制出图形。正交功能是绘制工程图时最常用的绘图辅助工具。

启用命令的方法如下。

● 状态栏：单击"状态栏"中的"正交限制光标" ⌐ 按钮。

● 快捷键：按 F8 键或 Ctrl+L 组合键。

启用"直线"命令绘制图形时，若打开正交开关，则十字光标只能沿水平或者竖直方向移动。此时只需移动十字光标来指示线段的方向，然后输入线段的长度，即可绘制出水平或者竖直的线段。

利用正交功能绘制图形，如图 3-76 所示。

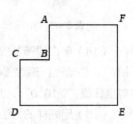

图 3-76

命令：line 指定第一点：<正交 开>	//单击"直线"按钮 ✎，单击确定 A 点
指定下一点或 [放弃(U)]：<正交 开>35	//单击"状态栏"中的 ⌐ 按钮（打开正交开关），将光标移到 A 点的下侧，然后输入线段 AB 的长度
指定下一点或 [放弃(U)]：30	//将光标移到 B 点的左侧，输入线段 BC 的长度
指定下一点或 [闭合(C)/放弃(U)]：55	//将光标移到 C 点的下侧，输入线段 CD 的长度
指定下一点或 [闭合(C)/放弃(U)]：100	//将光标移到 D 点的右侧，输入线段 DE 的长度
指定下一点或 [闭合(C)/放弃(U)]：90	//将光标移到 E 点的上侧，输入线段 EF 的长度
指定下一点或 [闭合(C)/放弃(U)]：C	//选择"闭合"选项，按 Enter 键

3.6.3　利用辅助栅格绘图

利用辅助栅格可以准确定位图形对象的位置，并能快速计算出图形对象的长度，从而有助于绘制图形。打开栅格开关后，绘图窗口中将显示许多规律布置的栅格点，使绘图窗口类似于一张坐标纸。在打印图形时，这些栅格点不会被打印出来。

启用命令的方法如下。

● 状态栏：单击"状态栏"中的"图形栅格"按钮 ▦。

● 快捷键：按 F7 键或 Ctrl+G 组合键。

1. 设置栅格的间距

打开栅格开关后，绘图窗口中会显示许多规律布置的栅格点，用户可以设置这些栅格点之间的距离。

（1）单击"状态栏"中的"图形栅格"按钮 ▦，打开栅格开关，绘图窗口中将显示栅格点，如图 3-77 所示。

（2）用鼠标右键单击"状态栏"中的"图形栅格"按钮 ▦，弹出快捷菜单，如图 3-78 所示。选择"网格设置"命令，打开"草图设置"对话框，如图 3-79 所示。

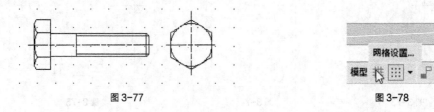

图 3-77　　　　　　　　　　　　　　　　　　图 3-78

（3）在对话框中，选择"启用栅格"复选框，显示栅格；反之，则取消栅格的显示。

（4）在"栅格 X 轴间距"与"栅格 Y 轴间距"数值框中输入栅格点的间距。

（5）单击"确定"按钮，栅格点的间距发生变化，如图 3-80 所示。

图 3-79

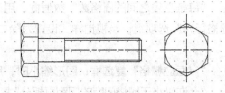

图 3-80

2. 设置捕捉的分辨率

打开捕捉开关，可以使十字光标在指定的间距之间移动。通常情况下，只有同时打开栅格开关与捕捉开关，才能使十字光标精确定位于各个栅格点。

启用命令的方法如下。

● 状态栏：鼠标右键单击"状态栏"中的"捕捉到图形栅格"按钮。

● 快捷键：按 F9 键或 Ctrl+B 组合键。

打开捕捉开关后，十字光标只能在指定的间距之间移动。指定的间距称为捕捉的分辨率，用户可以对其进行设置。

（1）用鼠标右键单击"状态栏"中的"捕捉到图形栅格"按钮，弹出快捷菜单。选择"捕捉设置"命令，打开"草图设置"对话框，如图 3-81 所示。

（2）在对话框中，选择"启用捕捉"复选框，打开捕捉开关；反之，则关闭捕捉开关。

（3）在"捕捉间距"选项组中设置捕捉的 x 轴间距和 y 轴间距。

（4）单击"确定"按钮，完成捕捉分辨率的设置。

对话框选项解释如下。

"捕捉间距"选项组用于控制捕捉位置处的不可见矩形栅格，以限制十字光标仅在指定的 x 轴方向和 y 轴方向间隔内移动。

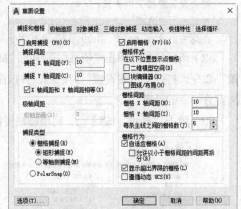

图 3-81

● "捕捉 X 轴间距"数值框：用于设置 x 轴方向的捕捉间距。

● "捕捉 Y 轴间距"数值框：用于指定 y 轴方向的捕捉间距。

● "X 轴间距和 Y 轴间距相等"复选框：为捕捉间距和栅格间距强制使用同一 x 轴方向和 y 轴方向间距值。捕捉间距可以与栅格间距不同。

"极轴间距"选项组用于控制极轴捕捉的增量距离。

"捕捉类型"选项组用于设置捕捉的类型和方式。

- "栅格捕捉"单选按钮：将捕捉类型设置为栅格捕捉。
- "矩形捕捉"与"等轴测捕捉"单选按钮：用于指定栅格捕捉的方式。
- "PolarSnap"单选按钮：以极轴方式进行捕捉。

"栅格间距"选项组用于控制栅格的显示，有助于形象化显示距离。

- "栅格 X 轴间距"数值框：用于设置 x 轴方向上的栅格间距。
- "栅格 Y 轴间距"数值框：用于设置 y 轴方向上的栅格间距。
- "每条主线之间的栅格数"数值框：用于设置主栅格线相对于次栅格线的频率。

"栅格行为"选项组，当视觉样式设置为除二维线框之外的任何视觉样式时，用于显示栅格线的外观。

- "自适应栅格"复选框：图形缩小时，用于限制栅格密度。
- "允许以小于栅格间距的间距再拆分"复选框：图形放大时，用于生成更多间距更小的栅格线。
- "显示超出界线的栅格"复选框：显示超出界线时，用于指定区域的栅格。
- "遵循动态 UCS"复选框：用于更改栅格平面，以跟随动态 UCS 的 xy 平面。

3. 利用栅格捕捉功能绘制直线

当捕捉的分辨率与栅格的间距相同时，十字光标将在绘图窗口显示的栅格点之间移动，这样有利于绘制图形。

利用栅格捕捉功能绘制直线的方法如下。

（1）在绘制图形之前需要设置绘图窗口的图形界限。

```
命令: limits                              //选择"格式 > 图形界限"命令
重新设置模型空间界限:
指定左下角点或 [开(ON)/关(OFF)] <0.0000,0.0000>: //按 Enter 键
指定右上角点 <420.0000,297.0000>: 4200,2970    //输入新的图形界限
```

（2）用鼠标右键单击"状态栏"中的"捕捉到图形栅格"按钮⬚，弹出快捷菜单。选择"捕捉设置"命令，打开"草图设置"对话框，并按图 3-82 进行设置。单击"确定"按钮，完成栅格间距和捕捉分辨率的设置。

（3）单击"直线"按钮 ✏，利用栅格捕捉功能绘制图形，如图 3-83 所示。

图 3-82

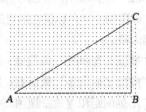

图 3-83

命令：line 指定第一点：<捕捉 开> <栅格 开>	//单击"直线"按钮 ／，打开捕捉开关 与栅格开关，捕捉 A 点
指定下一点或 [放弃(U)]：	//捕捉 B 点
指定下一点或 [放弃(U)]：	//捕捉 C 点
指定下一点或 [闭合(C)/放弃(U)]：	//捕捉 A 点
指定下一点或 [闭合(C)/放弃(U)]：	//按 Enter 键

3.6.4 利用极轴追踪功能绘制直线

利用极轴追踪功能绘制直线时，十字光标可以按照指定的角度进行移动。打开极轴追踪开关后，AutoCAD 2019 中文版将会沿极轴方向显示绘图的辅助线，这样便于绘制具有倾斜角度的直线。

启用命令的方法如下。

● 状态栏：用鼠标右键单击"状态栏"中的"极轴追踪"按钮 。

● 快捷键：按 F10 键。

打开极轴追踪开关后，运行程序将沿极轴方向显示绘图的辅助线，此时输入线段的长度便可绘制出沿此方向的线段。其中，极轴方向是由极轴角确定的，用户可以设置极轴的增量角度。例如，若设置的增量角度为 60°，则当十字光标移动到接近 60°、120°、180° 等方向时，屏幕会显示这些方向的绘图辅助线。

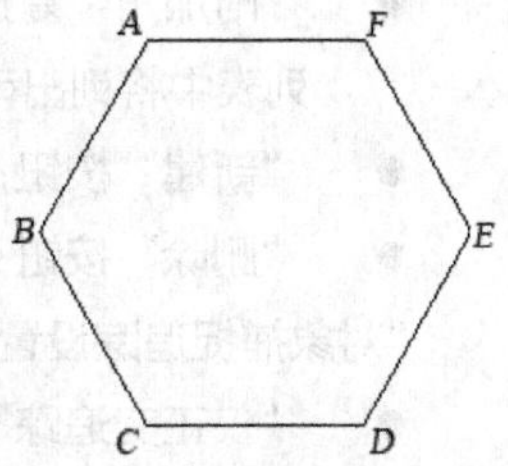

利用极轴追踪功能绘制图形，如图 3-84 所示。

（1）用鼠标右键单击"状态栏"中的"极轴追踪"按钮 ，弹出快捷菜单。选择"正在追踪设置"命令，弹出"草图设置"对话框。

（2）在"极轴角设置"选项组的"增量角"数值框中输入极轴增量角度"60"，如图 3-85 所示。单击"确定"按钮，完成极轴追踪的设置。

（3）单击"状态栏"中的"极轴追踪"按钮 ，打开极轴追踪开关，此时十字光标自动沿 0°、60°、120°、180°、240°、300° 等方向进行追踪。

（4）单击"直线"按钮 ／，绘制六边形，如图 3-86 所示。

图 3-84

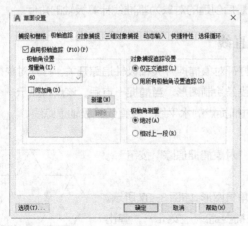

图 3-85

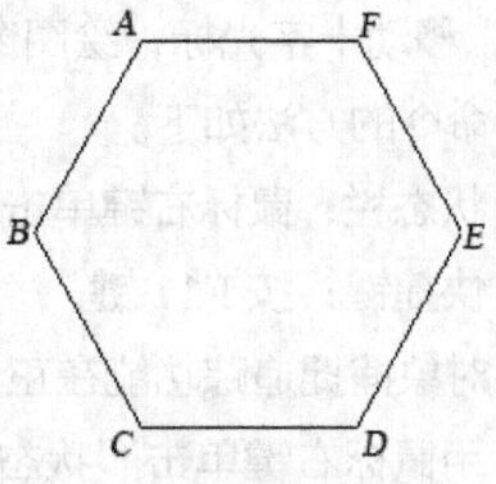

图 3-86

命令：line 指定第一点：	//单击"直线"按钮 ／，单击确定 A 点
指定下一点或 [放弃(U)]：60	//将十字光标放置于 B 点附近，系统会沿 240° 方向追踪， 然后输入线段 AB 的长度

指定下一点或 [放弃(U)]: 60	//将十字光标放置于 C 点附近，系统会沿 300° 方向追踪，输入线段 BC 的长度
指定下一点或 [闭合(C)/放弃(U)]: 60	//将十字光标放置于 D 点附近，系统会沿 0° 方向追踪，输入线段 CD 的长度
指定下一点或 [闭合(C)/放弃(U)]: 60	//将十字光标放置于 E 点附近，系统会沿 60° 方向追踪，输入线段 DE 的长度
指定下一点或 [闭合(C)/放弃(U)]: 60	//将十字光标放置于 F 点附近，系统会沿 120° 方向追踪，输入线段 EF 的长度
指定下一点或 [闭合(C)/放弃(U)]: C	//选择"闭合"选项，按 Enter 键

对话框选项解释如下。

- "启用极轴追踪"复选框：用于开启极轴追踪功能。取消选择"启用极轴追踪"复选框，则会关闭极轴追踪功能。

"极轴角设置"选项组用于设置极轴追踪的对齐角度。

- "增量角"下拉列表：用来显示极轴追踪的极轴角增量。用户可以输入任何角度值，也可以从下拉列表中选择 90、45、30、22.5、18、15、10 和 5 等常用的角度值。

- "附加角"复选框：对极轴追踪使用列表中的任何一种附加角度。选择"附加角"复选框，列表中将列出可用的附加角度。

- "新建"按钮：用于添加新的附加角度，最多可以添加 10 个附加极轴追踪对齐角度。

- "删除"按钮：用于删除选定的附加角度。

"对象捕捉追踪设置"选项组用于设置对象捕捉追踪选项。

- "仅正交追踪"单选按钮：当对象捕捉追踪开关打开时，仅显示已获得的对象捕捉点的正交对象捕捉追踪路径。

- "用所有极轴角设置追踪"单选按钮：用于在追踪捕捉点处沿极轴角所设置的方向显示追踪路径。

"极轴角测量"选项组用于设置测量极轴追踪对齐角度的基准。

- "绝对"单选按钮：用于设置以坐标系的 x 轴为计算极轴角的基准线。

- "相对上一段"单选按钮：用于设置以最后创建的对象为基准线计算极轴的角度。

3.6.5 利用对象捕捉追踪功能绘制直线

在利用对象捕捉追踪功能绘制图形时，必须打开对象捕捉开关和极轴追踪开关。打开对象捕捉开关和极轴追踪开关后，就可以通过捕捉点的追踪线条绘制图形。当捕捉一点后，该点将显示一个小加号"+"，移动十字光标，绘图窗口中将显示通过捕捉点的水平线、竖直线或极轴追踪线。

启用命令的方法如下。

- 状态栏：鼠标右键单击"状态栏"中的"对象捕捉追踪"按钮∠。

- 快捷键：按 F11 键。

利用对象捕捉追踪功能在正六边形内绘制六角星图形，如图 3-87 所示。

（1）用鼠标右键单击"状态栏"中的"对象捕捉追踪"按钮∠，弹出快捷菜单。选择"对象捕捉追踪设置"命令，打开"草图设置"对话框。

（2）在"草图设置"对话框的"对象捕捉"选项卡中，选择"启用对象捕捉"和"启用对象捕捉追踪"复选框，在"对象捕捉模式"选项组中选择

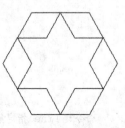

图 3-87

"端点""中点""交点"复选框，如图 3-88 所示。

（3）单击"极轴追踪"选项卡，在"对象捕捉追踪设置"选项组中，选择"用所有极轴角设置追踪"单选按钮；在"极轴角设置"选项组的"增量角"数值框中输入增量角度"60"，如图 3-89 所示。单击"确定"按钮，完成对象捕捉追踪功能的设置。

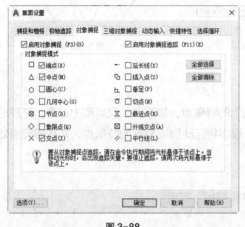

图 3-88

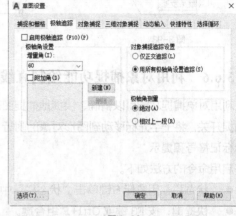

图 3-89

（4）依次单击"状态栏"中的"对象捕捉"按钮 □ 与"对象捕捉追踪"按钮 ∠，打开对象捕捉开关与对象捕捉追踪开关。

（5）单击"直线"按钮 ∕，将十字光标放置于正六边形 AB 边的中点附近，运行程序会自动捕捉 AB 边的中点，并显示"三角形"图标，如图 3-90 所示。此时单击可选择 AB 边的中点。

（6）移动十字光标，将出现一条通过 AB 边中点的追踪线，如图 3-91 所示。将十字光标移动到 B 点附近，运行程序会自动捕捉 B 点。水平移动十字光标，将出现一条通过 B 点的水平追踪线，捕捉这两条追踪线的交点并单击，如图 3-92 所示。

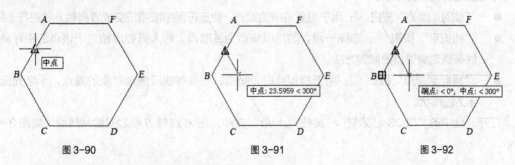

图 3-90　　　　　　　　　图 3-91　　　　　　　　　图 3-92

（7）捕捉 BC 边的中点并单击，如图 3-93 所示。

（8）水平移动十字光标，然后将十字光标移动到 C 点附近，运行程序会自动捕捉 C 点。移动十字光标使其出现追踪线，然后捕捉这两条追踪线的交点并单击，如图 3-94 所示。

（9）重复使用上面的方法，就可以在正六边形内部绘制出一个六角星图形，如图 3-95 所示。

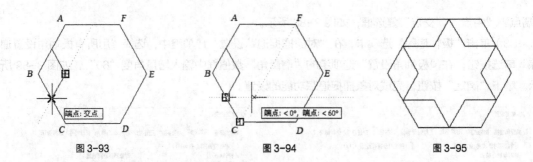

图 3-93　　　　　　　　　　图 3-94　　　　　　　　　　图 3-95

3.6.6　利用对象捕捉功能绘制直线

利用对象捕捉功能可以精确、快捷地捕捉图形对象上的特殊点，如端点、交点和中点等。打开对象捕捉开关，将十字光标移动到图形对象的附近，运行程序将自动捕捉邻近的特殊点，并在捕捉点处显示标记符号和提示。

启用命令的方法如下。

- 状态栏：用鼠标右键单击"状态栏"中的"对象捕捉"按钮□。
- 快捷键：按 F3 键或 Ctrl+F 组合键。

根据对象捕捉的使用方式，可以分为临时对象捕捉和自动对象捕捉两种方式。

1. 利用临时对象捕捉方式绘制直线

用鼠标右键单击任意一个工具栏，弹出快捷菜单。选择"对象捕捉"命令，弹出"对象捕捉"工具栏，如图 3-96 所示。

图 3-96

命令按钮功能解释如下。

- "临时追踪点"按钮—：用于设置临时追踪点，使运行程序按照正交或者极轴方式进行追踪。
- "捕捉自"按钮：选择一点，然后以该点为基准点，输入需要点相对于该点的相对坐标值来确定需要点的捕捉方法。
- "捕捉到端点"按钮：用于捕捉线段、矩形、圆弧等线段图形对象的端点，十字光标显示为□形状。

打开云盘中的"Ch03 > 素材 > 圆柱销.dwg"文件，在 A 点与 B 点之间绘制线段，如图 3-97 所示。

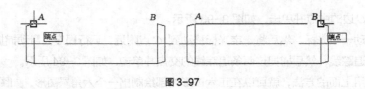

图 3-97

```
命令：line                      //单击"直线"按钮
指定第一点：_endp 于             //单击"捕捉到端点"按钮，选择 A 点
指定下一点或 [放弃(U)]：_endp 于  //单击"捕捉到端点"按钮，选择 B 点
指定下一点或 [放弃(U)]：          //按 Enter 键
```

- "捕捉到中点"按钮 ⟋：用于捕捉线段、圆弧、矩形边线等图形对象的中点，十字光标显示为△形状，如图 3-98 所示。
- "捕捉到交点"按钮 ✕：用于捕捉图形对象之间相交或延伸相交的点，十字光标显示为✕形状，如图 3-99 所示。
- "捕捉到外观交点"按钮 ⊠：在二维空间中，与"捕捉到交点"按钮 ✕ 的功能相同，可以捕捉两个图形对象的视图交点。该捕捉方式还可在三维空间中捕捉两个对象的视图交点。十字光标显示为⊠形状，如图 3-100 所示。

知识提示

如果同时使用"捕捉到交点"和"捕捉到外观交点"捕捉方式，然后进行对象捕捉，得到的结果可能会不同。

- "捕捉到延长线"按钮 ⋯：使用十字光标从图形的端点处开始移动，沿图形的边线以虚线来表示此边的延长线，十字光标旁边会显示相对于端点的相对坐标值。十字光标显示为⋯形状，如图 3-101 所示。
- "捕捉到圆心"按钮 ◎：用于捕捉圆、圆弧、椭圆等图形对象的圆心，十字光标显示为○形状，如图 3-102 所示。

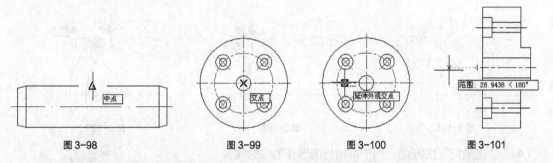

| 图 3-98 | 图 3-99 | 图 3-100 | 图 3-101 |

- "捕捉到象限点"按钮 ◇：用于捕捉圆、椭圆等图形对象的象限点，十字光标显示为◇形状，如图 3-103 所示。
- "捕捉到切点"按钮 ⟳：用于捕捉圆、圆弧、椭圆与其他图形相切的切点，十字光标显示为○形状，如图 3-104 所示。
- "捕捉到垂足"按钮 ⊥：用于捕捉图形对象的垂足以绘制垂线。十字光标显示为┗形状，如图 3-105 所示。

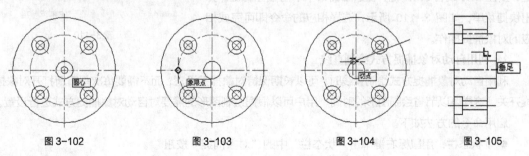

| 图 3-102 | 图 3-103 | 图 3-104 | 图 3-105 |

- "捕捉到平行线"按钮 ⫽：通过选择一条线段作为参照来绘制另一条与该线段平行的线段。选择线段的起始点后，单击"捕捉到平行线"按钮 ⫽，将十字光标移动到参照线段上，此时会出现平行符号⫽，表示选择了参照线段。移动十字光标，与参照线段平行的方向将出现一条虚线，输入线段的长度值，即可绘制出一条与参照线段平行的线段，如图 3-106 所示。

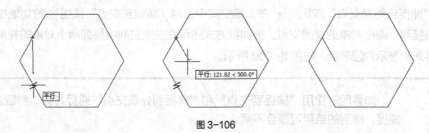

图 3-106

- "捕捉到插入点"按钮 ⊟：用于捕捉属性、块、文字等对象的插入点，十字光标显示为 ⤢ 形状，如图 3-107 所示。
- "捕捉到节点"按钮 ⊡：用于捕捉使用"点"命令创建的点对象，十字光标显示为⊗形状，如图 3-108 所示。
- "捕捉到最近点"按钮 ⋉：用于捕捉图形对象上离十字光标最近的点，十字光标显示为⊠形状，如图 3-109 所示。

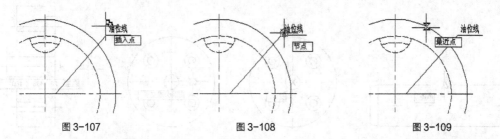

图 3-107   图 3-108   图 3-109

- "无捕捉"按钮 ⋒：用于取消当前选择的临时捕捉方式。
- "对象捕捉设置"按钮 ⋒：单击此按钮，会弹出"草图设置"对话框，可以从中打开对象捕捉开关，并可对捕捉的模式进行设置。

还可以利用快捷菜单来打开临时对象捕捉开关，其方法是：按住 Ctrl 或者 Shift 键，在绘图窗口中单击鼠标右键，弹出快捷菜单，如图 3-110 所示，选择相应的命令即可完成相应的对象捕捉操作。

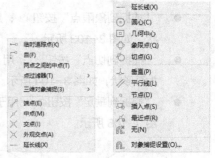

图 3-110

2. 利用自动对象捕捉方式绘制直线

利用自动对象捕捉方式绘制直线时，可以长期保持对象捕捉设置，而不需要每次都重新打开对象捕捉开关，这样可以节省绘制图形的时间。用户可以根据绘制图形的需要对自动对象捕捉方式进行设置。

启用命令的方法如下。

- 状态栏：用鼠标右键单击"状态栏"中的"对象捕捉"按钮 ▢。

- 菜单命令："工具 > 绘图设置"。
- 命令行：dsettings。

用鼠标右键单击"状态栏"中的"对象捕捉"按钮
，弹出快捷菜单。选择"对象捕捉设置"命令，打
开"草图设置"对话框，单击"对象捕捉"选项卡，对
话框显示如图 3-111 所示。此时，可以根据绘制图形
的需要，在"对象捕捉模式"选项组中选择相应的捕捉
模式，如端点、中点和圆心等。然后选择"启用对象捕
捉"复选框，打开自动对象捕捉开关，单击"确定"按
钮，完成设置。

对话框选项解释如下。

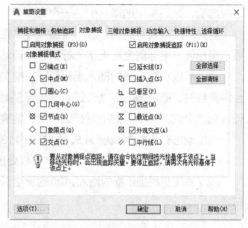

图 3-111

"对象捕捉模式"选项组中提供了 14 种对象捕捉模
式，可以选择需要的捕捉模式复选框。所有列出的捕捉模式和图标都与前面所讲的临时对象捕捉方式
的命令按钮和十字光标形状相同。

- "全部选择"按钮 全部选择 ：用于选择全部对象捕捉模式。
- "全部清除"按钮 全部清除 ：用于取消所有选择的对象捕捉模式。

3.6.7 利用动态输入绘制图形

动态输入允许用户在工具栏提示框中输入坐标值，而不必在命令行中输入。工具栏提示框出现在
十字光标的旁边，其显示的信息会随着十字光标的移动而动态更新。动态输入有两种模式：指针输入
与标注输入。指针输入用于输入坐标值，标注输入用于输入线段的长度和角度。

启用命令的方法如下。

- 状态栏：用鼠标右键单击"状态栏"中的"动态
输入"按钮 ，弹出快捷菜单。选择"动态输入
设置"命令，弹出"草图设置"对话框，如图 3-112
所示。

对话框选项解释如下。

- "启用指针输入"复选框：用于打开或关闭指针
动态输入的开关。
- "可能时启用标注输入"复选框：用于打开或关
闭标注动态输入的开关。
- "指针输入"选项组中的"设置"按钮：用于设
置指针动态输入的格式和可见性。

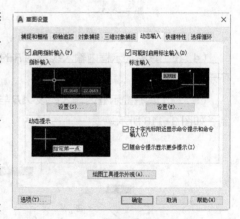

图 3-112

- "标注输入"选项组中的"设置"按钮：用于设置标注动态输入的可见性。
- "在十字光标附近显示命令提示和命令输入"复选框：用于控制是否显示命令提示和命令输入。
- "绘图工具提示外观"按钮：用于设置工具栏提示框的外观样式。

打开动态输入开关后，在绘制图形的过程中，可以在工具栏提示框内输入命令与数值，而不需要
在命令行中输入命令、数值及对提示做出响应。若绘图命令的提示中包含多个选项，可以按↓键查看

这些选项，然后单击选择其中的一个选项。

打开动态输入开关后，启用绘图命令，在绘图窗口中移动十字光标。此时十字光标处的提示框内显示坐标值，坐标值会随十字光标的移动而动态变化。

用户可以在提示框内输入坐标值，并按 Tab 键切换到下一个提示框，然后输入下一个坐标值。在绘制直线时，通常情况下直线起点的坐标是绝对坐标，第二个或下一个点的坐标是相对极坐标，需要输入第二个或下一个点的绝对坐标值时，需要在数值前加上前缀"#"号。

利用动态输入绘制线段 AB，如图 3-113 所示。

（1）单击"直线"按钮 ，十字光标处出现工具栏提示框，如图 3-114 所示。

（2）在工具栏提示框内输入 A 点的 x 坐标值"100"，按 Tab 键切换到下一个提示框，如图 3-115 所示。

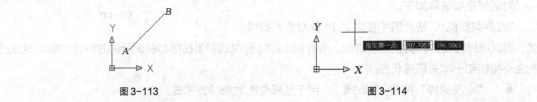

图 3-113　　　　　　　　　　　　　　　　　　　图 3-114

（3）在工具栏提示框内输入 A 点的 y 坐标值"100"，按 Enter 键，显示第二个点的相对极坐标，如图 3-116 所示。

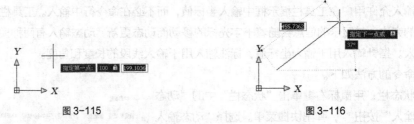

图 3-115　　　　　　　　　　　　　　　　　　　图 3-116

（4）在工具栏提示框内输入线段 AB 的长度"300"，按 Tab 键切换到下一个提示框，如图 3-117 所示。

（5）在工具栏提示框内输入线段 AB 与 x 轴的夹角"45"，连续按两次 Enter 键，完成图形的绘制，如图 3-118 所示。

图 3-117　　　　　　　　　　　　　　　　　　　图 3-118

3.7 课堂练习——绘制圆锥销

【练习知识要点】利用"直线"按钮和"圆弧"按钮绘制圆锥销，效果如图 3-119   微课视频
所示。

【效果文件所在位置】云盘/Ch03/DWG/圆锥销。

图 3-119

绘制圆锥销

3.8 课后习题——绘制床头灯图形

【习题知识要点】利用"矩形"按钮、"直线"按钮、"圆"按钮、"修剪"按钮绘制床头灯，
图形效果如图 3-120 所示。

【效果文件所在位置】云盘/Ch03/DWG/床头灯。

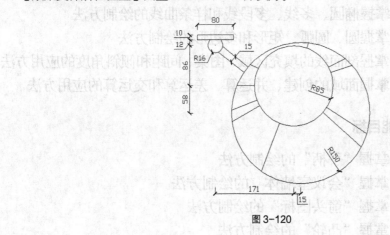

图 3-120

微课视频

绘制床头灯图形

第 4 章
高级绘图操作

本章介绍

　　本章主要介绍高级绘图操作，如平行线、垂线、椭圆、椭圆弧、圆环、多线、多段线、样条曲线、剖面线、面域和边界的绘制等。通过本章的学习，读者可以掌握 AutoCAD 2019 中文版的高级绘图功能，从而进一步绘制完整、复杂的工程图。

学习目标

✔ 掌握椭圆、多线、多段线和样条曲线的绘制方法
✔ 掌握圆、圆弧、矩形和多边形的绘制方法
✔ 掌握剖面线的填充区域、图案、间距和倾斜角度的应用方法
✔ 掌握面域的创建、并运算、差运算和交运算的应用方法

技能目标

✔ 掌握"手柄"的绘制方法
✔ 掌握"会议室墙体"的绘制方法
✔ 掌握"箭头图标"的绘制方法
✔ 掌握"凸轮"的绘制方法
✔ 掌握"开口垫圈"的绘制方法

微课视频

4.1 绘制椭圆和椭圆弧

4.1.1 课堂案例——绘制手柄

【案例学习目标】掌握并熟练使用椭圆命令。

绘制手柄

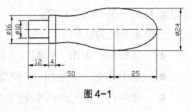

图 4-1

【案例知识要点】利用"椭圆弧"和"圆弧"按钮绘制手柄，效果如图 4-1 所示。

【效果文件所在位置】云盘/Ch04/DWG/手柄。

（1）选择"文件 > 打开"命令，打开云盘文件中的"Ch04 > 素材 > 手柄.dwg"文件，如图 4-2 所示。

（2）绘制椭圆弧。单击"椭圆弧"按钮 ⊙，绘制手柄的顶部，图形效果如图 4-3 所示。

图 4-2

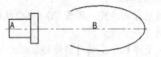

图 4-3

命令：ellipse	//单击"椭圆弧"按钮 ⊙
指定椭圆的轴端点或 [圆弧(A)/中心点(C)]：A	
指定椭圆弧的轴端点或 [中心点(C)]：C	//选择"中心点"选项，按 Enter 键
指定椭圆弧的中心点：_from 基点：<偏移>：@50,0	//单击"捕捉自"按钮 ，捕捉交点 A，输入椭圆弧中心点 B 到交点 A 的相对位移
指定轴的端点：@25,0	//输入长半轴端点坐标
指定另一条半轴长度或 [旋转(R)]：12	//输入短半轴的长度
指定起点角度或 [参数(P)]：-150	//输入起始角度
指定端点角度或 [参数(P)/夹角(I)]：150	//输入终止角度

（3）绘制圆弧。单击"圆弧"按钮 ，绘制过渡圆弧，图形效果如图 4-4 所示。

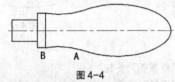

图 4-4

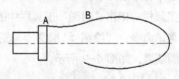

图 4-5

命令：arc 指定圆弧的起点或 [圆心(C)]：	//单击"圆弧"按钮 ，并捕捉交点 A
指定圆弧的第二个点或 [圆心(C)/端点(E)]：E	//选择"端点"选项
指定圆弧的端点：	//捕捉椭圆弧的端点 B
指定圆弧的圆心点或 [角度(A)/方向(D)/半径(R)]：R	//选择"半径"选项
指定圆弧的半径：40	//输入圆弧的半径，得到图 4-5 所示的图形效果
命令：arc 指定圆弧的起点或 [圆心(C)]：	//按 Enter 键，重复使用"圆弧"按钮，并捕捉端点 A
指定圆弧的第二个点或 [圆心(C)/端点(E)]：E	//选择"端点"选项
指定圆弧的端点：	//捕捉交点 B
指定圆弧的圆心点或 [角度(A)/方向(D)/半径(R)]：r	//选择"半径"选项
指定圆弧的半径：40	//输入圆弧的半径

4.1.2 绘制椭圆

椭圆由定义其长度和宽度的两条轴线决定。其中较长的轴称为长轴，较短的轴称为短轴。在绘制椭圆时，长轴、短轴的次序与定义轴线的次序无关。绘制椭圆的默认方法是指定椭圆第一条轴线的两个端点及另一条半轴的长度。

启用命令的方法如下。

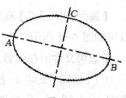

图 4-6

- 工具栏：单击"绘图"工具栏中的"椭圆"按钮 ◯。
- 菜单命令："绘图 > 椭圆 > 轴、端点"。
- 命令行：ellipse（快捷命令：EL）。

绘制椭圆，如图 4-6 所示。

命令: ellipse	//单击"椭圆"按钮 ◯
指定椭圆的轴端点或 [圆弧(A)/中心点(C)]:	//单击确定轴线端点 A
指定轴的另一个端点:	//单击确定轴线端点 B
指定另一条半轴长度或 [旋转(R)]:	//在 C 点处单击确定另一条半轴长度

提示选项解释如下。

- 圆弧（A）：用于绘制椭圆弧，其操作方法将在下面详细讲解。
- 中心点（C）：通过先确定椭圆中心点的位置，再指定长轴和短轴的长度来绘制椭圆。
- 旋转（R）：将一个圆绕其直径旋转一定的角度后，再投影到平面上以形成椭圆，其中旋转的角度为 0°～89.4°。

4.1.3 绘制椭圆弧

椭圆弧的绘制方法与椭圆相似，首先确定其长轴和短轴，然后确定椭圆弧的起点角度和端点角度。

启用命令的方法如下。

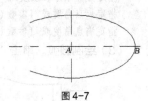

图 4-7

- 工具栏：单击"绘图"工具栏中的"椭圆弧"按钮 ◯。
- 菜单命令："绘图 > 椭圆 > 圆弧"。

绘制椭圆弧，如图 4-7 所示。

命令: ellipse	//单击"椭圆弧"按钮 ◯
指定椭圆的轴端点或 [圆弧(A)/中心点(C)]: A	//选择"圆弧"选项
指定椭圆弧的轴端点或 [中心点(C)]:@25,0	//捕捉 A 点作为追踪参考点，输入 B 点的相对坐标
指定轴的另一个端点: @-50,0	//输入长轴的另一个端点的相对坐标
指定另一条半轴长度或 [旋转(R)]:12	//输入短轴的长度
指定起点角度或 [参数(P)]: -150	//输入起点角度
指定端点角度或 [参数(P)/夹角(I)]: 150	//输入端点角度

知识提示

椭圆弧的起点角度与椭圆的长短轴定义顺序有关，当定义的第一条轴为长轴时，椭圆弧的起点角度在第一个端点位置上；当定义的第一条轴为短轴时，椭圆弧的起点角度在第一个端点逆时针旋转 90°的位置上。

提示选项解释如下。

- 参数（P）：通过矢量参数方程式来绘制椭圆弧，该方式与通过指定圆弧的起点角度和端点角度绘制椭圆弧的方式相似，只是计算的方法不同。
- 夹角（I）：用于指定从起点到端点的角度。

绘制一条椭圆弧，如图 4-8 所示。

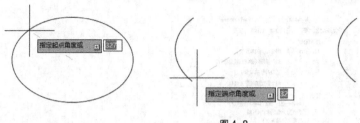

图 4-8

```
命令: ellipse                                    //单击"椭圆弧"按钮
指定椭圆的轴端点或 [圆弧(A)/中心点(C)]: A        //选择"圆弧"选项
指定椭圆弧的轴端点或 [中心点(C)]:                //单击确定椭圆弧的轴端点
指定轴的另一个端点:                             //单击确定椭圆弧的另一个轴端点
指定另一条半轴长度或 [旋转(R)]:                 //单击确定椭圆弧的另一条半轴端点
指定起点角度或[参数(P)]:                        //单击确定椭圆弧的起点角度
指定端点角度或[参数(P)/夹角(I)]:                //单击确定椭圆弧的端点角度
```

4.2 绘制圆环

利用"圆环"命令可以绘制圆环,如图 4-9 所示。在绘制过程中需要指定圆环的内径、外径和中心点。

启用命令的方法如下。

● 菜单命令:"绘图 > 圆环"。

● 输入命令:donut。

绘制图 4-9 所示的图形。

```
命令: donut                                      //选择"圆环"命令
指定圆环的内径 <0.5000>: 1                       //输入圆环的内径
指定圆环的外径 <1.0000>: 2                       //输入圆环的外径
指定圆环的中心点或 <退出>:                       //在绘图窗口中单击确定圆环的中心点
指定圆环的中心点或 <退出>:                       //按 Enter 键
```

指定圆环的中心点时,可以指定多个中心点,从而一次创建多个具有相同内外径的圆环,按 Enter 键可以结束操作。

输入的圆环内径为"0"时,AutoCAD 2019 中文版将绘制一个实心圆,如图 4-10 所示。用户还可以设置圆环的填充模式。选择"工具 > 选项"命令,弹出"选项"对话框,单击该对话框中的"显示"选项卡,取消选择"应用实体填充"复选框,如图 4-11 所示。然后单击"确定"按钮 确定 ,关闭"选项"对话框。再用"圆环"命令绘制圆环,效果如图 4-12 所示。

图 4-9

图 4-10

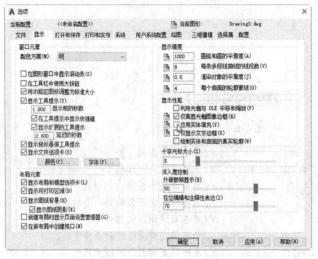

图 4-11

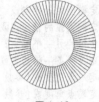

图 4-12

4.3 绘制多线

多线是指多条相互平行的直线。在绘制多线前，应该对多线样式进行设置。多线样式用于控制多线中直线元素的数目、颜色、线型、线宽，以及每个元素的偏移量。

4.3.1 课堂案例——绘制会议室墙体

【案例学习目标】掌握并熟练使用多线命令。

【案例知识要点】利用多线命令绘制会议室墙体，如图 4-13 所示。

微课视频

绘制会议室墙体

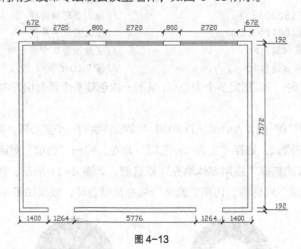

图 4-13

【效果文件所在位置】云盘/Ch04/DWG/会议室墙体。

（1）创建图形文件。选择"文件 > 新建"命令，弹出"选择样板"对话框，单击"打开"按钮，创建一个新的图形文件。

（2）选择"格式 > 多线样式"命令，弹出"多线样式"对话框，单击"新建"按钮，弹出"创建新的多线样式"对话框，在"新样式名"文本框中输入多线样式名"qiangti"，如图 4-14 所示。单击"继续"按钮，弹出"新建多线样式"对话框，设置多线样式，如图 4-15 所示。单击"确定"按钮，返回到"多线样式"对话框，预览设置完的多线样式。用同样的方法创建一个名为"chuangti"的多线样式，设置多线样式，如图 4-16 所示。单击"确定"按钮，完成多线样式的设置。

（3）选择"绘图 > 多线"命令，打开正交开关，绘制墙体图形，效果如图 4-17 所示。

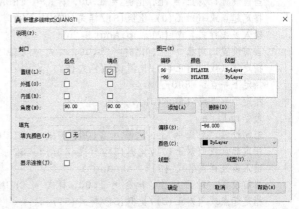

图 4-14   图 4-15

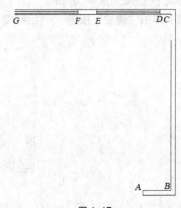

图 4-16   图 4-17

```
命令: mline                                //选择"多线"命令
当前设置: 对正 = 上, 比例 = 1.00, 样式 = STANDARD
指定起点或 [对正(J)/比例(S)/样式(ST)]: ST      //选择"样式"选项
输入多线样式名或 [?]: qiangti               //输入样式名称
当前设置: 对正 = 上, 比例 = 1.00, 样式 = QIANGTI
指定起点或 [对正(J)/比例(S)/样式(ST)]:        //单击确定 A 点
指定下一点: 1208                            //将光标放在 A 点右侧, 输入距离, 确定 B 点
指定下一点或 [放弃(U)]: 7188                 //将光标放在 B 点上侧, 输入距离, 确定 C 点
指定下一点或 [闭合(C)/放弃(U)]: 480          //将光标放在 C 点左侧, 输入距离, 确定 D 点
指定下一点或 [闭合(C)/放弃(U)]:              //按 Enter 键
命令:mline                                 //按 Enter 键
当前设置: 对正 = 上, 比例 = 1.00, 样式 = QIANGTI
```

```
指定起点或 [对正(J)/比例(S)/样式(ST)]:  ST     //选择"样式"选项
输入多线样式名或 [?]:  chuangti              //输入样式名称
当前设置: 对正 = 上, 比例 = 1.00, 样式 = CHUANGTI
指定起点或 [对正(J)/比例(S)/样式(ST)]:        //单击 D 点
指定下一点:  2720                            //将光标放在 D 点左侧，输入距离，确定 E 点
指定下一点或 [放弃(U)]:                       //按 Enter 键
命令:mline                                  //按 Enter 键
当前设置: 对正 = 上, 比例 = 1.00, 样式 = CHUANGTI
指定起点或 [对正(J)/比例(S)/样式(ST)]:  ST     //选择"样式"选项
输入多线样式名或 [?]:  qiangti               //输入样式名称
当前设置: 对正 = 上, 比例 = 1.00, 样式 = QIANGTI
指定起点或 [对正(J)/比例(S)/样式(ST)]:        //单击 E 点
指定下一点:  800                             //将光标放在 E 点左侧，输入距离，确定 F 点
指定下一点或 [放弃(U)]:                       //按 Enter 键
命令:mline                                  //按 Enter 键
当前设置: 对正 = 上, 比例 = 1.00, 样式 = QIANGTI
指定起点或 [对正(J)/比例(S)/样式(ST)]:  ST     //选择"样式"选项
输入多线样式名或 [?]:  chuangti              //输入样式名称
当前设置: 对正 = 上, 比例 = 1.00, 样式 = CHUANGTI
指定起点或 [对正(J)/比例(S)/样式(ST)]:        //单击 F 点
指定下一点:  2720                            //将光标放在 F 点左侧，输入距离，确定 G 点
指定下一点或 [放弃(U)]:                       //按 Enter 键
```

（4）单击"镜像"按钮⚠，绘制墙体另一部分图形，效果如图 4-18 所示。

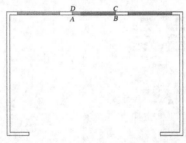

图 4-18

```
命令: mirror                                //单击"镜像"按钮⚠
选择对象: 指定对角点: 找到 3 个              //选择除窗体 ABCD 部分的其余 3 部分
选择对象:                                   //按 Enter 键
指定镜像线的第一点: 指定镜像线的第二点:       //分别单击直线 AB 和 CD 的中点
要删除源对象吗? [是(Y)/否(N)] <否>:          //按 Enter 键
```

（5）选择"绘图 > 多线"命令，打开正交开关，继续绘制墙体图形，效果如图 4-19 所示。至此，会议室墙体图形绘制完毕。

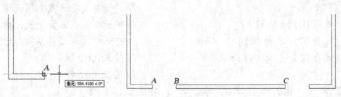

图 4-19

```
命令: mline                              //选择"多线"命令
当前设置: 对正 = 上, 比例 = 1.00, 样式 = CHUANGTI
指定起点或 [对正(J)/比例(S)/样式(ST)]: ST      //选择"样式"选项
输入多线样式名或 [?]: qiangti             //输入样式名称
当前设置: 对正 = 上, 比例 = 1.00, 样式 = QIANGTI
指定起点或 [对正(J)/比例(S)/样式(ST)]: tt 指定临时对象追踪点:
                                         //单击"临时追踪点"按钮 ➥,单击 A 点
指定起点或 [对正(J)/比例(S)/样式(ST)]: 1264   //将光标放在 A 点右侧,输入距离值
指定下一点: 5776                          //将光标放在 A 点右侧,输入距离值
指定下一点或 [放弃(U)]:                     //按 Enter 键
```

4.3.2　多线的绘制

启用命令的方法如下。

● 菜单命令:"绘图 > 多线"。

● 命令行:mline(快捷命令:ML)。

绘制图 4-20 所示的图形。

图 4-20

```
命令: mline                              //选择"多线"命令
当前设置: 对正 = 无, 比例 = 20.00, 样式 = STANDARD
指定起点或 [对正(J)/比例(S)/样式(ST)]:      //单击确定 A 点位置
指定下一点:                               //单击确定 B 点位置
指定下一点或 [放弃(U)]:                    //单击确定 C 点位置
指定下一点或 [闭合(C)/放弃(U)]:             //单击确定 D 点位置
指定下一点或 [闭合(C)/放弃(U)]:             //单击确定 E 点位置
指定下一点或 [闭合(C)/放弃(U)]:             //按 Enter 键
```

提示选项解释如下。

● 当前设置:显示当前多线的设置属性。

● 对正(J):用于设置多线的对正方式。多线的对正方式有 3 种:上(T)、无(Z)、下(B)。

● 上(T):绘制多线时,多线最顶端的直线将随着十字光标进行移动,其对正点位于多线最顶端直线的端点上,如图 4-21 所示。

● 无(Z):绘制多线时,多线中间的直线将随着十字光标进行移动,其对正点位于多线的中间,如图 4-22 所示。

```
命令: mline                              //选择"多线"命令
当前设置: 对正 = 上, 比例 = 100.00, 样式 = STANDARD
指定起点或 [对正(J)/比例(S)/样式(ST)]: J      //选择"对正"选项
输入对正类型 [上(T)/无(Z)/下(B)] <上>: Z      //选择"无"选项
当前设置: 对正 = 无, 比例 = 100.00, 样式 = STANDARD
指定起点或 [对正(J)/比例(S)/样式(ST)]:      //单击确定起始点位置
指定下一点:                               //单击确定下一点位置
指定下一点或 [放弃(U)]:                    //按 Enter 键
```

● 下(B):绘制多线时,多线最底端的直线将随着十字光标移动,其对正点位于多线最底端直线的端点上,如图 4-23 所示。

● 比例(S):用于设置多线的比例,即指定多线宽度相对于定义宽度的比例因子,该比例不影响线型外观,如图 4-24 所示。

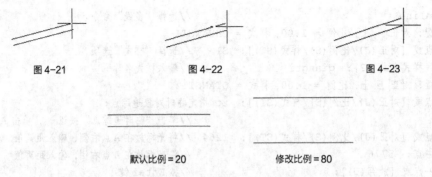

图 4-21   图 4-22   图 4-23

默认比例 = 20   修改比例 = 80

图 4-24

```
命令: mline                                            //选择"多线"命令
当前设置: 对正 = 上, 比例 = 20.00, 样式 = STANDARD
指定起点或 [对正(J)/比例(S)/样式(ST)]: S               //选择"比例"选项
输入多线比例 <20.00>: 80                                //输入比例
当前设置: 对正 = 上, 比例 = 80.00, 样式 = STANDARD
指定起点或 [对正(J)/比例(S)/样式(ST)]:                   //单击确定起始点位置
指定下一点:                                             //单击确定下一点位置
指定下一点或 [放弃(U)]:                                 //按 Enter 键
```

● 样式（ST）：用于选择多线的样式或显示当前已加载的多线样式。系统默认的多线样式为
"STANDARD"，输入相应的多线样式，即可选择自定义的多线样式。若选择"？"选项，
则显示当前已加载的多线样式。

4.3.3　设置多线样式

多线的样式决定多线中线条的数量、线条的颜色和线型，以及线条间的距离等。用户可指定多线封口的形式为弧形或直线形。根据需要，可以设置多种多线样式。

启用命令的方法如下。

● 菜单命令："格式 > 多线样式"。

● 命令行：mlstyle。

选择"格式 > 多线样式"命令，启用"多线样式"命令，弹出"多线样式"对话框，如图 4-25 所示。通过该对话框可以设置多线的样式。

对话框选项解释如下。

● "样式"列表框：显示所有已定义的多线样式。

● "说明"文本框：显示对当前多线样式的说明。

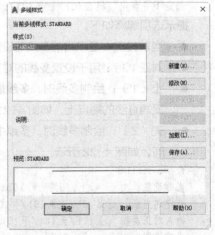

图 4-25

● "置为当前"按钮 置为当前(U)：用于将"样式"列表框里选定的多线样式设置为当前使用。

● "修改"按钮 修改(M)...：用于修改在"样式"列表框里选定的多线样式。

知识提示　　　图形中正在使用的多线样式的元素和多线特性是不能修改的。若需要修改现有的多线样式，则必须在使用该样式绘制多线之前进行。

- "重命名"按钮 重命名(R) ：用于更改在"样式"列表框里选定的多线样式的名称。
- "删除"按钮 删除(D) ：用于删除在"样式"列表框里选定的多线样式。但不能删除 "STANDARD"多线样式、当前多线样式和正在使用的多线样式。
- "加载"按钮 加载(L)... ：用于加载已定义的多线样式。单击该按钮，会弹出"加载多线样 式"对话框，如图 4-26 所示。从中可以选择多线样式或从文件中加载多线样式。
- "保存"按钮 保存(A)... ：用于将当前的多线样式保存到多线文件中。
- "新建"按钮 新建(N)... ：用于新建多线样式。单击该按钮，弹出"新建多线样式"对话框， 如图 4-27 所示，从中可以新建多线样式。

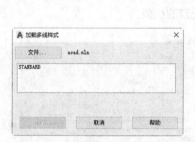

图 4-26

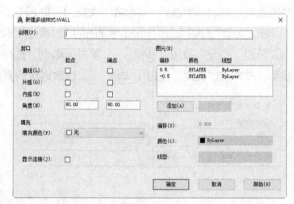

图 4-27

- "说明"文本框：对所定义的多线样式进行说明，其文本不能超过 256 个字符。
- "封口"选项组：该选项组中的"直线""外弧""内弧""角度"分别用于设置多线的封 口形式为直线形、外弧形、内弧形和呈一定角度，如图 4-28 所示。

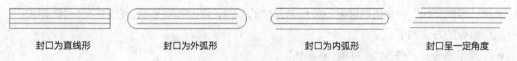

封口为直线形   封口为外弧形   封口为内弧形   封口呈一定角度

图 4-28

- "填充"列表框：用于设置填充多线的颜色，如图 4-29 所示。
- "显示连接"复选框：用于设置是否在多线的拐角处显示连接线。若选择该复选框，则多线 如图 4-30 所示；否则将不显示连接线，如图 4-31 所示。

无填充颜色   有填充颜色
图 4-29   图 4-30   图 4-31

- "图元"列表框：用于显示多线中线条的偏移量、颜色和线型。
- "添加"按钮 添加(A) ：用于添加一条新线，其偏移量可在"偏移"数值框中输入。
- "删除"按钮 删除(D) ：用于删除在"图元"列表框中选定的直线元素。

- "偏移"数值框：为多线样式中的每个图元指定偏移量。
- "颜色"列表框：用于设置"图元"列表框中选定的直线元素的颜色。单击"颜色"选项右侧的列表框，可在列表中选择直线的颜色。如果选择"选择颜色"选项，则弹出"选择颜色"对话框，如图 4-32 所示，从中可以选择更多的颜色。
- "线型"按钮：用于设置"图元"列表框中选定的直线元素的线型。

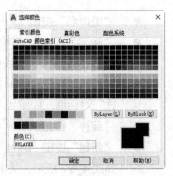

图 4-32

单击"线型"按钮，会弹出"选择线型"对话框，用户可以在"已加载的线型"列表框中选择一种线型，如图 4-33 所示。

单击"加载"按钮 加载(L)... ，在弹出的"加载或重载线型"对话框中选择需要的线型，如图 4-34 所示。单击"确定"按钮 确定 ，将其加载到"选择线型"对话框中，然后在列表框中选择加载的线型，并单击"确定"按钮 确定 ，修改选定的直线元素的线型。

图 4-33

图 4-34

4.3.4 编辑多线

利用"编辑多线"命令可以编辑已经绘制完成的多线，修改多线形状，使其符合绘制要求。
启用命令的方法如下。

- 菜单命令："修改 > 对象 > 多线"。
- 命令行：mledit。

选择"修改 > 对象 > 多线"命令，启用"编辑多线"命令，弹出"多线编辑工具"对话框，从中可以选择相应的工具来编辑多线，如图 4-35 所示。

对话框选项解释如下。

"多线编辑工具"对话框以 4 列显示编辑工具：第 1 列编辑十字交叉的多线，第 2 列编辑 T 形相交的多线，第 3 列编辑多线的角点结合和顶点，第 4 列编辑多线的打断和结合。

- "十字闭合"按钮：用于在两条多线之间创建闭合的十字交点，如图 4-36 所示。

命令：mledit	//选择"修改 > 对象 > 多线"命令，打开"多线编辑工具"对话框，单击"十字闭合"按钮
选择第一条多线：	//在左图的 A 点处单击多线
选择第二条多线：	//在左图的 B 点处单击多线
选择第一条多线或 [放弃(U)]：	//按 Enter 键

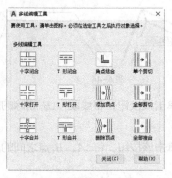

图 4-35

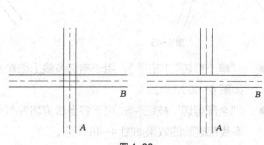

图 4-36

- "十字打开"按钮 ⊹: 用于打断第一条多线的所有元素,打断第二条多线的外部元素,在两条多线之间创建打开的十字交点,如图 4-37 所示。
- "十字合并"按钮 ⊹: 用于在两条多线之间创建合并的十字交点。其中,多线的选择次序并不重要,如图 4-38 所示。
- "T 形闭合"按钮 ⊤: 将第一条多线修剪或延伸到与第二条多线的交点处,在两条多线之间创建闭合的 T 形交点。单击该按钮,对多线进行编辑的效果如图 4-39 所示。

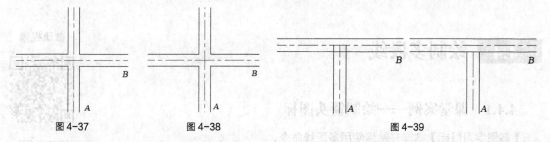

图 4-37　　　　　　　　图 4-38　　　　　　　　　　　　图 4-39

- "T 形打开"按钮 ⊤: 将多线修剪或延伸到与另一条多线的交点处,在两条多线之间创建打开的 T 形交点,如图 4-40 所示。
- "T 形合并"按钮 ⊤: 将多线修剪或延伸到与另一条多线的交点处,在两条多线之间创建合并的 T 形交点,如图 4-41 所示。
- "角点结合"按钮 ∟: 将多线修剪或延伸到它们的交点处,在多线之间创建角点结合。单击该按钮,对多线进行编辑的效果如图 4-42 所示。

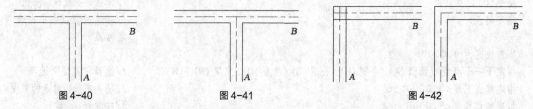

图 4-40　　　　　　　　图 4-41　　　　　　　　　　　　图 4-42

- "添加顶点"按钮 ‖⊦: 用于在多线上添加一个顶点。单击该按钮,在 A 点处添加顶点的效果如图 4-43 所示。
- "删除顶点"按钮 ‖⊦: 用于从多线上删除一个顶点。单击该按钮,将 A 点处的顶点删除的效果如图 4-44 所示。

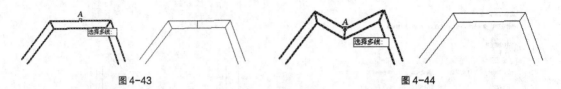

图 4-43   图 4-44

- "单个剪切"按钮：用于剪切多线上选择的元素。单击该按钮，将线段 *AB* 删除的效果如图 4-45 所示。
- "全部剪切"按钮：用于将多线剪切为两个部分。单击该按钮，将 *A*、*B* 点之间的所有多线都删除的效果如图 4-46 所示。
- "全部接合"按钮：用于将已被剪切的多线线段重新接合起来。单击该按钮，将多线连接起来的效果如图 4-47 所示。

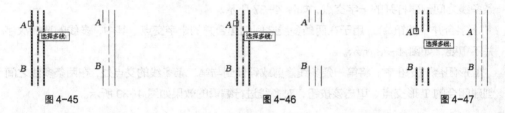

图 4-45   图 4-46   图 4-47

4.4 绘制多段线

微课视频

绘制箭头图标

4.4.1 课堂案例——绘制箭头图标

【案例学习目标】掌握并熟练使用多段线命令。

【案例知识要点】利用"多段线"按钮绘制箭头图标，效果如图 4-48 所示。

【效果文件所在位置】云盘/Ch04/DWG/箭头。

（1）选择"文件 > 新建"命令，弹出"选择样板"对话框，单击"打开"按钮，创建新的图形文件。

图 4-48

（2）单击"多段线"按钮，绘制多段线箭头图形，如图 4-49 所示。

```
命令:pline                                            //单击"多段线"按钮
指定起点:                                             //在绘图窗口中单击确定 A 点

当前线宽为 0.0000
指定下一个点或 [圆弧(A)/半宽(H)/长度(L)/放弃(U)/宽度(W)]:W    //选择"宽度"选项
指定起点宽度<0.0000>:5                                 //输入多段线起点的宽度
指定端点宽度<5.0000>:                                  //按 Enter 键
指定下一个点或 [圆弧(A)/半宽(H)/长度(L)/放弃(U)/宽度(W)]:     //单击确定 B 点
指定下一点或 [圆弧(A)/闭合(C)/半宽(H)/长度(L)/放弃(U)/宽度(W)]:W  //选择"宽度"选项
指定起点宽度 <5.0000>: 15                              //输入多段线起点的宽度
指定端点宽度 <15.0000>: 0                              //输入多段线端点的宽度
```

指定下一点或 [圆弧(A)/闭合(C)/半宽(H)/长度(L)/放弃(U)/宽度(W)]: //单击确定 C 点
指定下一点或 [圆弧(A)/闭合(C)/半宽(H)/长度(L)/放弃(U)/宽度(W)]: //按 Enter 键

（3）将十字光标放置于绘图窗口中，滚动鼠标的滚轮来调整图形的大小，如图 4-50 所示。

图 4-49 　　　　　　　　　　　　　　　　　　图 4-50

4.4.2　绘制多段线

多段线是作为单个对象创建的相互连接的连续线条，它用于创建直线段、弧线段或两者的组合线段。在绘制多段线的过程中，用户可以调整多段线的宽度和半径。

启用命令的方法如下。

- 工具栏：单击"绘图"工具栏中的"多段线"按钮 。
- 菜单命令："绘图 > 多段线"。
- 命令行：pline（快捷命令：PL）。

绘制长腰型图形，如图 4-51 所示。

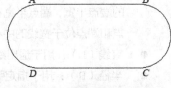

图 4-51

```
命令: pline                                              //单击"多段线"按钮
指定起点:                                                //单击确定 A 点位置
当前线宽为 0.0000
指定下一个点或 [圆弧(A)/半宽(H)/长度(L)/放弃(U)/宽度(W)]: @100,0
                                                         //输入 B 点的相对坐标
指定下一点或 [圆弧(A)/闭合(C)/半宽(H)/长度(L)/放弃(U)/宽度(W)]: A //选择"圆弧"选项
指定圆弧的端点或
[角度(A)/圆心(CE)/闭合(CL)/方向(D)/半宽(H)/直线(L)/半径(R)/第二个点(S)/放弃(U)/宽度(W)]: R
                                                         //选择"半径"选项
指定圆弧的半径: 60                                        //输入半径
指定圆弧的端点或 [角度(A)]: A                             //选择"角度"选项
指定包含角: -180                                          //输入包含角的角度
指定圆弧的弦方向 <0>:-90                                  //输入圆弧弦方向的角度
指定圆弧的端点或
[角度(A)/圆心(CE)/闭合(CL)/方向(D)/半宽(H)/直线(L)/半径(R)/第二个点(S)/放弃(U)/宽度(W)]: l
                                                         //选择"直线"选项
指定下一点或 [圆弧(A)/闭合(C)/半宽(H)/长度(L)/放弃(U)/宽度(W)]: @-100,0
                                                         //输入 D 点的相对坐标
指定下一点或 [圆弧(A)/闭合(C)/半宽(H)/长度(L)/放弃(U)/宽度(W)]: A //选择"圆弧"选项
指定圆弧的端点或
[角度(A)/圆心(CE)/闭合(CL)/方向(D)/半宽(H)/直线(L)/半径(R)/第二个点(S)/放弃(U)/宽度(W)]: CL
                                                         //选择"闭合"选项
```

提示选项解释如下。

- 圆弧（A）：用于绘制圆弧并将其添加到多段线中。
- 半宽（H）：用于指定从有宽度的多段线线段中心到其一边的宽度，即多段线宽度的一半。
- 长度（L）：用于在与前一线段相同的角度方向上绘制指定长度的直线段。如果前一线段是圆弧，AutoCAD 2019 中文版将绘制与该弧线段相切的新线段。
- 放弃（U）：用于删除最近一次添加到多段线上的直线段。

- 宽度（W）：用于指定下一条直线段的宽度。与半宽的设置方法相同，可以分别设置起始点与终止点的宽度，可以绘制箭头图形或者变化宽度的多段线。
- 闭合（C）：用于绘制一条从当前位置到多段线的起始点位置的直线段以闭合多段线。

在绘制多段线的过程中添加圆弧时，AutoCAD 2019 中文版将提示如下绘制圆弧的选项。

- 角度（A）：用于指定弧线段从起始点开始的包含角。输入正数将按逆时针方向绘制弧线段，输入负数将按顺时针方向绘制弧线段。
- 圆心（CE）：用于指定弧线段的圆心。
- 闭合（CL）：用于绘制弧线段将多段线闭合。
- 方向（D）：用于指定弧线段的起始方向。
- 半宽（H）：用于指定从有宽度的多段线线段的中心到其一边的宽度，起点半宽将成为默认的端点半宽，端点半宽在再次修改半宽之前将作为所有后续线段的统一半宽。宽线线段的起点和端点位于宽线的中心。
- 直线（L）：用于退出绘制圆弧，返回绘制直线的初始提示。
- 半径（R）：用于指定弧线段的半径。
- 第二个点（S）：用于指定三点圆弧的第二个点和端点。
- 放弃（U）：用于删除最近一次添加到多段线上的弧线段。
- 宽度（W）：用于指定下一弧线段的宽度。

4.5　绘制样条曲线

4.5.1　课堂案例——绘制凸轮

微课视频

绘制凸轮

【案例学习目标】掌握并熟练使用样条曲线命令。

【案例知识要点】利用"样条曲线"按钮和"圆"按钮绘制凸轮，效果如图 4-52 所示。

【效果文件所在位置】云盘/Ch04/DWG/凸轮。

（1）选择"文件 > 打开"命令，打开云盘文件中的"Ch04 > 素材 > 凸轮.dwg"文件，如图 4-53 所示。

（2）单击"样条曲线"按钮，依次选择线段的端点，绘制两条样条曲线，如图 4-54 所示。

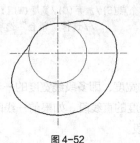
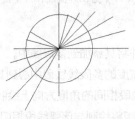
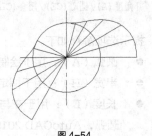

图 4-52　　　　　　　　图 4-53　　　　　　　　图 4-54

（3）单击"圆"按钮⊙和"修剪"按钮🔪，然后捕捉圆心和端点，绘制推杆远休阶段及近休阶段的凸轮理论轮廓线。完成后的整个凸轮理论轮廓线如图 4-55 所示。

（4）单击"删除"按钮🖊，删除绘制过程中使用过的辅助线，仅保留凸轮的理论轮廓线和基圆，如图 4-56 所示。

（5）延长中心线，完成凸轮的绘制，如图 4-57 所示。

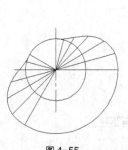

图 4-55

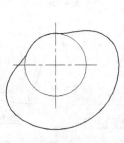

图 4-56

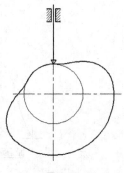

图 4-57

4.5.2　绘制样条曲线

样条曲线是经过或接近一系列给定点的光滑曲线，其形状是由数据点、拟合点和控制点共同控制的。其中，数据点是在绘制样条曲线时由用户指定的，拟合点和控制点则是由系统自动产生，用来编辑样条曲线的。

启用命令的方法如下。

- 工具栏：单击"绘图"工具栏中的"样条曲线"按钮∿。
- 菜单命令："绘图 > 样条曲线"。
- 命令行：spline（快捷命令：SPL）。

绘制图 4-58 所示的图形。

```
命令：spline                                      //单击"样条曲线"按钮∿
指定第一个点或 [方式(M)/节点(K)/对象(O)]：        //单击确定 A 点位置
输入下一个点或 [起点切向(T)/公差(L)]：            //单击确定 B 点位置
输入下一点或 [端点相切(T)/公差(L)/放弃(U)]：      //单击确定 C 点位置
输入下一点或 [端点相切(T)/公差(L)/放弃(U)/闭合(C)]：  //单击确定 D 点位置
输入下一点或 [端点相切(T)/公差(L)/放弃(U)/闭合(C)]：  //单击确定 E 点位置
输入下一点或 [端点相切(T)/公差(L)/放弃(U)/闭合(C)]：  //按 Enter 键
```

提示选项解释如下。

- 对象（O）：将二维或三维的二次或三次样条拟合多段线转换成等价的样条曲线并删除多段线。
- 闭合（C）：用于绘制封闭的样条曲线。
- 公差（F）：用于设置拟合公差。拟合公差是样条曲线与数据点之间所允许偏移的最大距离。当给定拟合公差时，绘制的样条曲线不是都通过数据点。公差设置为 0 时样条曲线通过拟合点；公差设置为大于 0 时，样条曲线会在指定的公差范围内通过拟合点，如图 4-59 所示。
- 起点切向、端点相切：用于定义样条曲线的第一个点和最后一个点的切向，如图 4-60 所示。如果按 Enter 键，则使用 AutoCAD 2019 中文版默认的切向。

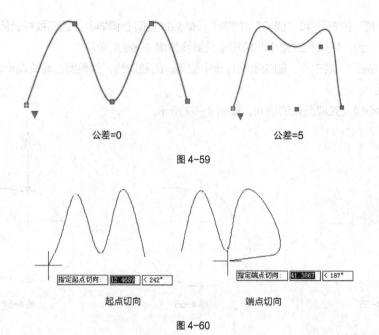

公差=0　　　　　　　　　　公差=5

图 4-59

起点切向　　　　　　　　　端点切向

图 4-60

4.6　绘制剖面线

4.6.1　课堂案例——绘制开口垫圈

【案例学习目标】掌握并熟练使用图案填充命令。

【案例知识要点】使用"图案填充"按钮绘制开口垫圈，效果如图 4-61 所示。

【效果文件所在位置】云盘/Ch04/DWG/开口垫圈。

（1）打开云盘中的"Ch04 > 素材 > 开口垫圈.dwg"文件，图形如图 4-62 所示。

（2）将"剖面线"图层设置为当前图层。单击"图层"工具栏的图层列表，弹出图层信息下拉列表，从中选择"剖面线"选项。

（3）单击"绘图"工具栏中的"图案填充"按钮 ，打开"图案填充创建"选项卡。

（4）选择剖面线的图案。在"图案填充创建"选项卡中，单击"图案"选项组中的 按钮，在弹出的列表中选择"ANSI38"选项（即选择图案 ANSI38），如图 4-63 所示。

（5）设置剖面线的比例。在"特性"选项组"填充图案比例"文本框中输入"0.25"，如图 4-64 所示。

（6）选择剖面线的边界。单击"边界"选项组中的"拾取点"按钮 ，如图 4-65 所示。然后在绘图窗口中图形内部的 A 点处单击，如图 4-66 所示。完成后按 Enter 键结束。

（7）预览图形。单击"边界图案填充"对话框中的"预览"按钮即可预览图形，此时绘图窗口中

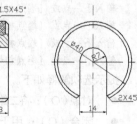

图 4-61

的图形如图 4-67 所示。单击鼠标右键或按 Enter 键即可完成剖面线的绘制。用同样的方法绘制其他剖面线，图形效果如图 4-68 所示。

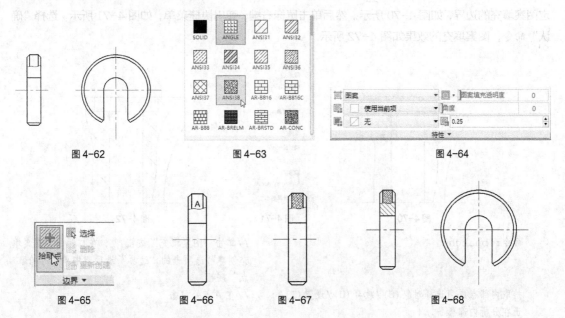

图 4-62　　　　　　　　　图 4-63　　　　　　　　　图 4-64

图 4-65　　　　　图 4-66　　　　　图 4-67　　　　　图 4-68

4.6.2　启用图案填充命令

利用"图案填充"命令绘制剖面线，可以大大提高绘图效率。"图案填充"命令是将某种图案填满图形中的指定封闭区域。AutoCAD 2019 中文版提供了多种标准的填充图案，用户还可以根据需要自定义填充图案。在填充过程中，可以控制剖面线的疏密与倾斜角度。

启用命令的方法如下。

- 工具栏：单击"绘图"工具栏中的"图案填充"按钮 。
- 菜单命令："绘图 > 图案填充"。
- 命令行：bhatch（快捷命令：BH）。

启用"图案填充"命令，打开"图案填充创建"选项卡，单击"选项"选项组中的 按钮，弹出"图案填充和渐变色"对话框，如图 4-69 所示。在该对话框或"图案填充创建"选项卡中可以定义图案填充和渐变填充对象的边界、图案类型、图案特性和其他特性。

图 4-69

4.6.3　选择剖面线的填充区域

在"图案填充和渐变色"对话框中，右侧排列的按钮与选项用于选择图案的填充区域。这些按钮与选项的位置是固定的，无论选择左侧的哪个选项卡，都会发挥作用。

在"边界"选项组中可以选择如下图案填充区域的方式。

- "添加：拾取点"按钮 ：用于根据图中现有的对象自动确定填充区域的边界。该方式要求这些对象必须构成一个闭合区域。单击该按钮，对话框将暂时关闭，系统提示用户拾取一个点。

单击"添加：拾取点"按钮，关闭"图案填充与渐变色"对话框。在闭合区域 A、B 内单击确定图案填充的边界，如图 4-70 所示。然后单击鼠标右键，弹出快捷菜单，如图 4-71 所示。选择"确认"命令，图案填充的效果如图 4-72 所示。

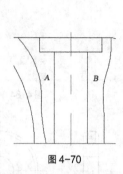

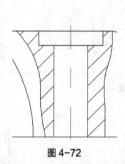

图 4-70   图 4-71   图 4-72

命令：bhatch	//单击"图案填充"按钮，在打开的"图案填充创建"选项卡的"边界"选项组中单击"拾取点"按钮
拾取内部点或 [选择对象(S)/放弃(U)/设置(T)]：	//在 A 点处单击
正在分析内部孤岛...	
拾取内部点或 [选择对象(S)/删除边界(B)]：	//在 B 点处单击
正在分析内部孤岛...	
拾取内部点或 [选择对象(S)/删除边界(B)]：	//按 Enter 键，填充图案效果如图 4-72 所示

● "添加：选择对象"按钮：用于选择图案填充的边界对象。该方式需要逐一选择图案填充的边界对象，选择的边界对象将变为蓝色，如图 4-73 所示。AutoCAD 2019 中文版不会自动检测内部对象，如图 4-74 所示。

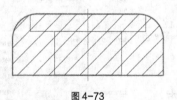

图 4-73   图 4-74

命令：bhatch	//单击"图案填充"按钮，打开"图案填充创建"选项卡
拾取内部点或 [选择对象(S)/放弃(U)/设置(T)]：T	//选择"设置"选项，弹出"图案填充和渐变色"对话框，单击"添加：选择对象"按钮
选择对象或 [拾取内部点(K)/ 放弃(U)/设置(T)]：找到 1 个	
	//依次选择图形边界线段，如图 4-73 所示
选择对象或 [拾取内部点(K)/ 放弃(U)/设置(T)]：找到 1 个，总计 2 个	
选择对象或 [拾取内部点(K)/删除边界(B)]：	//单击鼠标右键，弹出快捷菜单，选择"确定"命令

● "删除边界"按钮：用于删除以前添加的任何边界对象。

命令：_bhatch	//单击"图案填充"按钮，打开"图案填充创建"选项卡

抬取内部点或 [选择对象(S)/放弃(U)/设置(T)]：T //选择"设置"选项，弹出"图案填充和渐变色"对话框，单击"添加：拾取点"按钮

抬取内部点或 [选择对象(S)/ 放弃(U)/设置(T)]： //在图 4-75 所示的 A 点附近单击

正在分析内部孤岛...

抬取内部点或 [选择对象(S)/ 放弃(U)/设置(T)]：T //选择"设置"选项，弹出"图案填充和渐变色"对话框，单击"删除边界"按钮

选择要删除的边界： //单击选择圆 B，如图 4-76 所示

选择要删除的边界或 [放弃(U)]： //按 Enter 键，图案填充效果如图 4-77 所示

若用户没有单击"删除边界"按钮，则不删除边界的图案填充效果，如图 4-78 所示。

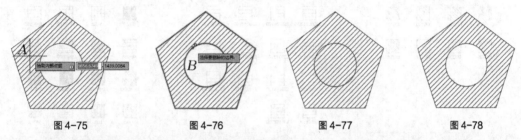

图 4-75　　　　　图 4-76　　　　　图 4-77　　　　　图 4-78

- "重新创建边界"按钮：围绕选定的图案填充或填充对象绘制多段线或创建面域，并使其与图案填充对象相关联（可选）。如果未定义图案填充，则此按钮不可用。
- "查看选择集"按钮：单击"查看选择集"按钮，AutoCAD 2019 中文版将显示当前选择的填充边界。如果未定义边界，则此按钮不可用。

在"选项"选项组中，可以控制几个常用的图案填充或填充选项。

- "注释性"复选框：使用注释性图案填充可以以符号形式表示材质（如沙子、混凝土、钢铁、泥土等）。可以创建单独的注释性填充对象和注释性填充图案。
- "关联"复选框：用于创建关联图案填充。关联图案填充是指图案与边界相关联，当修改其边界对象时，填充图案将自动更新。
- "创建独立的图案填充"复选框：用于控制当指定了几个独立的闭合边界时，是创建单个图案填充对象，还是创建多个图案填充对象。
- "绘图次序"下拉列表：用于指定图案填充的绘图次序。图案填充可以放在所有其他对象之后、所有其他对象之前、图案填充边界之后或图案填充边界之前。
- "继承特性"按钮：将指定图案的填充特性填充到指定的边界。单击"继承特性"按钮，并选择某个已绘制的图形，即可将该图案的特性填充到当前填充区域中。

4.6.4 选择剖面线的图案

"图案填充"选项卡中的"类型和图案"选项组用于选择图案填充的样式。在"图案"下拉列表中可以选择图案的样式，如图 4-79所示，所选择的样式将在其下的"样例"显示框中显示出来。

单击"图案"下拉列表右侧的 ... 按钮或单击"样例"显示框，

图 4-79

弹出"填充图案选项板"对话框，如图 4-80 所示。该对话框列出了所有预定义图案。

对话框选项解释如下。

- "ANSI"选项卡：用于显示 AutoCAD 2019 中文版附带的所有 ANSI 标准图案。
- "ISO"选项卡：用于显示 AutoCAD 2019 中文版附带的所有 ISO 标准图案，如图 4-81 所示。
- "其他预定义"选项卡：用于显示所有其他预定义的图案，如图 4-82 所示。
- "自定义"选项卡：用于显示所有已添加的自定义图案。

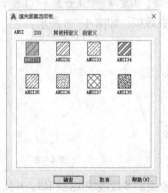  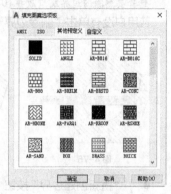

图 4-80   图 4-81   图 4-82

4.6.5 设置剖面线的间距

"图案填充"选项卡中的"角度和比例"选项组可以定义图案填充的角度和比例。在"比例"下拉列表中选择比例值可以放大或缩小预定义图案或自定义图案，也可以在该列表框中输入其他缩放比例值。不同比例的图案填充效果如图 4-83 所示。

比例为 0.5   比例为 1   比例为 1.5

图 4-83

4.6.6 设置剖面线的倾斜角度

"图案填充"选项卡中的"角度和比例"选项组可以定义图案填充的角度和比例。在"角度"下拉列表中可以选择预定义填充图案的角度值，也可以在该列表框中输入其他角度值。不同角度的图案填充效果如图 4-84 所示。

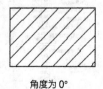 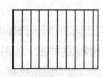 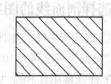

角度为 0°   角度为 45°   角度为 90°

图 4-84

4.7 创建面域

4.7.1 创建面域

面域是具有物理特性（如形心或质心）的二维封闭区域，利用布尔运算可以将现有面域组合成单个或复杂的面域来计算面积。

面域是用闭合的图形或环创建的二维封闭区域，闭合的图形或环可以由多段线、直线、圆弧、圆、椭圆弧、椭圆或样条曲线等对象构成。在 AutoCAD 2019 中文版中不能直接绘制面域，而是需要利用现有的封闭对象，或者由多个对象组成的封闭区域和系统提供的"面域"命令来创建面域。

启用命令的方法如下。

● 工具栏：单击"绘图"工具栏中的"面域"按钮 。

● 菜单命令："绘图 > 面域"。

● 命令行：region（快捷命令：REG）。

打开云盘中的"Ch04 > 素材 > 正六边形 2.dwg"文件，利用正六边形创建面域，如图 4-85 所示。

命令：region	//单击"面域"按钮
选择对象：指定对角点：找到 1 个	//选择正六边形的边线
选择对象：	//按 Enter 键
已创建 1 个面域。	

在创建面域之前，选择正六边形，图形显示如图 4-86 所示。创建面域之后，选择正六边形，图形显示如图 4-87 所示。

图 4-85　　　　　　　　图 4-86　　　　　　　　图 4-87

知识提示

　　　　默认情况下，AutoCAD 2019 中文版在创建面域时将删除原对象。如果用户希望保留原对象，则需要将 DELOBJ 系统变量设置为 0。

通过编辑面域可创建边界较为复杂的图形。在 AutoCAD 2019 中文版中可以对面域进行 3 种布尔运算操作，即并运算、差运算和交运算。

4.7.2 并运算操作

并运算操作是将所有选中的面域合并为一个面域，利用"并集"命令可以进行并运算操作。

启用命令的方法如下。

● 工具栏：单击"实体编辑"工具栏中的"并集"按钮 。

● 菜单命令："修改 > 实体编辑 > 并集"。

● 命令行：union。

打开云盘中的"Ch04 > 素材 > 并运算.dwg"文件，将图 4-88 所示的图形绘制成图 4-89 所示的图形。

命令: region	//单击"面域"按钮
选择对象: 找到 1 个	//选择图形 A, 如图 4-88 所示
选择对象: 找到 1 个, 总计 2 个	//选择圆 B, 如图 4-88 所示
选择对象:	//按 Enter 键
已创建 2 个面域。	//创建了 2 个面域
命令: union	//单击"并集"按钮
选择对象: 找到 1 个	//选择面域 A, 如图 4-88 所示
选择对象: 找到 1 个, 总计 2 个	//选择面域 B, 如图 4-88 所示
选择对象:	//按 Enter 键，将 2 个面域合并为 1 个面域，如图 4-89 所示

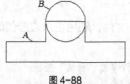

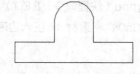

图 4-88　　　　　　　　　　图 4-89

知识提示

即使选择的面域并未相交，AutoCAD 2019 中文版也可将其合并为一个新的面域。

4.7.3　差运算操作

差运算操作是从一个面域中减去一个或多个面域来创建一个新的面域。利用"差集"命令可以进行差运算操作。

启用命令的方法如下。

● 工具栏：单击"实体编辑"工具栏中的"差集"按钮 。

● 菜单命令："修改 > 实体编辑 > 差集"。

● 命令行：subtract。

打开云盘中的"Ch04 > 素材 > 差运算.dwg"文件，将图 4-90 所示的图形绘制成图 4-91 所示的图形。

命令: region	//单击"面域"按钮
选择对象: 找到 1 个, 总计 2 个	//选择图形 A 与圆 B, 如图 4-90 所示
选择对象:	//按 Enter 键
已创建 2 个面域。	//创建了 2 个面域
命令: subtract 选择要从中减去的实体、曲面和面域...	//单击"差集"按钮
选择对象: 找到 1 个	//选择面域 A, 如图 4-90 所示

选择对象：	//按 Enter 键
选择要减去的实体、曲面和面域...	
选择对象：找到 1 个	//选择面域 B，如图 4-90 所示
选择对象：	//按 Enter 键，得到 1 个新的面域，如图 4-91 所示

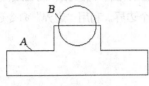

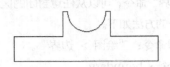

图 4-90　　　　　　　　　　　　　　　　图 4-91

知识提示

若选择的面域并未相交，则 AutoCAD 2019 中文版将删除被减去的面域。

4.7.4　交运算操作

交运算操作是在选中的面域中创建出相交的公共部分面域，利用"交集"命令可以进行交运算操作。启用命令的方法如下。

- 工具栏：单击"实体编辑"工具栏中的"交集"按钮 。
- 菜单命令："修改 > 实体编辑 > 交集"。
- 命令行：intersect。

打开云盘中的"Ch04 > 素材 > 交运算.dwg"文件，将图 4-92 所示的图形绘制成图 4-93 所示的图形。

命令：region	//单击"面域"按钮
选择对象：找到 1 个，总计 3 个	//选择 3 个圆，如图 4-92 所示
选择对象：	//按 Enter 键
已创建 3 个面域。	//创建了 3 个面域
命令：intersect	//单击"交集"按钮
选择对象：找到 1 个，总计 3 个	//选择 3 个面域，如图 4-92 所示
选择对象：	//按 Enter 键，得到 1 个新的面域，如图 4-93 所示

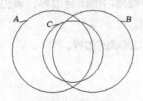

图 4-92　　　　　　　　　　　　　　　　图 4-93

知识提示

若选择的面域并未相交，则 AutoCAD 2019 中文版将删除所有选择的面域。

4.8 创建边界

边界是一条封闭的多段线，可以由多段线、直线、圆弧、圆、椭圆弧、椭圆或样条曲线等对象构成。利用"边界"命令，可以从任意封闭的区域中创建一个边界。利用"边界"命令还可以创建面域。

启用命令的方法如下。

● 菜单命令："绘图 > 边界"。

● 命令行：boundary。

打开云盘中的"Ch04 > 素材 > 边界.dwg"文件，选择"绘图 > 边界"命令，弹出"边界创建"对话框，如图 4-94 所示。单击"拾取点"按钮 ，在绘图窗口中单击一点，系统将自动对该点所在的区域进行分析。若该区域是封闭的，则会自动根据该区域的边界创建一条多段线作为边界。

```
命令: boundary              //选择"边界"命令，弹出"边界创建"对话框，单击"拾取点"按钮
拾取内部点:                 //在图 4-95 所示的 A 点处单击
正在分析内部孤岛...
选择内部点:                 //按 Enter 键
BOUNDARY 已创建 1 个多段线   //创建了一条多段线作为边界
```

在创建边界之前，选择正五边形，图形显示如图 4-96 所示，可见图形中各线条是相互独立的。在创建边界之后，选择正五边形，图形显示如图 4-97 所示，可见其边界是一条封闭的多段线。

图 4-94

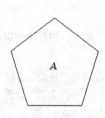

图 4-95

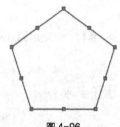

图 4-96

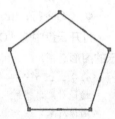

图 4-97

对话框选项解释如下。

● "拾取点"按钮 ：用于根据指定点所在的封闭区域来确定边界。

● "孤岛检测"复选框：控制"边界"命令是否检测内部闭合边界，该边界称为孤岛。

● "对象类型"下拉列表：控制新边界对象的类型。

"多段线"选项：为默认值，用于创建一条多段线作为区域的边界。

"面域"选项：用于创建一个面域。

● "边界集"选项组：用于选择边界集的范围。

"当前视口"选项：根据当前视口范围中的所有对象定义边界集。选择此选项将放弃当前所有边界集。

● "新建"按钮 ：提示用户选择用来定义边界集的对象。

4.9　课堂练习——绘制客房墙体

【练习知识要点】使用"多线"命令、"直线"按钮、"偏移"按钮绘制客房墙体，效果如图 4-98 所示。

【效果文件所在位置】云盘/Ch04/DWG/客房墙体。

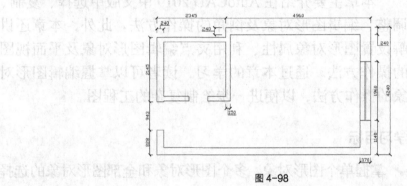

图 4-98

微课视频

绘制客房墙体

4.10　课后习题——绘制大理石拼花

【习题知识要点】使用"矩形"按钮、"修剪"按钮、"圆"按钮、"直线"按钮和"图案填充"按钮，绘制大理石拼花，如图 4-99 所示。

【效果文件所在位置】云盘/Ch04/DWG/大理石拼花。

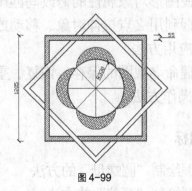

图 4-99

微课视频

绘制大理石拼花

第 5 章
图形编辑操作

本章介绍

　　本章主要介绍在 AutoCAD 2019 中文版中选择、复制、调整、编辑图形对象及倒角的操作方法。此外，本章还讲解设置图形对象属性、利用夹点编辑图形对象及平面视图的操作方法。通过本章的学习，读者可以掌握编辑图形对象的操作方法，以便进一步绘制复杂的工程图。

学习目标

- ✔ 掌握单个图形对象、多个图形对象和全部图形对象的选择方法
- ✔ 掌握倒棱角和倒圆角命令的应用方法
- ✔ 掌握图形的复制、镜像、偏移、阵列、移动和旋转操作方法
- ✔ 掌握对象的缩放、拉伸和拉长命令的应用方法
- ✔ 掌握图形对象的修剪、延伸、打断、合并、分解和删除命令的应用方法
- ✔ 掌握图形对象属性的修改与匹配方法
- ✔ 掌握利用夹点拉伸对象、移动或复制、旋转、镜像和缩放的应用方法
- ✔ 掌握命名视图的保存、恢复、重命名、更新、编辑和删除的操作方法

技能目标

- ✔ 掌握绘制"圆螺母"的方法
- ✔ 掌握绘制"泵盖"的方法
- ✔ 掌握绘制"推杆盘形凸轮"的方法

5.1 选择图形对象

AutoCAD 2019 中文版提供了多种选择图形对象的方式。对于不同的图形对象，用户可使用不同的选择方式。

5.1.1 选择图形对象的方式

在 AutoCAD 2019 中文版中可以用鼠标逐一选择图形对象，也可以用矩形框、交叉矩形框一次选择多个图形对象。此外，还可以用多边形框、交叉多边形框及折线等方式来选择图形对象。

1. 选择单个图形对象

利用十字光标或拾取框来选择单个图形对象。

● 利用十字光标选择图形对象

利用十字光标单击需要选择的图形对象，图形对象将高亮显示，如图 5-1 所示。依次单击图形对象，可以逐一选择多个图形对象。

● 利用拾取框选择图形对象

当启用某个命令后，十字光标会变为拾取框。利用拾取框单击需要选择的图形对象，图形对象将高亮显示，如图 5-2 所示。

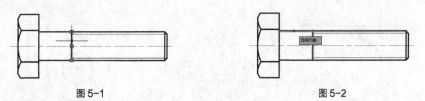

图 5-1   图 5-2

2. 选择多个图形对象

通过矩形框选择、交叉矩形框选择、多边形框选择、交叉多边形框选择、折线选择等方式可以一次选择多个图形对象。

● 通过矩形框选择多个图形对象

在图形对象的左上角或左下角单击，然后向右下角或右上角方向移动鼠标指针，出现一个背景为蓝色的矩形实线框。当矩形实线框将需要选择的图形对象包围时，单击确定矩形实线框，即可选择矩形实线框内的所有图形对象，如图 5-3 所示。选择的图形对象高亮显示且带有夹点。

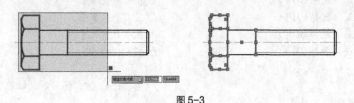

图 5-3

● 通过交叉矩形框选择多个图形对象

在图形对象的右上角或右下角单击，然后向左下角或左上角方向移动鼠标指针，出现一个背景为绿色的矩形虚线框。当矩形虚线框将需要选择的图形对象包围时，单击确定矩形虚线框，即可选择矩形虚线框内及与矩形虚线框相交的所有图形对象，如图 5-4 所示。选择的图形对象高亮显示且带有夹点。

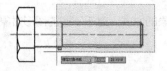 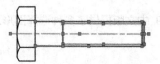

图 5-4

> **知识提示**
>
> 通过矩形框选择图形对象时，与矩形实线框边线相交的图形对象将不被选择；而通过交叉矩形框选择图形对象时，与矩形虚线框边线相交的图形对象将被选择。

● 通过多边形框选择多个图形对象

当 AutoCAD 2019 中文版提示"选择对象："时，在命令行中输入"wp"，按 Enter 键，绘制一个封闭的多边形框，即可选择包围在多边形框内的所有图形对象。

打开云盘中的"Ch05 > 素材 > 箱体 1.dwg"文件，启用"复制"命令后，通过多边形框选择多个图形对象，如图 5-5 所示。

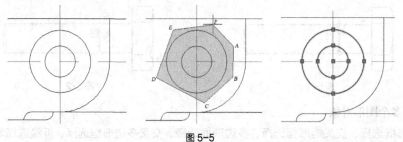

图 5-5

```
命令：copy                                    //单击"复制"按钮
选择对象：wp                                   //在命令行中输入"wp"，按 Enter 键
第一圈点：                                     //在 A 点处单击
指定直线的端点或 ［放弃(U)］：                   //在 B 点处单击
指定直线的端点或 ［放弃(U)］：                   //在 C 点处单击
指定直线的端点或 ［放弃(U)］：                   //在 D 点处单击
指定直线的端点或 ［放弃(U)］：                   //在 E 点处单击
指定直线的端点或 ［放弃(U)］：                   //在 F 点处单击
指定直线的端点或 ［放弃(U)］：                   //按 Enter 键
找到 2 个
选择对象：                                     //按 Enter 键，图形对象如图 5-5 所示
当前设置：复制模式 = 多个
指定基点或 ［位移(D) /模式(O)］ <位移>：         //在绘图窗口中单击确定基点
指定第二个点或 <使用第一个点作为位移>：           //在绘图窗口中单击确定第二个点
指定第二个点或 ［退出(E)/放弃(U)］ <退出>：       //按 Enter 键
```

- 通过交叉多边形框选择多个图形对象

当 AutoCAD 2019 中文版提示"选择对象："时，在命令行中输入"cp"，按 Enter 键，绘制一个封闭的多边形框，即可选择包围在多边形框内，以及与多边形框相交的所有图形对象。

- 通过折线选择多个图形对象

当 AutoCAD 2019 中文版提示"选择对象："时，在命令行中输入"f"，按 Enter 键，绘制一条折线，即可选择所有与折线相交的图形对象。

5.1.2 选择全部图形对象

启用"全部选择"命令可以一次性地快速选择绘图窗口中的所有图形对象。

启用命令的方法如下。

- 菜单命令："编辑 > 全部选择"。
- 快捷键：Ctrl+A 组合键。
- 命令行：all。

5.1.3 快速选择指定的图形对象

启用"快速选择"命令可以快速选择指定类型的图形对象或具有指定属性的图形对象。

启用命令的方法如下。

- 菜单命令："工具 > 快速选择"。
- 快捷菜单：在绘图窗口中单击鼠标右键，从弹出的快捷菜单中选择"快速选择"命令。
- 命令行：qselect。

选择"工具 > 快速选择"命令，弹出"快速选择"对话框，如图 5-6 所示。通过该对话框可以快速选择指定类型的图形对象或具有指定属性的图形对象。

图 5-6

5.1.4 向选择集添加或从选择集中删除图形对象

在绘图过程中，选择图形对象通常不能一次完成，而需要通过添加或者删除选择集中的图形对象来完成。如果想要添加或删除选择集中的图形对象，可以利用以下两种方法。

- 利用十字光标进行选择

利用十字光标选择需要添加的图形对象，即可为选择集添加图形对象。而在按住 Shift 键的同时，选择已选中的图形对象，可取消该图形对象的选择状态。

- 在命令行中输入命令

在命令行中输入添加或删除图形对象的命令，可以控制图形对象的选择状态。

在命令行中输入命令，控制图形对象的选择状态，如图 5-7 所示。

图 5-7

```
命令：move                    //单击"默认"选项卡的"修改"选项组中的"移动"按钮✛
选择对象：找到 1 个            //依次选择 3 个圆
选择对象：找到 1 个，总计 2 个
选择对象：找到 1 个，总计 3 个
```

```
选择对象：r                          //输入"r"，按 Enter 键
删除对象：                           //选择中间的圆，取消其选择状态
找到 1 个，删除 1 个，总计 2 个
删除对象：a                          //输入"a"，按 Enter 键
选择对象：找到 1 个，总计 3 个       //选择中间的圆
选择对象：                           //按 Enter 键
```

5.1.5 取消选择的图形对象

在绘图过程中，利用 AutoCAD 2019 中文版提供的命令，可以取消所有已选择的图形对象。启用命令的方法如下。

● 快捷菜单：在绘图窗口中单击鼠标右键，从弹出的快捷菜单中选择"全部不选"命令。

● 快捷键：Esc 键。

微课视频

5.2 倒角操作

5.2.1 课堂案例——绘制圆螺母

绘制圆螺母

【案例学习目标】掌握并熟练使用倒角命令。

【案例知识要点】利用"倒角"按钮绘制圆螺母，效果如图 5-8 所示。

【效果文件所在位置】云盘/Ch05/DWG/圆螺母。

（1）打开云盘中的"Ch05 > 素材 > 圆螺母.dwg"文件，如图 5-9 所示。

（2）倒角操作。在"修改"工具栏中单击"倒角"按钮，在 A 点处进行倒角操作，如图 5-10 所示。用相同的方法在 B 点处进行倒角操作，如图 5-11 所示。

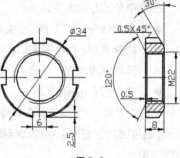

图 5-8

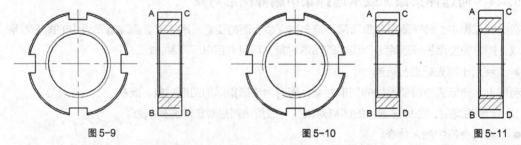

图 5-9   图 5-10   图 5-11

```
命令：chamfer                                      //单击"倒角"按钮
（"修剪"模式）当前倒角距离 1 = 0.0000，距离 2 = 0.0000
选择第一条直线或 [放弃(U)/多段线(P)/距离(D)/角度(A)/修剪(T)/方式(E)/多个(M)]：A
                                                   //选择"角度"选项
指定第一条直线的倒角长度 <0.0000>：0.5              //输入倒角长度
指定第一条直线的倒角角度 <0>：45                    //输入倒角角度
```

选择第一条直线或 [放弃(U)/多段线(P)/距离(D)/角度(A)/修剪(T)/方式(E)/多个(M)]:
　　　　　　　　　　　　　　　　　　　　　　　//选择线段 *AC*

选择第二条直线:　　　　　　　　　　　　　　//选择线段 *AB*

（3）倒角操作。在"修改"工具栏中单击"倒角"按钮 ，在 *C* 点处进行倒角操作，如图 5-12 所示。用相同的方法在 *D* 点处进行倒角操作，如图 5-13 所示。

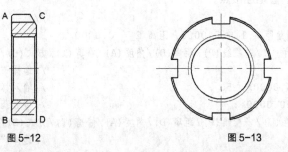

图 5-12　　　　　　　　　　　　　　　　　　　　　　图 5-13

命令: chamfer　　　　　　　　　　　　　　　//单击"倒角"按钮

("修剪"模式) 当前倒角长度 = 0.5000, 角度 = 45

选择第一条直线或 [放弃(U)/多段线(P)/距离(D)/角度(A)/修剪(T)/方式(E)/多个(M)]: A
　　　　　　　　　　　　　　　　　　　　　　　//选择"角度"选项

指定第一条直线的倒角长度 <0.5000>:2　　　　//输入倒角长度

指定第一条直线的倒角角度 <45>:60　　　　　　//输入倒角角度

选择第一条直线或 [放弃(U)/多段线(P)/距离(D)/角度(A)/修剪(T)/方式(E)/多个(M)]:
　　　　　　　　　　　　　　　　　　　　　　　//选择线段 *AC*

选择第二条直线:　　　　　　　　　　　　　　//选择线段 *CD*

5.2.2　倒棱角

在 AutoCAD 2019 中文版中，启用"倒角"命令可以进行倒棱角操作。

启用命令的方法如下。

● 工具栏：单击"修改"工具栏中的"倒角"按钮 。

● 菜单命令："修改 > 倒角"。

● 命令行：chamfer（快捷命令：CHA）。

打开云盘中的"Ch05 > 素材 > 倒棱角1.dwg"
文件，在线段 *AB* 与线段 *AD* 之间进行倒棱角操作，如
图 5-14 所示。

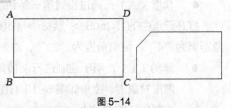

图 5-14

命令: chamfer　　　　　　　　　　　　　　　//单击"倒角"按钮

("修剪"模式) 当前倒角距离 1 = 0.0000, 距离 2 = 0.0000

选择第一条直线或 [放弃(U)/多段线(P)/距离(D)/角度(A)/修剪(T)/方式(E)/多个(M)]: D
　　　　　　　　　　　　　　　　　　　　　　　//选择"距离"选项

指定第一个倒角距离 <0.0000>: 2　　　　　　　//输入第一个倒角距离

指定第二个倒角距离 <2.0000>:　　　　　　　　//按 Enter 键

选择第一条直线或 [放弃(U)/多段线(P)/距离(D)/角度(A)/修剪(T)/方式(E)/多个(M)]:
　　　　　　　　　　　　　　　　　　　　　　　//选择线段 *AB*

选择第二条直线, 或按住 Shift 键选择要应用角点的直线:　//选择线段 *AD*

提示选项解释如下。

- 多段线（P）：用于对多段线每个顶点处的相交直线段进行倒棱角操作，棱角将成为多段线中的新线段。如果多段线中包含的线段小于棱角距离，则不对这些线段进行倒棱角操作。此外多段线首尾连接点也不进行倒棱角操作。

打开云盘中的"Ch05 > 素材 > 倒棱角 2.dwg"文件，对多段线进行倒棱角操作，如图 5-15 所示，其中 A 点为多段线的首尾连接点。

```
命令：chamfer                                          //单击"倒角"按钮
（"修剪"模式）当前倒角距离 1 = 0.0000，距离 2 = 0.0000
选择第一条直线或 [放弃(U)/多段线(P)/距离(D)/角度(A)/修剪(T)/方式(E)/多个(M)]：D
                                                      //选择"距离"选项
指定第一个倒角距离 <0.0000>：50                         //输入第一个倒角距离
指定第二个倒角距离 <50.0000>：                           //按 Enter 键
选择第一条直线或 [放弃(U)/多段线(P)/距离(D)/角度(A)/修剪(T)/方式(E)/多个(M)]：P
                                                      //选择"多段线"选项
选择二维多段线：                                        //选择多段线
```

- 距离（D）：用于设置棱角至边线端点的距离。如果将两个倒角距离都设置为 0，则 AutoCAD 2019 中文版将延伸或修剪相应的两条线段，使二者相交于一点。

打开云盘中的"Ch05 > 素材 > 倒棱角 3.dwg"文件，绘制倒角距离不等的棱角，选择"距离"选项，按提示依次输入：第一个倒角距离为"2"，第二个倒角距离为"4"。然后选择要进行倒棱角操作的两条线段，效果如图 5-16 所示。

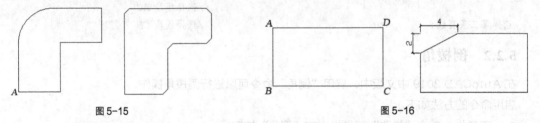

图 5-15   图 5-16

- 角度（A）：通过设置第一条线段的倒角距离及第二条线段的角度来进行倒棱角操作。

打开云盘中的"Ch05 > 素材 > 倒棱角 4.dwg"文件，绘制一个棱角，按其提示选项，输入倒角距离为"4"、倒角角度为"30"，然后选择要进行倒棱角操作的两条线段，效果如图 5-17 所示。

- 修剪（T）：用于控制进行倒棱角操作是否修剪图形对象。当选择"修剪"选项，设置修剪图形对象时，棱角如图 5-18 右图所示的 A 点处；当选择"不修剪"选项时，棱角如图 5-18 右图所示的 D 点处。

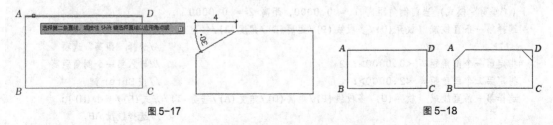

图 5-17   图 5-18

打开云盘中的"Ch05 > 素材 > 倒棱角 5.dwg"文件，对图形 ABCD 进行倒棱角操作，A 点处需要修剪图形对象，D 点处则保留原图形对象，如图 5-17 所示。其中图形 ABCD 由 4 条线段组成，而不是启用"矩形"命令来创建。

```
命令: chamfer                                                    //单击"倒角"按钮
("修剪"模式) 当前倒角距离 1 = 0.0000, 距离 2 = 0.0000
选择第一条直线或 [放弃(U)/多段线(P)/距离(D)/角度(A)/修剪(T)/方式(E)/多个(M)]: D
                                                                 //选择"距离"选项
指定第一个倒角距离 <0.0000>: 100                                   //输入第一个倒角距离
指定第二个倒角距离 <100.0000>:                                      //按 Enter 键
选择第一条直线或 [放弃(U)/多段线(P)/距离(D)/角度(A)/修剪(T)/方式(E)/多个(M)]:
                                                                 //选择线段 AB
选择第二条直线, 或按住 Shift 键选择要应用角点的直线:                 //选择线段 AD
命令: chamfer                                                    //按 Enter 键
("修剪"模式) 当前倒角距离 1 = 100.0000, 距离 2 = 100.0000
选择第一条直线或 [放弃(U)/多段线(P)/距离(D)/角度(A)/修剪(T)/方式(E)/多个(M)]: T
                                                                 //选择"修剪"选项
输入修剪模式选项 [修剪(T)/不修剪(N)] <修剪>: N                      //选择"不修剪"选项
选择第一条直线或 [放弃(U)/多段线(P)/距离(D)/角度(A)/修剪(T)/方式(E)/多个(M)]:
                                                                 //选择线段 AD
选择第二条直线, 或按住 Shift 键选择要应用角点的直线:                 //选择线段 CD
```

- 方式（E）：用于控制进行倒棱角操作的方式，即选择是通过设置棱角的两个距离的方式，还是通过设置一个距离和一个角度的方式来进行倒棱角操作。
- 多个（M）：用于为多个图形对象进行倒棱角操作，此时 AutoCAD 2019 中文版重复显示提示命令，直到按 Enter 键结束。

5.2.3　倒圆角

通过倒圆角操作可以方便、快速地在两个图形对象之间绘制光滑的过渡圆弧线。在 AutoCAD 2019 中文版中启用"圆角"命令可以进行倒圆角操作。

启用命令的方法如下。

- 工具栏："修改"工具栏中的"圆角"按钮 。
- 菜单命令："修改 > 圆角"。
- 命令行：fillet（快捷命令：F）。

打开云盘中的"Ch05 > 素材 > 倒圆角.dwg"文件，在线段 *AB* 与线段 *AD* 之间进行倒圆角操作，如图 5-19 所示。

```
命令: fillet                                                    //单击"圆角"按钮
当前设置: 模式 = 修剪, 半径 = 0.0000
选择第一个对象或 [放弃(U)/多段线(P)/半径(R)/修剪(T)/多个(M)]: R //选择"半径"选项
指定圆角半径 <0.0000>: 3                                          //输入圆角半径
选择第一个对象或 [放弃(U)/多段线(P)/半径(R)/修剪(T)/多个(M)]:       //选择线段 AB
选择第二个对象, 或按住 Shift 键选择要应用角点的对象:                //选择线段 AD
```

对两条平行线进行倒圆角操作，如图 5-20 所示。

```
命令: fillet                                                    //单击"圆角"按钮
当前设置:模式 = 不修剪, 半径 = 0.0000
选择第一个对象或 [放弃(U)/多段线(P)/半径(R)/修剪(T)/多个(M)]: //在线段 AB 的左半部分单击
选择第二个对象, 或按住 Shift 键选择要应用角点的对象:      //在线段 CD 的左半部分单击
```

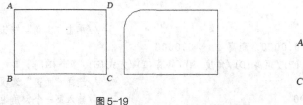

图 5-19

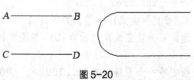

图 5-20

知识提示

对两条平行线进行倒圆角操作时，圆角的半径取决于两条平行线之间的距离。

5.3 复制图形对象和调整图形对象的位置

5.3.1 课堂案例——绘制泵盖

微课视频

绘制泵盖

【案例学习目标】掌握并熟练使用各种图形对象的复制命令。

【案例知识要点】使用"复制"按钮和"镜像"按钮绘制泵盖，效果如图5-21所示。

【效果文件所在位置】云盘/Ch05/DWG/泵盖。

（1）打开文件。打开云盘中的"Ch05 > 素材 > 泵盖.dwg"文件，如图5-22所示。

（2）绘制圆。打开对象捕捉和对象捕捉追踪开关，单击"圆"按钮⊙绘制圆，图形效果如图5-23所示。

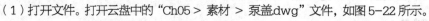
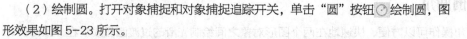

```
命令: circle 指定圆的圆心或 [三点(3P)/两点(2P)/相切、相切、半径(T)]:
                                        //单击"圆"按钮⊙，指定圆的圆心 O
指定圆的半径或 [直径(D)] <0.0000>: 3.5        //输入圆半径，按 Enter 键
circle 指定圆的圆心或 [三点(3P)/两点(2P)/相切、相切、半径(T)]:
                                        //选择圆的圆心 O
指定圆的半径或 [直径(D)] <3.5.0000>: 5.5      //输入圆半径，按 Enter 键
```

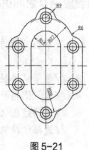

图 5-21

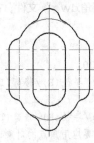

图 5-22

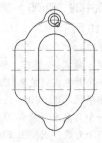

图 5-23

（3）复制圆。单击"复制"按钮，复制两个圆，效果如图5-24所示。单击"镜像"按钮，选取 A、B 两点为镜像点，绘制下方的同心圆，如图5-25所示。选取 C、D 两点为镜像点，绘制左侧的两个同心圆，效果如图5-26所示。

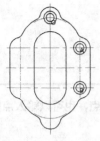

图 5-24

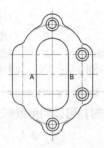

图 5-25

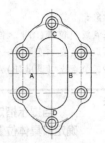

图 5-26

命令: copy	//单击"复制"按钮 ❖
选择对象: 找到 1 个	//选择第 1 个同心圆
选择对象: 找到 1 个, 总计 2 个	//选择第 2 个同心圆
选择对象:	//按 Enter 键
当前设置: 复制模式 = 多个	
指定基点或 [位移(D)/模式(O)] <位移>:	//单击圆心 O 点
指定第二个点或 [阵列(A)] <使用第一个点作为位移>:	//单击 A 点复制, 如图 5-24 所示
指定第二个点或 [阵列(A)/退出(E)/放弃(U)] <退出>:	//单击 B 点复制, 如图 5-24 所示
指定第二个点或 [阵列(A)/退出(E)/放弃(U)] <退出>:	//按 Enter 键
命令: mirror	//单击"镜像"按钮 ⚠
选择对象: 找到 1 个	//选择第 1 个同心圆
选择对象: 找到 1 个, 总计 2 个	//选择第 2 个同心圆
选择对象:	//按 Enter 键
指定镜像线的第一点: 指定镜像线的第二点:	//单击 A、B 两点作为镜像点
要删除源对象吗? [是(Y)/否(N)] <N>: N	//选择"否"选项
命令: mirror	//按 Enter 键
选择对象: 指定对角点: 找到 4 个	//对角选择右侧的同心圆
选择对象:	//按 Enter 键
指定镜像线的第一点: 指定镜像线的第二点:	//单击 C、D 两点作为镜像点
要删除源对象吗? [是(Y)/否(N)] <N>: N	//选择"否"选项

5.3.2 复制图形对象

在绘图过程中，经常会遇到重复绘制相同图形对象的情况。这时可以启用"复制"命令，将图形对象复制到工程图的相应位置。

启用命令的方法如下。

- 工具栏：单击"修改"工具栏中的"复制"按钮 ❖ 或 "默认"选项卡中的"复制"按钮 ❖。
- 菜单命令："修改 > 复制"。
- 命令行：copy（快捷命令：CO）。

打开云盘中的"Ch05 > 素材 > 箱体 2.dwg"文件，在箱体上绘制螺栓孔，如图 5-27 所示。

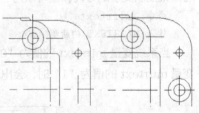

图 5-27

命令: copy	//单击"复制"按钮 ❖
选择对象: 找到 1 个	//依次选择螺栓孔的 2 个圆
选择对象: 找到 1 个, 总计 2 个	

选择对象：	//按 Enter 键
指定基点或 [位移(D)] <位移>：	//指定圆的圆心
指定第二个点或 <使用第一个点作为位移>：	//选择中心线的交点
指定第二个点或 [退出(E)/放弃(U)] <退出>：	//按 Enter 键

> **知识提示**
>
> 当提示指定第二个点时，可以利用鼠标直接选择该点，也可以输入点的坐标来确定其具体位置。

5.3.3 镜像图形对象

绘制工程图时，通常会遇到结构对称的图形，此时可以启用"镜像"命令来绘制图形。启用"镜像"命令绘制图形时，需要指定两点来确定镜像线，同时可以选择删除或保留源图形对象。

启用命令的方法如下。

- 工具栏：单击"修改"工具栏中的"镜像"按钮 ⚠。
- 菜单命令："修改 > 镜像"。
- 命令行：mirror（快捷命令：MI）。

打开云盘中的"Ch05 > 素材 > 轴承.dwg"文件，绘制圆锥滚子轴承，如图 5-28 所示。还可以在选项中设置镜像源对象是否保留。

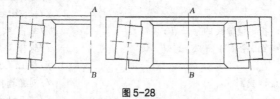

图 5-28

命令: mirror	//单击"镜像"按钮 ⚠
选择对象: 指定对角点: 找到 20 个	//选择圆锥滚子轴承
选择对象:	//按 Enter 键
指定镜像线的第一点:	//选择镜像线的端点 A
指定镜像线的第二点:	//选择镜像线的端点 B
要删除源对象吗? [是(Y)/否(N)] <N>:	//按 Enter 键

对文字进行镜像操作时，可能会出现文字前后颠倒的现象，此时可以通过设置系统变量 mirrtext 的值来控制文字的方向，值可以为"0"或"1"。

命令: mirrtext	//输入系统变量
输入 MIRRTEXT 的新值 <0>:	//按 Enter 键

当系统变量 mirrtext 的值为"0"时，不会出现文字前后颠倒的现象，如图 5-29 所示；当系统变量 mirrtext 的值为"1"时，会出现文字前后颠倒的现象，如图 5-30 所示。

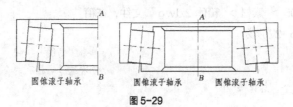

圆锥滚子轴承　　　　圆锥滚子轴承　　　圆锥滚子轴承

图 5-29

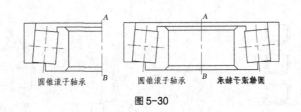

圆锥滚子轴承　　　　圆锥滚子轴承　　圆锥滚子轴承

图 5-30

5.3.4　偏移图形对象

启用"偏移"命令可以绘制一个与源图形相似的新图形。在 AutoCAD 2019 中文版中，可以进行偏移操作的图形对象有直线、圆弧、圆、二维多段线、椭圆、椭圆弧、构造线、射线和样条曲线等。

启用命令的方法如下。

● 工具栏：单击"修改"工具栏中的"偏移"按钮⊆或"默认"选项卡中的"偏移"按钮⊆。

● 菜单命令："修改 > 偏移"。

● 命令行：offset（快捷命令：O）。

对线段 *AB* 进行偏移操作，如图 5-31 所示。

命令: offset	//单击"偏移"按钮⊆
当前设置: 删除源=否　图层=源　OFFSETGAPTYPE=0	
指定偏移距离或 [通过(T)/删除(E)/图层(L)] <通过>: 20	//输入偏移距离
选择要偏移的对象, 或 [退出(E)/放弃(U)] <退出>:	//选择线段 *AB*
指定要偏移的那一侧上的点, 或 [退出(E)/放弃(U)] <下一个对象>:	//在线段 *AB* 的下方单击
选择要偏移的对象, 或 [退出(E)/放弃(U)] <退出>:	//按 Enter 键

在对图形对象进行偏移操作时，也可以通过点的方式来确定偏移距离。

通过 *C* 点偏移线段 *AB*，如图 5-32 所示。

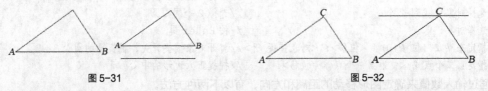

图 5-31　　　　　　　　　　　　　　　　　　　　图 5-32

命令: offset	//单击"偏移"按钮⊆
当前设置: 删除源=否　图层=源　OFFSETGAPTYPE=0	
指定偏移距离或 [通过(T)/删除(E)/图层(L)] <通过>: T	//选择"通过"选项
选择要偏移的对象, 或 [退出(E)/放弃(U)] <退出>:	//选择线段 *AB*
指定通过点或 [退出(E)/多个(M)/放弃(U)] <退出>:	//捕捉 *C* 点
选择要偏移的对象, 或 [退出(E)/放弃(U)] <退出>:	//按 Enter 键

5.3.5　阵列图形对象

启用"阵列"命令可以绘制多个相同图形对象的阵列。对于矩形阵列，用户需要指定行和列的数目、行或列之间的距离及阵列的旋转角度，效果如图 5-33 所示；对于路径阵列，用户需要指定阵列曲线、复制对象的数目及方向，效果如图 5-34 所示；对于环形阵列，用户需要指定复制对象的数目及对象是否旋转，效果如图 5-35 所示。

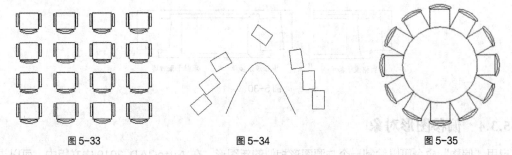

图 5-33   图 5-34   图 5-35

启用命令方法如下。

● 菜单命令："修改 > 阵列"。

● 命令行：array（快捷命令：AR）。

5.3.6 移动图形对象

启用"移动"命令可对所选的图形对象进行平移，而不改变该图形对象的方向和大小。

启用命令的方法如下。

● 工具栏：单击"修改"工具栏中的"移动"按钮✛ 或"默认"选项卡中的"移动"按钮✛。

● 菜单命令："修改 > 移动"。

● 命令行：move（快捷命令：M）。

打开云盘中的"Ch05 > 素材 > 移动图形对象.dwg"
文件，将 2 个同心圆移动到正六边形的中心，如图 5-36
所示。

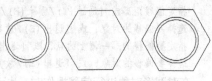

图 5-36

```
命令：move                          //单击"移动"按钮✛
选择对象：找到 2 个                  //选择 2 个同心圆
选择对象：                          //按 Enter 键
指定基点或 [位移(D)] <位移>：<对象捕捉 开>//打开对象捕捉开关，捕捉圆的圆心
指定第二个点或 <使用第一个点作为位移>：    //捕捉正六边形的中心
```

通过输入数值来确定图形移动的距离和方向，有以下两种方法。

● 在"正交"状态下，直接输入位移数值。打开正交开关，选择需要移动的图形对象，然后指
定基点，沿水平或竖直方向移动鼠标指针，并输入移动的距离，即可在水平或竖直方向上移
动图形对象。

● 输入相对坐标值。选择图形对象后，指定基点，然后利用相对坐标值（@x, y或@r< θ）的
形式输入移动的距离。按 Enter 键，图形对象即可移动到指定的位置。

5.3.7 旋转图形对象

启用"旋转"命令可以将图形对象绕着某一基点旋转，从而改变图形对象的方向。可以通过指定
基点，然后输入旋转角度来旋转图形对象；也可以指定某个方位作为参照，然后选择一个新的图形对
象或输入一个新的角度来确定要旋转到的目标位置。

启用命令的方法如下。

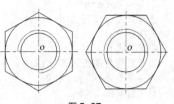

图5-37

- 工具栏：单击"修改"工具栏中的"旋转"按钮 C 或"默认"选项卡中的"旋转"按钮 C。
- 菜单命令："修改 > 旋转"。
- 命令行：rotate（快捷命令：RO）。

打开云盘中的"Ch05 > 素材 > 六角螺母.dwg"文件，将六角螺母沿逆时针方向旋转30°，如图5-37所示。

命令：rotate	//单击"旋转"按钮 C
UCS 当前的正角方向： ANGDIR=逆时针 ANGBASE=0	
选择对象：找到 4 个	//选择六角螺母的轮廓线与螺纹线
选择对象：	//按 Enter 键
指定基点：	//捕捉中心线的交点 O
指定旋转角度，或 [复制(C)/参照(R)] <0>:30	//输入旋转角度

提示选项解释如下。

- 指定旋转角度：通过输入旋转角度来旋转图形对象。若输入的旋转角度为正值，则图形对象沿逆时针方向旋转；若输入的旋转角度为负值，则图形对象沿顺时针方向旋转。
- 复制（C）：旋转图形对象时，在源位置保留该图形对象，如图5-38所示。

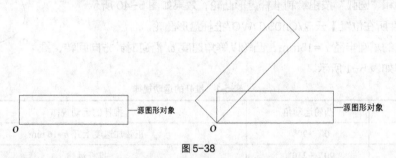

图5-38

命令：rotate	//单击"旋转"按钮 C
UCS 当前的正角方向： ANGDIR=逆时针 ANGBASE=0	
选择对象：指定对角点：找到 1 个	//选择矩形
选择对象：	//按 Enter 键
指定基点：	//捕捉矩形角点 O
指定旋转角度，或 [复制(C)/参照(R)] <0>: C	//选择"复制"选项
旋转一组选定对象。	
指定旋转角度，或 [复制(C)/参照(R)] <0>: 45	//输入旋转角度

- 参照（R）：通过选择参照的方式来旋转图形对象。指定某个方向作为参照的起始角，然后选择一个新图形对象来指定源图形对象要旋转到的目标位置，如图5-39所示。

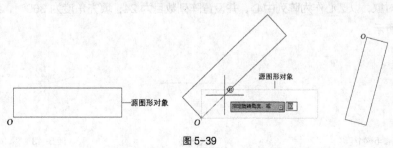

图5-39

```
命令: rotate                          //单击"旋转"按钮 ↻
选择对象: 找到 1 个                    //选择矩形
选择对象:                             //按 Enter 键
指定基点:                             //捕捉矩形角点 O
指定旋转角度或 [参照(R)]: R            //选择"参照"选项
指定参照角 <0>: 150                   //指定参照角为 150°
指定新角度: 45                        //输入旋转角度
```

微课视频

5.4　调整图形对象的形状

绘制推杆
盘形凸轮

AutoCAD 2019 中文版提供了多种命令来调整图形对象的形状，下面逐一进行介绍。

5.4.1　课堂案例——绘制推杆盘形凸轮

【案例学习目标】熟练运用调整图形对象的各种命令。

【案例知识要点】利用"拉长"命令、"圆"按钮、"环形阵列"按钮、"样条曲线"按钮和"圆弧"按钮绘制推杆盘形凸轮，效果如图 5-40 所示。

【效果文件所在位置】云盘/Ch05/DWG/推杆盘形凸轮。

已知凸轮的基圆半径 r=15mm，凸轮以等角速度 ω 沿逆时针方向回转，推杆的运动规律如表 5-1 所示。

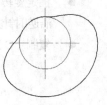

图 5-40

表 5-1　推杆的运动规律

序　号	凸轮运动角	推杆的运动规律
1	0°～90°	正弦加速度上升 h=16 mm
2	90°～210°	推杆远休
3	210°～300°	正弦加速度下降 h=16 mm
4	300°～360°	推杆近休

（1）单击"默认"选项卡的"绘图"选项组中的"直线"按钮 ╱，绘制两条长度为 50 的相交线，如图 5-41 所示。

（2）单击"默认"选项卡的"绘图"选项组中的"圆"按钮 ⊙，绘制半径为 15 的圆作为基圆。

（3）单击"默认"选项卡的"绘图"选项组中的"直线"按钮 ╱，绘制基圆的一条半径 OA，如图 5-42 所示。

（4）单击"默认"选项卡的"修改"选项组中的"环形阵列"按钮 ⸬，将上一步骤绘制的半径 OA 作为阵列对象，以圆心作为阵列中心，并设置阵列数目为 24，填充角度为 360°，绘制图形，效果如图 5-43 所示。

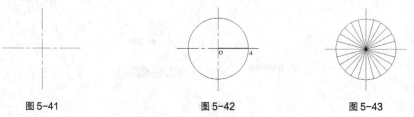

图 5-41　　　　　　　　图 5-42　　　　　　　　图 5-43

（5）根据推杆的运动规律，删除推杆远休及推杆近休两个阶段的阵列半径，如图 5-44 所示。该图中的半径编号和角度是为便于理解而特意标注的。

（6）根据已知条件，推杆在推程时做正弦加速度上升运动，可以计算得到推杆在倒转运动中的位移，如表 5-2 所示。由计算结果可以知道，当凸轮转过 15° 时，凸轮的推杆位移为 0.461mm。进一步根据倒转法设计凸轮，选择"修改 > 拉长"命令，在命令行中根据命令提示输入"de"，选择"增量"选项进行拉长。设置长度增量为 0.461，并选择半径 1，将其拉长，如图 5-45 所示。

```
命令: lengthen                                        //选择"修改 > 拉长"命令
选择对象或 [增量(DE)/百分数(P)/全部(T)/动态(DY)]: de  //选择"增量"选项
输入长度增量或 [角度(A)] <0.0000>: 0.461               //输入长度增量
选择要修改的对象或 [放弃(U)]:                           //在半径1靠近圆周的位置内单击
选择要修改的对象或 [放弃(U)]:                           //按 Enter 键
```

表 5-2　推杆的位移

运动角（°）	0	15	30	45	60	75	90
推程（mm）	0	0.461	3.128	8	12.872	15.539	16

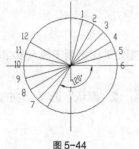

图 5-44

图 5-45

（7）使用与步骤（6）相同的方法，将整个推程中其余位置的半径拉长相应的长度，如图 5-46 所示。

（8）根据已知条件，推杆在回程时做正弦加速度下降运动，可以计算得到推杆在倒转运动中的位移，如表 5-3 所示。进一步使用与步骤（6）相同的方法，将整个回程中各个位置的半径拉长相应的长度，如图 5-47 所示。

表 5-3　推杆的位移

运动角（°）	0	15	30	45	60	75	90
回程（mm）	16	15.539	12.872	8	3.128	0.461	0

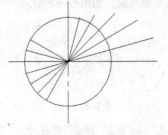

图 5-46

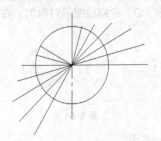

图 5-47

（9）单击"样条曲线"按钮 ⟋，分别依次连接步骤（7）与步骤（8）拉长半径后的端点，绘制两条样条曲线，如图 5-48 所示。

（10）单击"圆弧"按钮 ⟋，绘制推杆远休阶段及近休阶段的凸轮理论轮廓线，完成后的整个凸轮理论轮廓线如图 5-49 所示。

（11）单击"删除"按钮 ⟍，删除多余的辅助线，仅保留凸轮的理论轮廓线和基圆，如图 5-50 所示。

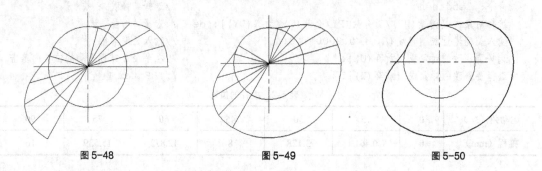

图 5-48   图 5-49   图 5-50

5.4.2 缩放对象

启用"缩放"命令可以根据用户的需要将图形对象按指定的比例因子放大或缩小。

启用命令的方法如下。

- 工具栏：单击"修改"工具栏中的"缩放"按钮 □ 或"默认"选项卡中的"缩放"按钮 □。
- 菜单命令："修改 > 缩放"。
- 命令行：scale（快捷命令：SC）。

打开云盘中的"Ch05 > 素材 > 缩放图形对象.dwg"文件，将正六边形的边长缩小为原来的1/2，如图 5-51 所示。

命令：scale	//单击"缩放"按钮 □
选择对象：找到 1 个	//选择正六边形
选择对象：	//按 Enter 键
指定基点：<对象捕捉 开>	//打开对象捕捉开关，捕捉圆心
指定比例因子或 [复制(C)/参照(R)] <1.0000>: 0.5	//输入缩放比例因子

提示选项解释如下。

- 指定比例因子：通过输入比例因子来放大或缩小图形对象。比例因子大于 1 时，放大图形对象；比例因子小于 1 时，缩小图形对象。
- 复制（C）：缩放图形对象时，在源位置保留该图形对象，如图 5-52 所示。

图 5-51   图 5-52

命令：scale	//单击"缩放"按钮 □
选择对象：找到 1 个	//选择正六边形

选择对象：	//按 Enter 键
指定基点：	//打开对象捕捉开关，捕捉圆心
指定比例因子或 [复制(C)/参照(R)] <1.0000>: C	//选择"复制"选项
缩放一组选定对象	
指定比例因子或 [复制(C)/参照(R)] <1.0000>: 0.5	//输入缩放比例因子

- 参照(R)：通过选择参照的方式来缩放图形对象。指定参照线段和新长度后，AutoCAD 2019 中文版会把参照线段的长度设置为新长度，如图 5-53 所示。

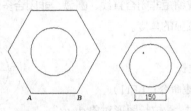

图 5-53

命令: scale	//单击"缩放"按钮⬚
选择对象：指定对角点：找到 1 个	//选择正六边形
选择对象：	//按 Enter 键
指定基点： <对象捕捉 开>	//打开对象捕捉开关，捕捉圆心
指定比例因子或 [复制(C)/参照(R)] <1.0000>: R	//选择"参照"选项
指定参照长度 <1.0000>:	//捕捉正六边形顶点 A
指定第二点：	//捕捉正六边形顶点 B，将线段 AB 设置为参照
指定新的长度或 [点(P)] <1.0000>: 150	//输入新长度，将参照（线段 AB）的长度设置为新长度

5.4.3 拉伸对象

启用"拉伸"命令可以在一个方向上按照用户指定的尺寸拉伸、缩短和移动图形对象。该命令通过改变端点的位置来拉伸或缩短图形对象。编辑过程中除被伸长、缩短的图形对象外，其他图形对象间的几何关系将保持不变。

启用命令的方法如下。

- 工具栏：单击"修改"工具栏中的"拉伸"按钮⬚或"默认"选项卡中的"拉伸"按钮⬚。
- 菜单命令："修改 > 拉伸"。
- 命令行：stretch（快捷命令：S）。

打开云盘中的"Ch05 > 素材 > 拉伸图形对象.dwg"文件，将螺栓的螺纹部分拉伸，如图 5-54 所示。

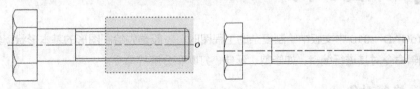

图 5-54

命令: stretch	//单击"拉伸"按钮⬚
以交叉窗口或交叉多边形选择要拉伸的对象...	

选择对象：	//选择要拉伸的对象
指定对角点：找到 11 个	
选择对象：	//按 Enter 键
指定基点或 [位移(D)] <位移>：	//选择中心线的端点 O
指定第二个点或 <使用第一个点作为位移>：<正交 开>	//打开正交开关，向右移动鼠标指针并单击

5.4.4 拉长对象

启用"拉长"命令可以延伸或缩短非闭合直线、圆弧、非闭合多段线、椭圆弧和非闭合样条曲线等图形对象的长度，还可以修改圆弧的角度。

启用命令的方法如下。

● 菜单命令："修改 > 拉长"。

● 命令行：lengthen（快捷命令：LEN）。

打开云盘中的"Ch05 > 素材 > 拉长图形对象.dwg"文件，拉长中心线 AC、BD 的长度，如图 5-55 所示。

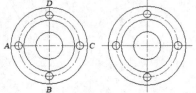

图 5-55

命令：lengthen	//选择"修改 > 拉长"命令
选择对象或 [增量(DE)/百分数(P)/总计(T)/动态(DY)]<总计(T)>:DE	//选择"增量"选项
输入长度增量或 [角度(A)] <0.0000>: 5	//输入长度增量
选择要修改的对象或 [放弃(U)]:	//在 A 点附近选择中心线 AC
选择要修改的对象或 [放弃(U)]:	//在 B 点附近选择中心线 BD
选择要修改的对象或 [放弃(U)]:	//在 C 点附近选择中心线 AC
选择要修改的对象或 [放弃(U)]:	//在 D 点附近选择中心线 BD
选择要修改的对象或 [放弃(U)]:	//按 Enter 键

提示选项解释如下。

● 对象：系统的默认项，用于查看选择的图形对象的长度。

● 增量（DE）：指定增量来拉长图形对象。该增量是从距离选择点最近的端点处开始测量的。此外，还可以修改圆弧的角度。若输入的增量为正值，则拉长图形对象；若输入的增量为负值，则缩短图形对象。

● 百分数（P）：通过输入图形对象总长度的百分数来改变图形对象的长度。

● 全部（T）：通过输入新长度来改变图形对象的长度，也可以按照指定的角度来改变选定圆弧的包含角。

● 动态（DY）：通过动态拖动图形对象来改变图形对象的长度。

5.5 编辑图形对象

在 AutoCAD 2019 中文版中绘制复杂的工程图时，一般是先绘制图形的基本形状，然后启用图形对象的编辑命令对其进行编辑，如修剪、延伸、打断和分解等命令。

5.5.1 修剪对象

"修剪"命令是比较常用的图形对象编辑命令，启用"修剪"命令可以修剪多余的线段。

启用命令的方法如下。

● 工具栏：单击"修改"工具栏中的"修剪"按钮 或 "默认"选项卡中的"修剪"按钮 。

● 菜单命令："修改 > 修剪"。

● 命令行：trim（快捷命令：TR）。

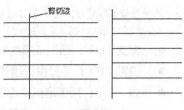

图 5-56

将竖直线段左侧的线条去除，如图 5-56 所示。

命令：trim	//单击"修剪"按钮
选择剪切边...	
选择对象或 <全部选择>：找到 1 个	//选择竖直线段作为剪切边
选择对象：	//按 Enter 键
选择要修剪的对象，或按住 Shift 键选择要延伸的对象，或	
[栏选(F)/窗交(C)/投影(P)/边(E)/删除(R)/放弃(U)]：	//在竖直线段的左侧依次选择要去除的水平线段
选择要修剪的对象，或按住 Shift 键选择要延伸的对象，或	
[栏选(F)/窗交(C)/投影(P)/边(E)/删除(R)/放弃(U)]：	
选择要修剪的对象，或按住 Shift 键选择要延伸的对象，或	
[栏选(F)/窗交(C)/投影(P)/边(E)/删除(R)/放弃(U)]：	
选择要修剪的对象，或按住 Shift 键选择要延伸的对象，或	
[栏选(F)/窗交(C)/投影(P)/边(E)/删除(R)/放弃(U)]：	
选择要修剪的对象，或按住 Shift 键选择要延伸的对象，或	
[栏选(F)/窗交(C)/投影(P)/边(E)/删除(R)/放弃(U)]：	
选择要修剪的对象，或按住 Shift 键选择要延伸的对象，或	
[栏选(F)/窗交(C)/投影(P)/边(E)/删除(R)/放弃(U)]：	//按 Enter 键

提示选项解释如下。

● 栏选（F）：通过选择栏选择要修剪的图形对象。选择栏是一系列临时线段，由两个或多个栏选点构成。

通过选择栏选择要修剪的图形对象，如图 5-57 所示。

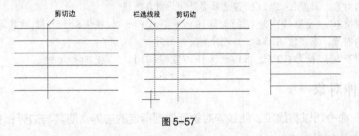

图 5-57

命令：trim	//单击"修剪"按钮
选择剪切边...	
选择对象或 <全部选择>：找到 1 个	//选择竖直线段作为剪切边
选择对象：	//按 Enter 键
选择要修剪的对象，或按住 Shift 键选择要延伸的对象，或	
[栏选(F)/窗交(C)/投影(P)/边(E)/删除(R)/放弃(U)]：F	//选择"栏选"选项
指定第一栏选点：	//单击确定栏选线段的起点
指定下一个栏选点或 [放弃(U)]：	//单击确定栏选线段的第二点
指定下一个栏选点或 [放弃(U)]：	//按 Enter 键

选择要修剪的对象，或按住 Shift 键选择要延伸的对象，或
[栏选(F)/窗交(C)/投影(P)/边(E)/删除(R)/放弃(U)]:   //按 Enter 键

- 窗交（C）：通过矩形框来选择要修剪的图形对象。
- 投影（P）：通过投影模式来选择要修剪的图形对象。
- 边（E）：用于选择是否以延伸剪切边的方式来修剪图形对象。输入"E"，按 Enter 键，AutoCAD 2019 中文版将出现以下提示内容。

输入隐含边延伸模式 [延伸(E)/不延伸(N)] <延伸>:

提示选项解释如下。

- ➢ 延伸（E）：以延伸剪切边的方式修剪图形对象。如果剪切边没有与要修剪的图
- ➢ 形对象相交，则 AutoCAD 2019 中文版自动将剪切边延长，然后再进行修剪。
- ➢ 不延伸（N）：以不延伸剪切边的方式修剪图形对象。如果剪切边没有与要修剪的图形对象相交，则不进行修剪。
- ➢ 删除（R）：用于取消图形对象的选择状态。
- ➢ 放弃（U）：用于放弃修剪操作。

启用"修剪"命令修剪图形对象时，若按住 Shift 键选择要修剪的图形对象，则 AutoCAD 2019 中文版会启用"延伸"命令，将选择的图形对象延伸到剪切边。

将线段 CD 延伸到线段 AB，如图 5-58 所示。

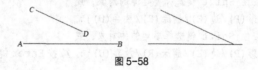

图 5-58

命令：trim   //单击"修剪"按钮
当前设置：投影=UCS，边=延伸
选择对象或 <全部选择>:找到 1 个   //选择线段 AB
选择对象：
选择要修剪的对象，或按住 Shift 键选择要延伸的对象，或
[栏选(F)/窗交(C)/投影(P)/边(E)/删除(R)/放弃(U)]: //按住 Shift 键，在靠近 D 点处选择线段 CD
选择要修剪的对象，或按住 Shift 键选择要延伸的对象，或
[栏选(F)/窗交(C)/投影(P)/边(E)/删除(R)/放弃(U)]: //按 Enter 键

5.5.2　延伸对象

启用"延伸"命令可以将线段、曲线等对象延伸到指定的边界，使其与边界相交。

启用命令的方法如下。

- 工具栏：单击"修改"工具栏中的"延伸"按钮 。
- 菜单命令："修改 > 延伸"。
- 命令行：extend（快捷命令：EX）。

将线段 CD 延伸到线段 AB，如图 5-59 所示。

命令：extend   //单击"延伸"按钮
选择边界的边...
选择对象或 <全部选择>: 找到 1 个   //选择线段 AB 作为边界

```
选择对象:                                        //按 Enter 键
选择要延伸的对象，或按住 Shift 键选择要修剪的对象，或
[栏选(F)/窗交(C)/投影(P)/边(E)/放弃(U)]:          //在靠近 D 点处选择线段 CD
选择要延伸的对象，或按住 Shift 键选择要修剪的对象，或
[栏选(F)/窗交(C)/投影(P)/边(E)/放弃(U)]:          //按 Enter 键
```

有时边界可能是隐含的，即图形对象延伸后并不与边界直接相交，而是与边界的延长部分相交。

将线段 CD 延伸到线段 AB，其中线段 CD 延伸后并不与线段 AB 直接相交，而是与线段 AB 的延长线相交，如图 5-60 所示。

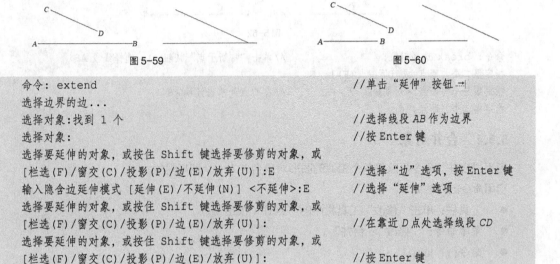

图 5-59　　　　　　　　　　　　　　图 5-60

```
命令: extend                                     //单击"延伸"按钮
选择边界的边...
选择对象:找到 1 个                               //选择线段 AB 作为边界
选择对象:                                        //按 Enter 键
选择要延伸的对象，或按住 Shift 键选择要修剪的对象，或
[栏选(F)/窗交(C)/投影(P)/边(E)/放弃(U)]:E         //选择"边"选项，按 Enter 键
输入隐含边延伸模式 [延伸(E)/不延伸(N)] <不延伸>:E  //选择"延伸"选项
选择要延伸的对象，或按住 Shift 键选择要修剪的对象，或
[栏选(F)/窗交(C)/投影(P)/边(E)/放弃(U)]:          //在靠近 D 点处选择线段 CD
选择要延伸的对象，或按住 Shift 键选择要修剪的对象，或
[栏选(F)/窗交(C)/投影(P)/边(E)/放弃(U)]:          //按 Enter 键
```

启用"延伸"命令延伸图形对象时，若按住 Shift 键选择要延伸的图形对象，则 AutoCAD 2019 中文版将启用"修剪"命令，对选择的图形对象进行修剪。

5.5.3　打断对象

AutoCAD 2019 中文版提供了两种用于打断图形对象的命令："打断"命令和"打断于点"命令。可以被打断的图形对象有直线、圆、圆弧、多段线、椭圆和样条曲线等。

1. "打断"命令

"打断"命令用于将图形对象打断，并删除所选图形对象的一部分。

启用命令的方法如下。

- 工具栏：单击"修改"工具栏中的"打断"按钮。
- 菜单命令："修改 > 打断"。
- 命令行：break（快捷命令：BR）。

将线段 AB 打断，并删除其中的 CD 部分，如图 5-61 所示。

图 5-61

```
命令: break 选择对象:                //单击"打断"按钮，在 C 点处单击线段 AB
指定第二个打断点 或 [第一点(F)]:      //在 D 点处单击线段 AB
```

提示选项解释如下。

- 指定第二个打断点：用于在图形对象上选择第二个打断点，AutoCAD 2019 中文版会把第一个打断点与第二个打断点之间的部分删除。

- 第一点（F）：用于指定其他的点作为第一个打断点。在默认情况下，第一次选择图形对象时单击的点为第一个打断点。

2. "打断于点"命令

"打断于点"命令用于打断所选的图形对象，使之成为两个图形对象。

启用命令的方法如下。

- 工具栏：单击"修改"工具栏中的"打断于点"按钮□。

将线段 AB 于 C 点打断，如图 5-62 所示。

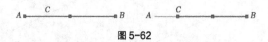

图 5-62

```
命令：break 选择对象：                //单击"打断于点"按钮□，选择线段 AB
指定第二个打断点 或 [第一点(F)]：F
指定第一个打断点：<对象捕捉 开>       //在 C 点处单击线段 AB
指定第二个打断点：@
```

5.5.4 合并对象

启用"合并"命令可以将多个相似的图形对象合并为一个图形对象。

启用命令的方法如下。

- 工具栏：单击"修改"工具栏中的"合并"按钮 ↦ 。
- 菜单命令："修改 > 合并"。
- 命令行：join。

将两段圆弧合并为一段圆弧，如图 5-63 所示。

```
命令：join 选择源对象：                    //单击"合并"按钮 ↦ ，并选择圆弧 CD
选择圆弧，以合并到源或进行 [闭合(L)]：     //选择圆弧 AB
选择要合并到源的圆弧：找到 1 个          //按 Enter 键
已将 1 个圆弧合并到源
```

若选择圆弧的次序为先选 AB，后选 CD，则合并后为图 5-64 所示的圆弧。

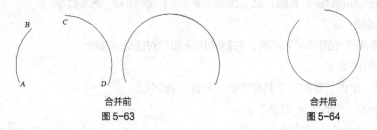

合并前
图 5-63

合并后
图 5-64

5.5.5 分解对象

启用"分解"命令可以将独立的图形对象或用户定义的块分解为最基本的图形对象。

启用命令的方法如下。

- 工具栏：单击"修改"工具栏中的"分解"按钮□。
- 菜单命令："修改 > 分解"。

● 命令行：explode（快捷命令：X）。

将正六边形分解为 6 条线段，如图 5-65 所示。

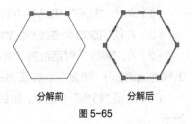
图 5-65

命令：explode	//单击"分解"按钮 🗋
选择对象：	//选择正六边形
选择对象：	//按 Enter 键

分解前，正六边形是一个独立的图形对象；分解后，正六边形由 6 条线段组成。

5.5.6 删除对象

启用"删除"命令可以删除多余的图形对象。

启用命令的方法如下。

● 工具栏：单击"修改"工具栏中的"删除"按钮 🗸。

● 菜单命令："修改 > 删除"。

● 命令行：erase（快捷命令：DEL）。

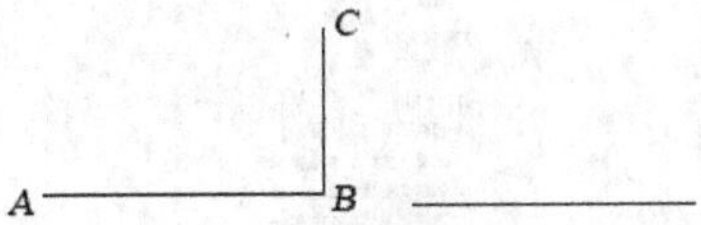

将线段 *BC* 删除，如图 5-66 所示。

图 5-66

命令：erase	//单击"删除"按钮 🗸
选择对象：找到 1 个	//选择线段 *BC*
选择对象：	//按 Enter 键

也可以先选择需要删除的图形对象，然后单击"删除"按钮 🗸 或按 Delete 键。

5.6 设置图形对象属性

图形对象属性是指 AutoCAD 2019 中文版赋予图形对象的颜色、线型、图层、高度和文字样式等属性。例如，直线包含图层、线型和颜色等，文字包含图层、颜色、字体和字高等。

启用"特性"命令，弹出"特性"对话框，在该对话框中可以设置图形对象的各项属性。设置图形对象属性的另一种方法是启用"特性匹配"命令，使被编辑的图形对象属性与指定图形对象的某些属性完全相同。

5.6.1 修改图形对象属性

"特性"对话框中显示了图形对象的各项属性，在该对话框中可以修改图形对象的属性。

启用命令的方法如下。

● 工具栏：单击"标准"工具栏中的"特性"按钮 🗒。

● 菜单命令："工具 > 选项板 > 特性"。

● 命令行：properties（快捷命令：CH/MO）。

打开云盘中的"Ch05 > 素材 > 修改图形对象属性.dwg"文件，将圆柱销中心线的线型比例缩小，如图 5-67 所示。

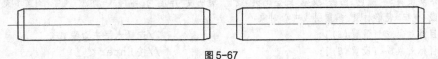
图 5-67

（1）单击"标准"工具栏中的"特性"按钮图，弹出"特性"对话框，如图 5-68 所示。

（2）在绘图窗口中选择圆柱销的中心线。

（3）在"特性"对话框的"常规"选项组中选择"线型比例"选项，在其右侧的数值框中输入新的线型比例因子"0.25"，如图 5-69 所示，按 Enter 键确认。

（4）关闭"特性"对话框，然后按 Esc 键取消中心线的选择状态，此时圆柱销的中心线如图 5-70所示。

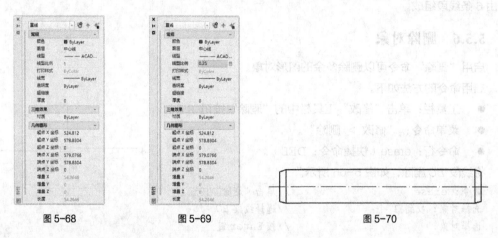

图 5-68　　　　　图 5-69　　　　　　　　　图 5-70

5.6.2　匹配图形对象属性

启用"特性匹配"命令可以使两个图形对象的属性相互匹配。例如，两个图形对象的颜色、线型和图层相一致。

启用命令的方法如下。

- 工具栏：单击"标准"工具栏中的"特性匹配"按钮图。
- 菜单命令："修改 > 特性匹配"。
- 命令行：matchprop（快捷命令：MA）。

打开云盘中的"Ch05 > 素材 > 匹配图形对象属性.dwg"文件，修改六角螺母水平中心线的颜色、线型和图层，使之与竖直中心线的颜色、线型和图层一致，如图 5-71 所示。

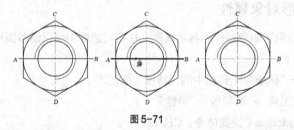

图 5-71

```
命令：matchprop                                      //单击"特性匹配"按钮图
选择源对象：                                          //选择竖直中心线 CD
当前活动设置：颜色 图层 线型 线型比例 线宽 透明度 厚度 打印样式 标注 文字 图案填充
多段线 视口 表格材质 多重引线中心对象
选择目标对象或 [设置(S)]：                            //选择水平中心线 AB
选择目标对象或 [设置(S)]：                            //按 Enter 键
```

选择源对象竖直中心线 *CD* 后，十字光标变为 ✐ 形状，利用该形状的光标可以选择接收属性匹配的目标对象，按 Enter 键结束。

提示选项解释如下。

- 选择目标对象：用于选择接收属性匹配的目标对象。
- 设置（S）：用于设置传递给目标对象的部分属性。输入字母"S"，按 Enter 键，弹出"特性设置"对话框，如图 5-72 所示。从中可以选择需要的属性，将其传递给目标对象。

图 5-72

5.7 **利用夹点编辑图形对象**

夹点是一些实心的小方框，如图 5-73 所示。利用这些夹点可以快速拉伸、移动、旋转、镜像和缩放图形对象。

图 5-73

5.7.1　利用夹点拉伸对象

利用夹点可以拉伸图形对象，其效果与启用"拉伸"命令拉伸图形对象的效果相同。当选择的夹点是线段的端点时，移动该夹点至新的位置即可拉伸图形对象。

拉伸线段 *AB*，使之与线段 *CD* 相交，如图 5-74 所示。

命令：	//选择直线 AB
命令：	//选择夹点 B
** 拉伸 **	//进入拉伸模式
指定拉伸点或 [基点(B)/复制(C)/放弃(U)/退出(X)]：<对象捕捉 开>	
	//打开对象捕捉开关，捕捉线段 AB 与线段 CD 的垂足
命令：*取消*	//按 Esc 键

提示选项解释如下。

- 基点（B）：用于选择某点作为编辑的基点。
- 复制（C）：用于复制图形对象。
- 放弃（U）：用于放弃编辑操作。
- 退出（X）：用于退出命令。

利用夹点编辑图形对象，选择夹点时，系统默认的编辑操作为拉伸。连续按 Enter 键，可以在拉伸、移动、旋转、比例缩放和镜像等编辑操作之间切换。此外，选择夹点后单击鼠标右键，将弹出快捷菜单，如图 5-75 所示。选择该快捷菜单中的命令也可以进行各种编辑操作。

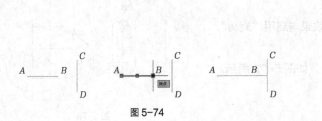

图 5-74

图 5-75

5.7.2 利用夹点移动或复制对象

利用夹点可以移动或复制图形对象，其效果与启用"移动"命令或"复制"命令来移动或复制图形对象的效果相同。

打开云盘中"Ch05 > 素材 > 夹点.dwg"文件，利用夹点移动泵盖的螺栓孔，如图5-76所示。

命令：	//选择螺栓孔的大圆
命令：	//选择螺栓孔的小圆
命令：	//选择螺栓孔的圆心夹点
* 拉伸 *	
指定拉伸点或 [基点(B)/复制(C)/放弃(U)/退出(X)]：move	//单击鼠标右键，弹出快捷菜单，选择"移动"命令
* 移动 *	
指定移动点或 [基点(B)/复制(C)/放弃(U)/退出(X)]：<对象捕捉 开>	//打开对象捕捉开关，捕捉交点A
命令：*取消*	//按Esc键

利用夹点复制泵盖的螺栓孔，如图5-77所示。

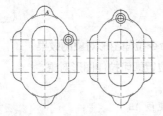

图5-76

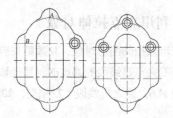

图5-77

命令：	//选择螺栓孔的大圆
命令：	//选择螺栓孔的小圆
命令：	//选择螺栓孔的圆心夹点
** 拉伸 **	
指定拉伸点或 [基点(B)/复制(C)/放弃(U)/退出(X)]：C	//选择"复制"选项
** 拉伸（多重）**	
指定拉伸点或 [基点(B)/复制(C)/放弃(U)/退出(X)]：<对象捕捉 开>	//打开对象捕捉开关，捕捉交点A
** 拉伸（多重）**	
指定拉伸点或 [基点(B)/复制(C)/放弃(U)/退出(X)]：	//捕捉交点B
** 拉伸（多重）**	
指定拉伸点或 [基点(B)/复制(C)/放弃(U)/退出(X)]：X	//选择"退出"选项
命令：*取消*	//按Esc键

5.7.3 利用夹点旋转对象

利用夹点可以旋转图形对象，其效果与启用"旋转"命令旋转图形对象的效果相同。

利用夹点将泵盖逆时针旋转90°，如图5-78所示。

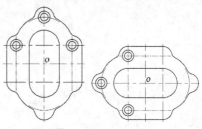

图5-78

```
命令: 指定对角点:                                          //选择泵盖的所有线条
命令:                                                    //选择夹点 O
* 拉伸 *
指定拉伸点或 [基点(B)/复制(C)/放弃(U)/退出(X)]: rotate    //单击鼠标右键, 弹出快
                                                         捷菜单, 选择"旋转"命令
* 旋转 *
指定旋转角度或 [基点(B)/复制(C)/放弃(U)/参照(R)/退出(X)]: 90   //输入旋转角度
命令: *取消*                                              //按 Esc 键
```

5.7.4 利用夹点镜像对象

利用夹点可以镜像图形对象, 其效果与启用"镜像"命令镜像图形对象的效果相同。

利用夹点镜像泵盖的螺栓孔, 如图 5-79 所示。

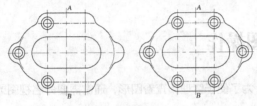

图 5-79

```
命令:                                                    //选择 3 个螺栓孔和中心线 AB
命令:                                                    //选择中心线夹点 A
** 拉伸 **
指定拉伸点或 [基点(B)/复制(C)/放弃(U)/退出(X)]: mirror    //单击鼠标右键, 弹出快捷菜单,
                                                         选择"镜像"命令
** 镜像 **
指定第二点或 [基点(B)/复制(C)/放弃(U)/退出(X)]: C        //选择"复制"选项, 按Enter键
** 镜像 (多重) **
指定第二点或 [基点(B)/复制(C)/放弃(U)/退出(X)]:          //选择中心线夹点 B
** 镜像 (多重) **
指定第二点或 [基点(B)/复制(C)/放弃(U)/退出(X)]: X        //选择"退出"选项
命令: *取消*                                              //按 Esc 键
```

5.7.5 利用夹点缩放对象

利用夹点可以缩放图形对象, 其效果与启用"缩放"命令缩放图形对象的效果相同。

利用夹点缩放泵盖螺栓孔的小圆, 如图 5-80 所示。

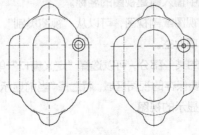

图 5-80

```
命令：                                       //选择螺栓孔的小圆
命令：                                       //选择小圆的圆心夹点
** 拉伸 **
指定拉伸点或 ［基点(B)/复制(C)/放弃(U)/退出(X)］：       //按 Enter 键进入移动模式
** 移动 **
指定移动点或 ［基点(B)/复制(C)/放弃(U)/退出(X)］：       //按 Enter 键进入旋转模式
** 旋转 **
指定旋转角度或 ［基点(B)/复制(C)/放弃(U)/参照(R)/退出(X)］：
                                            //按 Enter 键进入缩放模式
** 比例缩放 **
指定比例因子或 ［基点(B)/复制(C)/放弃(U)/参照(R)/退出(X)］：0.5
                                            //输入缩放的比例因子，按 Enter 键
命令：*取消*                                  //按 Esc 键
```

5.8 平面视图操作

在绘制图形的过程中，为了便于管理和查看图形，通常需要命名视图或平铺视图。下面介绍命名视图和平铺视图的操作方法。

5.8.1 命名视图

单击"标准"工具栏中的"缩放上一个"按钮 ，可以返回到前一个视图显示状态。但是要返回到指定的视图来观察工程图，就无法使用这个按钮。为此，AutoCAD 2019 中文版提供了"命名视图"命令来命名需要显示的某个视图，这样在绘制复杂、大型的机械装配图时，便可以利用该命令来显示图形。

启用命令的方法如下。

● 菜单命令："视图 > 命名视图"。

● 命令行：view（快捷命令：V）。

选择"视图 > 命名视图"命令，弹出"视图管理器"对话框，如图 5-81 所示。在该对话框中可以保存、恢复和删除命名的视图，也可以改变已有视图的名称和查看已有视图的信息。

1. 保存命名视图

（1）在"视图管理器"对话框中单击"新建"按钮，弹出"新建视图/快照特性"对话框，如图 5-82 所示。

（2）在"视图名称"文本框中输入新建视图的名称。

（3）设置视图的类别，如正视图或剖视图，可以从"视图类别"下拉列表中选择一个视图类别，也可以输入新的类别或保留此选项为空。

（4）如果只想保存当前视图的某一部分，可以选择"定义窗口"单选按钮。单击"定义视图窗口"按钮 ，可以在绘图窗口中选择要保存的视图区域。若选择"当前显示"单选按钮，则 AutoCAD 2019 中文版自动保存当前绘图窗口中显示的视图。

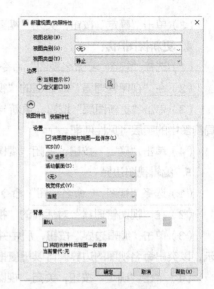

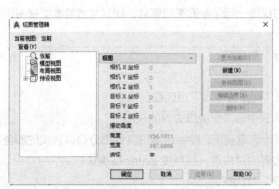

图 5-81   图 5-82

（5）在"设置"栏中，选择"将图层快照与视图一起保存"复选框，可以在视图中保存当前图层设置。还可以设置"UCS"、"活动截面"和"视觉样式"。

（6）在"背景"栏中，选择"替代默认背景"复选框，弹出"背景"对话框，在"类型"下拉列表中选择"可以改变背景颜色"选项，单击"确定"按钮，返回"新建视图/快照特性"对话框。

（7）单击"确定"按钮，返回"视图管理器"对话框。

（8）单击"确定"按钮，关闭"视图管理器"对话框。

2. 恢复命名视图

（1）选择"视图 > 命名视图"命令，弹出"视图管理器"对话框。

（2）在"视图管理器"对话框的"视图"列表中选择要恢复的视图。

（3）单击"置为当前"按钮。

（4）单击"确定"按钮，关闭"视图管理器"对话框。

3. 改变命名视图的名称

（1）在"视图管理器"对话框中选择要重命名的视图。

（2）在中间的"常规"栏中，单击视图名称，然后输入视图的新名称，如图 5-83 所示。

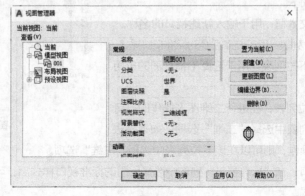

图 5-83

（3）单击"确定"按钮，关闭"视图管理器"对话框。

4. 更新视图图层

（1）选择"视图 > 命名视图"命令，弹出"视图管理器"对话框。

（2）在"视图管理器"对话框的"视图"列表中选择要更新图层的视图。

（3）单击"更新图层"按钮，更新与选定的视图一起保存的图层信息，使其与当前模型视图和布局视图中的图层可见性匹配。

（4）单击"确定"按钮，关闭"视图管理器"对话框。

5. 编辑视图边界

（1）选择"视图 > 命名视图"命令，弹出"视图管理器"对话框。

（2）在"视图管理器"对话框的"视图"列表中选择要编辑边界的视图。

（3）单击"编辑边界"按钮，居中并缩小显示选定视图，绘图区域的其他部分会以较浅的颜色显示，以突出命名视图的边界。可以重复指定新边界的对角点，然后按 Enter 键确认。

（4）单击"确定"按钮，关闭"视图管理器"对话框。

6. 删除命名视图

（1）选择"视图 > 命名视图"命令，弹出"视图管理器"对话框。

（2）在"视图管理器"对话框的"视图"列表中选择要删除的视图。

（3）单击"删除"按钮，将视图删除。

（4）单击"确定"按钮，关闭"视图管理器"对话框。

5.8.2 平铺视图

当需要在绘图窗口中同时显示一幅图的不同视图时，可以利用平铺视图功能将绘图窗口分成几个部分。

启用命令的方法如下。

● 菜单命令："视图 > 视口 > 新建视口"。

● 命令行：vports。

选择"视图 > 视口 > 新建视口"命令，弹出"视口"对话框，如图 5-84 所示。可以根据需要从中选择多个视口平铺视图。

对话框选项解释如下。

● "新名称"文本框：用于输入新建视口的名称。

● "标准视口"列表：用于选择需要的标准视口样式。

● "应用于"下拉列表：用于选择平铺视图的应用范围。

● "设置"下拉列表：在进行二维图形操作时，可以在该下拉列表中选择"二维"选项；如果是进行三维图形操作，则可以在该下拉列表中选择"三维"选项。

● "预览"窗口：在"标准视口"列表中选择所需的标准视口样式后，可以在该窗口中预览平铺视口的样式。

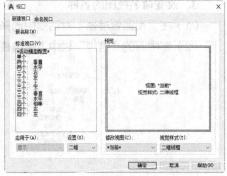

图 5-84

- "修改视图"下拉列表：当在"设置"下拉列表中选择"三维"选项时，可以在该下拉列表中选择定义各平铺视口的视角。当在"设置"下拉列表中选择"二维"选项时，该下拉列表中只有"当前"这一个选项，即选择的标准视口样式的视口内都将显示同一个视图。
- "视觉样式"下拉列表：有"二维线框""隐藏""线框""概念""真实"等选项可以选择。

5.9　课堂练习——绘制棘轮

【练习知识要点】利用"直线"按钮、"圆"按钮、"环形阵列"按钮、"偏移"按钮、"修剪"按钮、"删除"按钮绘制棘轮，如图 5-85 所示。

【效果文件所在位置】云盘/Ch05/DWG/棘轮。

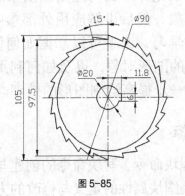

微课视频

绘制棘轮

图 5-85

5.10　课后习题——绘制千斤顶底座

【习题知识要点】利用"直线"按钮、"修剪"按钮、"偏移"按钮、"镜像"按钮、"圆角"按钮和"图案填充"按钮绘制千斤顶底座，如图 5-86 所示。

【效果文件所在位置】云盘/Ch05/DWG/千斤顶底座。

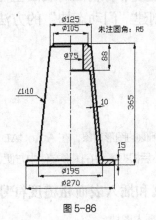

微课视频

绘制千斤顶底座

图 5-86

第 6 章
图块与外部参照

本章介绍

    本章先介绍如何应用图块来绘制工程图中外形相似的图形对象，然后讲解应用外部参照绘制图形的方法。通过本章的学习，读者可以掌握如何使用图块功能重复调用外形相似的图形对象，以及如何利用外部参照共享设计数据，从而进一步提高绘制图形的效率。

学习目标

- ✔ 掌握块命令、写块命令的创建与插入的方法
- ✔ 掌握图块属性的定义与修改的方法
- ✔ 掌握动态块的应用方法
- ✔ 掌握外部参照的引用、更新和编辑的方法

技能目标

- ✔ 掌握定义和插入表面粗糙度符号图块的方法
- ✔ 掌握定义带有属性的表面粗糙度符号的方法
- ✔ 掌握创建"门动态块"的方法

6.1 应用图块

微课视频

    应用图块可以快速绘制一些外形相似的图形对象，在 AutoCAD 2019 中文版中，可以将外形相似的图形对象定义为图块，然后根据需要在图形文件中方便、快捷地插入这些图块。

6.1.1 课堂案例——定义和插入表面粗糙度符号图块

【案例学习目标】熟练地定义和插入图块。

定义和插入表面粗糙度符号图块

【案例知识要点】使用"块定义"命令创建粗糙度符号，并插入阶梯轴平面图中，如图 6-1 所示。
【效果文件所在位置】云盘/Ch06/DWG/定义和插入表面粗糙度符号图块。

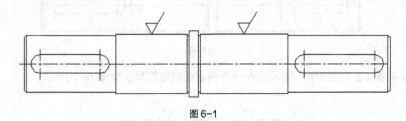

图 6-1

（1）选择"文件 > 打开"命令，打开云盘文件中的"Ch06 > 素材 > 表面粗糙
度.dwg"文件，如图 6-2 所示。

图 6-2

（2）选择"绘图 > 块 > 创建"命令，弹出"块定义"对话框。在"名称"列表
框中输入块的名称"表面粗糙度"。单击"对象"选项组中的"选择对象"按钮，
在绘图窗口中选择表面粗糙度的所有图形对象，然后单击鼠标右键，返回"块定义"
对话框。

（3）单击"基点"选项组中的"拾取点"按钮，在绘图窗口中选择 A 点作为图
块的基点，如图 6-3 所示。

图 6-3

（4）单击"块定义"对话框中的"确定"按钮，完成图块的创建操作。

（5）选择"文件 > 打开"命令，打开云盘文件中的"Ch06 > 素材 > 插入表面
粗糙度.dwg"文件，如图 6-4 所示。

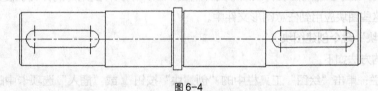

图 6-4

（6）选择"插入 > 块"命令，弹出"插入"对话框。在"名称"下拉列表框中选择"表面粗糙
度"选项，如图 6-5 所示。单击"确定"按钮，在传动轴零件图上插入表面粗糙度符号，如图 6-6
所示。

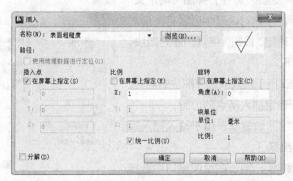

图 6-5

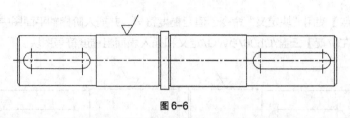

图 6-6

（7）重复步骤（2）的操作，插入另外一个表面粗糙度符号，如图 6-7 所示。

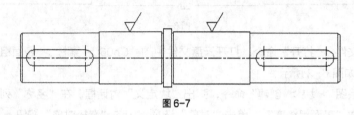

图 6-7

6.1.2 创建图块

AutoCAD 2019 中文版提供了以下两种方法来创建图块。

● 启用"块"命令创建图块

启用"块"命令创建的图块将保存于当前的图形文件中，此时该图块只能应用到当前的图形文件中，而不能应用到其他图形文件中，因此有一定的局限性。

● 启用"写块"命令创建图块

启用"写块"命令创建的图块将以图形文件格式（.dwg）保存到用户的计算机硬盘上。在应用图块时，可以将这些图块应用到任意图形文件中。

1. 启用"块"命令创建图块

启用命令的方法如下。

● 工具栏：单击"绘图"工具栏中的"创建块"按钮 或"插入"选项卡中的"创建块"按钮 。

● 菜单命令："绘图 > 块 > 创建"。

● 命令行：block（快捷命令：B）。

选择"绘图 > 块 > 创建"命令，弹出"块定义"对话框，如图 6-8 所示。在该对话框中可以将图形对象定义为块，然后单击"确定"按钮，将其创建为图块。

对话框选项解释如下。

● "名称"列表框：用于输入或选择图块的名称。

"基点"选项组用于确定插入基点的位置。

● "X""Y""Z"数值框：用于输入插入基点的 x、y、z 坐标。

● "拾取点"按钮 ：用于在绘图窗口中选择插入基点的位置。

"对象"选项组用于选择组成图块的图形对象。

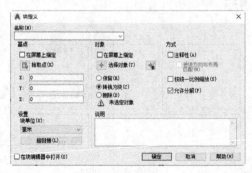

图 6-8

- "选择对象"按钮 ⊹：用于在绘图窗口中选择组成图块的图形对象。
- "快速选择"按钮 ：单击该按钮，弹出"快速选择"对话框，通过该对话框可以利用快速过滤来选择满足条件的图形对象。
- "保留"单选按钮：选择该单选按钮，则在创建图块后，所选择的图形对象将仍保留在绘图窗口中，并且其属性不变。
- "转换为块"单选按钮：选择该单选按钮，则在创建图块后，所选择的图形对象将转换为图块。
- "删除"单选按钮：选择该单选按钮，则在创建图块后，所选择的图形对象将被删除。

"方式"选项组用于定义块的使用方式。

- "注释性"复选框：使图块具有注释特性，选中该复选框后，"使块方向与布局匹配"复选框处于可选状态。
- "按统一比例缩放"复选框：用于设置图块是否按统一比例进行缩放。
- "允许分解"复选框：用于设置图块是否可以被分解。

"设置"选项组用于设置图块的属性。

- "块单位"下拉列表：用于选择图块的单位。
- "超链接"按钮：用于设置图块的超链接，单击"超链接"按钮，会弹出"插入超链接"对话框，从中可以将超链接与图块相关联。
- "说明"文本框：用于输入图块的说明文字。
- "在块编辑器中打开"复选框：用于在块编辑器中打开当前的块定义。

2. 启用"写块"命令创建图块

启用"写块"命令创建的图块，可以保存到用户计算机的硬盘中，并能够应用到其他的图形文件中。启用命令的方法如下。

- 工具栏：单击"插入"选项卡中的"写块"按钮 。
- 命令行：wblock（快捷命令：W）。

启用"写块"命令，将平垫圈创建为图块，方法如下。

（1）打开云盘中的"Ch06 > 素材 > 平垫圈.dwg"文件。

（2）在命令行中输入"wblock"，按 Enter 键，弹出"写块"对话框，如图 6-9 所示。

（3）单击"基点"选项组的"拾取点"按钮 ，在绘图窗口中选择交点 A 作为图块的基点，如图 6-10 所示。

图 6-9

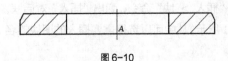

图 6-10

（4）单击"对象"选项组的"选择对象"按钮 ✛，在绘图窗口中选择平垫圈的所有图形对象，然后单击鼠标右键，返回"写块"对话框。

（5）在"目标"选项组中输入图块文件的名称和保存路径，单击"确定"按钮，完成图块的创建操作。

对话框选项解释如下。

"源"选项组用于选择图块和图形对象，以便将其保存为图形文件，并为其设置插入点。

- "块"单选按钮：用于从列表中选择要保存为图形文件的现有图块。
- "整个图形"单选按钮：用于将当前绘图窗口中的图形对象创建为图块。
- "对象"单选按钮：用于从绘图窗口中选择组成图块的图形对象。

"基点"选项组用于设置插入基点的位置。

- "X""Y""Z"数值框：用于输入插入基点的 x、y、z 坐标。
- "拾取点"按钮 ⬚：用于在绘图窗口中选择插入基点的位置。

"对象"选项组用于选择组成图块的图形对象。

- "选择对象"按钮 ✛：用于在绘图窗口中选择组成图块的图形对象。
- "快速选择"按钮 ⬚：单击该按钮，弹出"快速选择"对话框，通过该对话框可以利用快速过滤来选择满足条件的图形对象。
- "保留"单选按钮：选择该单选按钮，则在创建图块后，所选择的图形对象将仍保留在绘图窗口中，并且其属性不变。
- "转换为块"单选按钮：选择该单选按钮，则在创建图块后，所选择的图形对象将转换为图块。
- "从图形中删除"单选按钮：选择该单选按钮，则在创建图块后，所选择的图形对象将被删除。

"目标"选项组用于设置图块文件的名称、保存位置和插入图块时使用的测量单位。

- "文件名和路径"列表框：用于输入或选择图块文件的名称和保存位置。单击右侧的 ⋯ 按钮，弹出"浏览图形文件"对话框，在对话框中可以设置图块的保存位置，并输入图块的名称。
- "插入单位"下拉列表：用于选择插入图块时使用的测量单位。

6.1.3　插入图块

在绘图过程中需要应用图块时，可以启用"插入块"命令，将已创建的图块插入当前图形文件中。在插入图块时，用户需要指定图块的名称、插入点、缩放比例和旋转角度。

启用命令的方法如下。

- 工具栏：单击"绘图"工具栏中的"插入块"按钮 ⬚ 或"插入"选项卡中的"插入块"按钮 ⬚。
- 菜单命令："插入 > 块"。
- 命令行：insert（快捷命令：I）。

选择"插入 > 块"命令，弹出"插入"对话框，如图 6-11 所示。从中可以选择需要插入的图块的名称与位置。

图 6-11

对话框选项解释如下。

- "名称"列表框：用于输入或选择需要插入的图块的名称。
- "浏览"按钮：用于选择需要插入的图块文件。单击"浏览"按钮，会弹出"选择图形文件"对话框，从中可以选择需要的图块文件。然后单击"确定"按钮，可以将该文件中的图形对象作为图块插入当前图形。

"插入点"选项组：用于设置图块的插入点位置。可以利用鼠标在绘图窗口中选择插入点的位置，也可以在"X""Y""Z"数值框中输入插入点的 x、y、z 坐标。

"比例"选项组：用于设置图块的缩放比例。可以直接在"X""Y""Z"数值框中输入图块的 x、y、z 方向比例因子，也可以利用鼠标在绘图窗口中设置图块的缩放比例。

"旋转"选项组：用于设置图块的旋转角度。在插入图块时，可以按照"角度"数值框内设置的角度旋转图块。

"块单位"选项组：用于设置图块的单位。

- "分解"复选框：用于设置插入的图块是否可以被分解。

6.2 图块属性

图块属性是附加在图块上的文字信息，在 AutoCAD 2019 中文版中经常要利用图块属性来预定义文字的位置、内容或默认值等。在插入图块时，输入不同的文字信息，可以使相同的图块表达不同的信息，如粗糙度符号就是利用图块属性设置的。

6.2.1 课堂案例——定义带有属性的表面粗糙度符号

微课视频

【案例学习目标】深入学习并掌握创建功能更强的图块命令。

【案例知识要点】利用"块 > 定义属性"命令，创建带有属性的表面粗糙度符号，如图 6-12 所示。

定义带有属性的
表面粗糙度符号

【效果文件所在位置】云盘/Ch06/DWG/带有属性的表面粗糙度符号。

（1）选择"文件 > 打开"命令，打开云盘文件中的"Ch06 > 素材 > 表面粗糙度 2.dwg"文件，如图 6-13 所示。

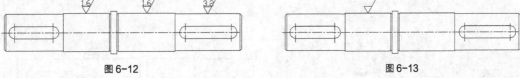

图 6-12   图 6-13

（2）选择"绘图 > 块 > 定义属性"命令，弹出"属性定义"对话框。

（3）在"属性"选项组的"标记"文本框中输入表面粗糙度参数值的标记"RA"，在"提示"文本框中输入提示文字"请输入表面粗糙度参数值"，在"默认"数值框中输入表面粗糙度参数值的默认值"1.6"，如图 6-14 所示。

（4）单击"属性定义"对话框中的"确定"按钮，在绘图窗口中选择属性的插入点，如图 6-15 所示。完成后的表面粗糙度符号如图 6-16 所示。

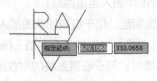

图 6-14　　　　　　　　　　　　　图 6-15

（5）选择"绘图 > 块 > 创建"命令，弹出"块定义"对话框，在"名称"列表框中输入块的名称"表面粗糙度"。单击"对象"选项组中的"选择对象"按钮 ✥，在绘图窗口中选择表面粗糙度符号及其属性，然后单击鼠标右键，返回"块定义"对话框。

（6）单击"基点"选项组中的"拾取点"按钮 ⬚，在绘图窗口中选择 *A* 点作为图块的基点，如图 6-17 所示。

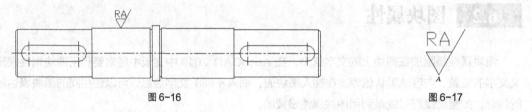

图 6-16　　　　　　　　　　　　　　　　　　　图 6-17

（7）单击"块定义"对话框中的"确定"按钮，弹出"编辑属性"对话框，如图 6-18 所示。单击"确定"按钮，完成后的表面粗糙度符号如图 6-19 所示。

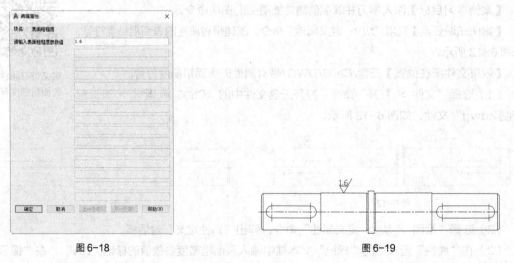

图 6-18　　　　　　　　　　　　　　　　　图 6-19

（8）选择"插入 > 块"命令，弹出"插入"对话框，如图 6-20 所示。单击"确定"按钮，然后在绘图窗口中选择图块的插入位置。

（9）在命令行中输入表面粗糙度参数值。表面粗糙度参数值的默认值为"1.6"，若直接按 Enter

键，则表面粗糙度符号如图 6-21 所示。若在命令行中输入 "3.2"，则表面粗糙度符号如图 6-22 所示。完成后，传动轴零件图如图 6-23 所示。

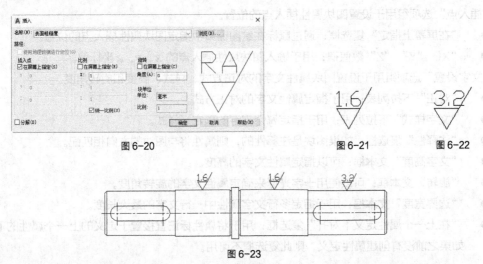

图 6-20　　　　　　　　　　　　　　　　　　　图 6-21　　　　图 6-22

图 6-23

6.2.2　定义图块属性

定义带有属性的图块时，需要将作为图块的图形和标记图块属性的信息都定义为图块。

启用命令的方法如下。

- 单击 "插入" 选项卡中的 "定义属性" 按钮 📝。
- 菜单命令："绘图 > 块 > 定义属性"。
- 命令行：attdef。

选择 "绘图 > 块 > 定义属性" 命令，弹出 "属性定义" 对话框，如图 6-24 所示。从中可以定义模式、属性标记、属性提示、属性值、插入点及属性的文字选项等。

对话框选项解释如下。

"模式" 选项组用于设置图块属性插入时的模式。

图 6-24

- "不可见" 复选框：指定插入图块时不显示或打印属性值。
- "固定" 复选框：在插入图块时赋予属性固定值。
- "验证" 复选框：在插入图块时，提示验证属性值是否正确。
- "预设" 复选框：插入包含预置属性值的图块时，将属性值设置为默认值。
- "锁定位置" 复选框：锁定块参照中属性的位置。解锁后，属性可以相对于使用夹点编辑的块的其他部分移动，并且可以调整多行文字属性的大小。
- "多行" 复选框：指定属性值可以包含多行文字。选定此复选框后，可指定属性的边界宽度。

"属性" 选项组用于设置图块属性的各项值。

- "标记" 文本框：标识图形中每次出现的属性。

- "提示"文本框：指定在插入包含该属性定义的图块时显示的提示。
- "默认"数值框：指定默认属性值。

"插入点"选项组用于设置图块属性插入点的位置。

- "在屏幕上指定"复选框：通过鼠标在绘图窗口中指定图块属性插入点的位置。
- "X""Y""Z"数值框：用于输入图块属性插入点的 x、y、z 坐标值。

"文字设置"选项组用于设置图块属性文字的对正方式、样式、高度和旋转角度。

- "对正"下拉列表：用于指定属性文字的对正方式。
- "文字样式"下拉列表：用于指定属性文字的预定义样式。
- "注释性"复选框：如果图块是注释性的，则属性将与图块的方向相匹配。
- "文字高度"文本框：可以指定属性文字的高度。
- "旋转"文本框：可以使用十字光标来确定属性文字的旋转角度。
- "边界宽度"文本框：用于指定多行文字属性中一行文字的最大长度。
- "在上一个属性定义下对齐"复选框：用于将属性标记直接置于定义的上一个属性的下面。
  如果之前没有创建属性定义，则此复选框不可用。

6.2.3 修改图块属性

1. 修改单个图块的属性

创建带有属性的图块之后，可以对其属性进行修改，如修改属性标记和提示等。

启用命令的方法如下。

- 工具栏：单击"修改Ⅱ"工具栏中的"编辑属性"按钮 或"插入"选项卡中的"编辑属性"按钮 。
- 菜单命令："修改 > 对象 > 属性 > 单个"。
- 鼠标：双击带有属性的图块。

修改表面粗糙度符号参数值的方法如下。

（1）打开云盘中的"Ch06 > 素材 > 带属性的表面粗糙度符号.dwg"文件。

（2）选择"修改 > 对象 > 属性 > 单个"命令，选择表面粗糙度符号，如图 6-25 所示。弹出"增强属性编辑器"对话框，如图 6-26 所示。

（3）"属性"选项卡中显示了图块的属性，如标记、提示和参数值等。此时可以在"值"数值框中输入表面粗糙度符号的新参数值"6.3"。

（4）单击"增强属性编辑器"对话框的"确定"按钮，将表面粗糙度符号的参数值"3.2"修改为"6.3"，如图 6-27 所示。

图 6-25　　　　　　　　　　图 6-26　　　　　　　　　　图 6-27

对话框选项解释如下。

● "属性"选项卡：用于修改图块的属性，如标记、提示和参数值等。

● "文字选项"选项卡：单击"文字选项"选项卡，"增强属性编辑器"对话框如图 6-28 所示。从中可以修改属性文字在图形中的显示方式，如文字样式、对正方式、文字高度和旋转角度等。

● "特性"选项卡：单击"特性"选项卡，"增强属性编辑器"对话框如图 6-29 所示。从中可以修改图块属性所在的图层，以及线型、颜色和线宽等。

图 6-28

图 6-29

2. 修改图块的参数值

启用"编辑属性"命令，可以直接修改图块的参数值。

启用命令的方法如下。

命令行：attedit。

启用"编辑属性"命令来修改表面粗糙度符号参数值的方法如下。

（1）在命令行中输入"attedit"，按 Enter 键。

（2）命令行提示"选择块参照"，在绘图窗口中选择需要修改参数值的表面粗糙度符号。

（3）弹出"编辑属性"对话框，如图 6-30 所示。在"请输入表面粗糙度"数值框中输入新的参数值"6.3"。

（4）单击"确定"按钮，即可将表面粗糙度符号的参数值"3.2"修改为"6.3"。

图 6-30

3. 块属性管理器

当图形中存在多种图块时，可以启用"块属性管理器"命令来管理所有图块的属性。

启用命令的方法如下。

● 工具栏：单击"修改Ⅱ"工具栏中的"块属性管理器"按钮。

● 菜单命令："修改 > 对象 > 属性 > 块属性管理器"。

● 命令行：battman。

选择"修改 > 对象 > 属性 > 块属性管理器"命令，弹出"块属性管理器"对话框，如图 6-31 所示。在对话框中可以修改选择的图块的属性。

对话框选项解释如下。

● "选择块"按钮：用于在绘图窗口中选择要进行修改的图块。

- "块"下拉列表：用于选择要修改属性的图块。
- "设置"按钮：单击该按钮，弹出"块属性设置"对话框，如图 6-32 所示。从中可以设置"块属性管理器"对话框中属性信息的显示方式。

图 6-31

图 6-32

- "同步"按钮：当修改图块的某一属性后，单击"同步"按钮，将更新所有已被选择的且具有当前属性的图块。
- "上移"按钮：在列表中，向上一行移动选择的属性。
- "下移"按钮：在列表中，向下一行移动选择的属性。

选择固定属性时，"上移"或"下移"按钮不可用。

- "编辑"按钮：单击该按钮，弹出"编辑属性"对话框，在"属性""文字选项""特性"选项卡中可以修改图块的各项属性，如图 6-33 所示。
- "删除"按钮：删除列表中所选的属性定义。
- "应用"按钮：将设置应用到图块中。
- "确定"按钮：保存并关闭对话框。

图 6-33

6.3 动态块

6.3.1 课堂案例——创建门动态块

【案例学习目标】熟练运用块编辑器命令创建动态图块。

【案例知识要点】利用"块编辑器"按钮创建门动态块，如图 6-34 所示。

【效果文件所在位置】云盘/Ch06/DWG/门动态块。

（1）打开云盘中的"Ch06 > 素材 > 门 1.dwg"文件，图形如图 6-35 所示。

（2）单击"插入"选项卡"块定义"选项组中的"块编辑器"按钮 ，弹出"编辑块定义"对话框，如图 6-36 所示。选择当前图形作为要创建或编辑的块，单击"确定"按钮，进入"块编辑器"界面，如图 6-37 所示。

（3）对门板进行阵列。单击"默认"选项卡的"修改"选项组中的"环形阵列"按钮 ，设置"项目数"为 7、"填充"为 90，完成后的效果如图 6-38 所示。

微课视频

创建门动态块

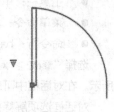

图 6-34

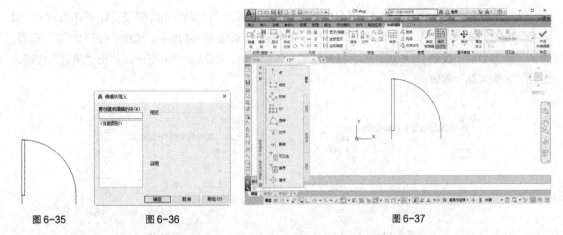

| 图 6-35 | 图 6-36 | 图 6-37 |

（4）删除多余门板。单击"删除"按钮 ，删除多余的门板，保留 0°、30°、45°、60°、90°位置处的门板，效果如图 6-39 所示。

（5）绘制圆弧线。单击"绘图"工具栏中的"圆弧"按钮 ，绘制门板在 0°、30°、45°、60°位置处的圆弧，效果如图 6-40 所示。

（6）定义动态块的可见性参数。在"块编写选项板"的"参数"选项卡下，单击"可见性参数"按钮 ，在绘图窗口中的合适位置单击，如图 6-41 所示。

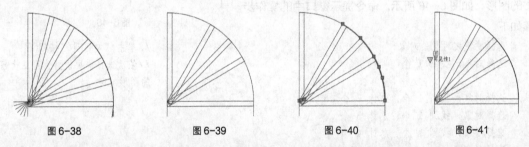

| 图 6-38 | 图 6-39 | 图 6-40 | 图 6-41 |

（7）创建可见性状态。在"块编辑器"选项卡的"可见性"选项组中，单击"可见性状态"按钮 ，弹出"可见性状态"对话框，如图 6-42 所示。单击"新建"按钮 新建(N)... ，弹出"新建可见性状态"对话框，在"可见性状态名称"文本框中输入"打开 90 度"，在"新状态的可见性选项"选项组中选择"在新状态中隐藏所有现有对象"单选按钮，如图 6-43 所示，单击"确定"按钮。依次新建可见性状态"打开 60 度""打开 45 度""打开 30 度"。

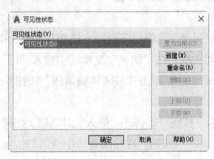

图 6-42

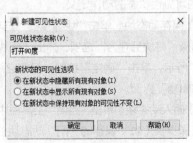

图 6-43

（8）重命名可见性状态名称。在可见性状态列表框中选择"可见性状态0"选项，单击右侧的"重命名"按钮 重命名(R) ，将其名称更改为"打开0度"，如图6-44所示。选择"打开90度"选项，单击"置为当前"按钮 置为当前(C) ，将其设置为当前状态，如图6-45所示。单击"确定"按钮，返回"块编辑器"界面。

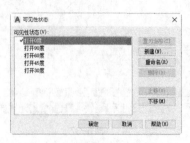

图 6-44 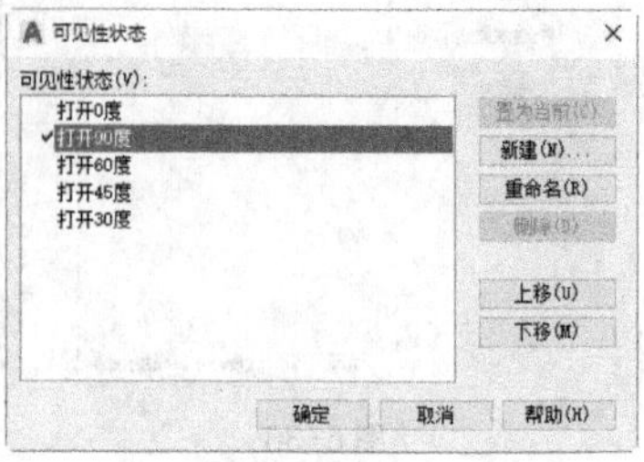　　　　　　　　　　　　　图 6-45

（9）定义可见性状态的动作。在绘图窗口中选择所有的图形，单击"块编辑器"选项卡"可见性"选项组中的"使不可见"按钮 ，使绘图窗口中的图形不可见。单击"块编辑器"选项卡"可见性"选项组中的"使可见"按钮 ，在绘图窗口中选择需要设置为可见状态的图形，如图6-46所示。命令提示窗口中的操作步骤如下。

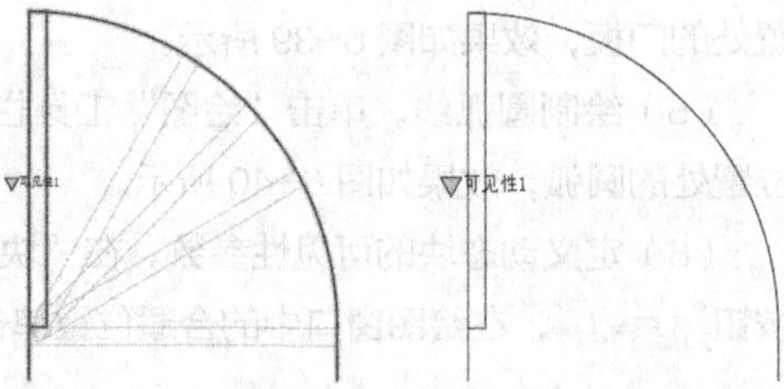

图 6-46

```
选择要使之可见的对象:                          //单击"使可见"按钮
选择对象: 找到 1 个                           //依次选择需要设置为可见状态
                                            的图形
选择对象: 找到 1 个,总计 2 个
选择对象: 找到 1 个,总计 3 个
选择对象: 找到 1 个,总计 4 个
选择对象:
_BVSHOW
在当前状态或所有可见性状态中显示 [当前(C)/全部(A)] <当前>: C //按 Enter 键
```

（10）定义其余可见性状态下的动作。在"可见性"选项组中的"可见性状态"下拉列表中选择"打开60度"选项，如图6-47所示。单击"使可见"按钮 ，在绘图窗口中选择需要设置为可见状态的图形，按Enter键，如图6-48所示。参照步骤（9）完成"打开0度""打开30度"和"打开45度"的可见性状态的动作定义。

（11）保存动态块。单击"块编辑器"选项卡"打开/保存"选项组下方的 按钮，在弹出的下拉列表中选择"将块另存为"选项，弹出"将块另存为"对话框。在"块名"文本框中输入"门"，如图6-49所示，单击"确定"按钮，保存已经定义好的动态块。单击"关闭块编辑器"按钮 ，退出"块编辑器"界面。

（12）插入动态块。单击"绘图"工具栏中的"插入块"按钮 ，弹出"插入"对话框，如图6-50所示。选择步骤（11）保存的"门"动态块后，单击 确定 按钮，在绘图窗口中合适的位置单击，插入动态块"门"，如图6-51所示。

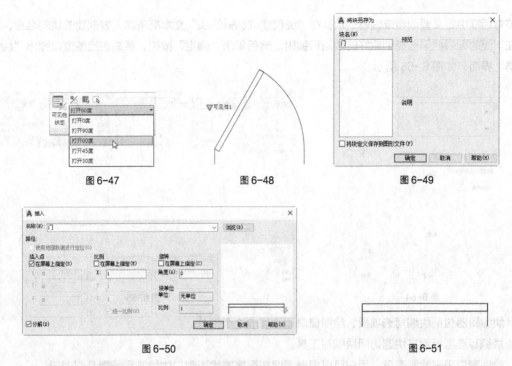

图 6-47　　　　　　　图 6-48　　　　　　　图 6-49

图 6-50　　　　　　　　　　　　　图 6-51

（13）单击选择动态块"门"，单击"可见性状态"按钮 ▽，弹出快捷菜单，从中可以选择门开启的角度。选择"打开 45 度"命令，如图 6-52 所示。完成后的效果如图 6-53 所示。

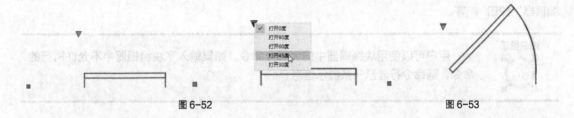

图 6-52　　　　　　　　　　　　　图 6-53

6.3.2　动态块

用户在操作过程中可以轻松地更改图形中的动态块参照，而不用搜索另一个图块以插入或重定义现有的图块。

在 AutoCAD 2019 中文版中利用块编辑器来创建动态块的方法如下。

块编辑器是专门用于创建块定义并添加动态行为的编写区域。利用"块编辑器"命令可以创建动态块。在块编辑器这一个专门的编写区域中，能够添加使块成为动态块的元素。可以从头创建块，也可以在现有的块定义中添加动态行为，还可以像在绘图窗口中一样创建几何图形。

启用"块编辑器"命令有以下几种方法。

● 选择"工具 > 块编辑器"命令。
● 单击"插入"选项卡"块定义"选项组中的"块编辑器"按钮。
● 输入命令：bedit（快捷命令：BE）。

利用上述任意一种方法启用"块编辑器"命令，均弹出"编辑块定义"对话框，如图 6-54 所示，在该对话框中定义要创建或编辑的块。在"要创建或编辑的块"文本框里输入要创建的块的名称，或者在下面的列表框里选择创建好的块进行编辑。然后单击"确定"按钮，系统在绘图窗口弹出"块编辑器"界面，如图 6-55 所示。

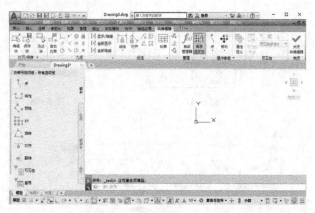

图 6-54   图 6-55

块编辑器包括块编写选项板、绘图窗口和选项卡 3 个部分。

块编写选项板用来快速访问块编写工具。

绘图窗口用来绘制图形，用户可以根据需要在程序的绘图窗口中绘制和编辑几何图形。

"块编辑器"选项卡用于显示当前正在编辑的块定义的名称，并提供执行下列操作所需的按钮："保存块"按钮 、"参数管理器"按钮 $f(x)$、"自动约束"按钮 、"属性定义"按钮 、"关闭块编辑器"按钮 等。

知识提示

> 用户可以使用块编辑器中的大部分命令。如果输入了块编辑器中不允许执行的命令，则命令行显示一条提示信息。

6.4 外部参照

AutoCAD 2019 中文版将外部参照看作一种图块定义类型，但外部参照与图块有一些重要区别。例如，将图形对象作为图块插入时，它可以保存在图形中，但不会随原始图形的改变而更新；而将图形对象作为外部参照插入时，会将该参照图形链接到当前图形中，这样以后打开外部参照并修改参照图形时，会把所做的修改更新到当前图形中。

6.4.1 引用外部参照

外部参照将数据保存于一个外部参照文件中，当前图形数据库中仅存放外部文件的一个引用。"外部参照"命令可以附加、覆盖、连接或更新外部参照图形。

启用命令的方法如下。

● 工具栏：单击"参照"工具栏中的"附着外部参照"按钮 。

- 命令行：xattach。

选择"插入 > 外部参照"命令，弹出"外部参照"选项板，单击"附着 DWG"按钮，在弹出的"选择参照文件"对话框中选择需要引用的外部参照文件，单击"打开"按钮，弹出"附着外部参照"对话框，如图 6-56 所示。设置完成后单击"确定"按钮，然后在绘图窗口中选择插入的位置即可。

对话框选项解释如下。

- "名称"下拉列表：用于从该下拉列表中选择外部参照文件。
- "浏览"按钮：单击该按钮，会弹出"选择参照文件"对话框，从中可以选择相应的外部参照文件。
- "参照类型"选项组：该组用于设置外部参照图形的插入方式，有以下两种选择。

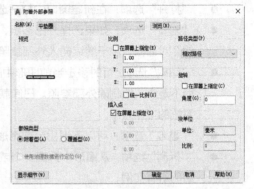

图 6-56

"附着型"单选按钮：用于表示可以附着包含其他外部参照的外部参照。

"覆盖型"单选按钮：与附着的外部参照不同，当图形作为外部参照附着或覆盖到另一个图形中时，不包括覆盖的外部参照。通过覆盖外部参照，无须通过附着外部参照来修改图形，便可以查看图形与其他编组中的图形的相关方式。

- "路径类型"下拉列表：用于指定外部参照的保存路径是完整路径、相对路径，还是无路径。
- "插入点"选项组：指定所选外部参照的插入点。可以直接输入 x、y、z 3 个方向的坐标，或是选择"在屏幕上指定"复选框，在插入图形时指定外部参照的位置。
- "比例"选项组：指定所选外部参照的比例因子。可以直接输入 x、y、z 3 个方向的比例因子，或是选择"在屏幕上指定"复选框，在插入图形时指定外部参照的比例。
- "旋转"选项组：可以指定插入外部参照时，图形的旋转角度。
- "块单位"选项组：用于显示图块的单位信息，有以下两种选择。

"单位"文本框：显示插入图块的图形单位。

"比例"文本框：显示插入图块的单位比例因子，它是根据块和图形单位计算出来的。

6.4.2　更新外部参照

当在图形中引用了外部参照文件时，在修改外部参照后，AutoCAD 2019 中文版并不会自动更新当前图形中的外部参照，而是需要用户启用"外部参照管理器"命令重新加载来进行更新。

启用命令的方法如下。

- 工具栏：单击"参照"工具栏中的"外部参照"按钮 □。
- 菜单命令："插入 > 外部参照"。
- 命令行：externalreferences。

选择"插入 > 外部参照"命令，弹出"外部参照"选项板，如图 6-57 所示。选项板中各选项解释如下。

图 6-57

- "列表图"按钮 ▤：单击此按钮将在列表中以无层次列表的形式显示

附着的外部参照及其相关数据。可以按名称、状态、类型、文件日期、文件大小、保存路径和文件名对列表中的参照进行排序。

- "树状图"按钮 ：单击此按钮将显示一个外部参照的层次结构图，图中会显示外部参照之间的嵌套关系层次、外部参照的类型及它们的状态关系。
- "打开"选项：在新建窗口中打开选定的外部参照进行编辑。
- "附着"选项：如果选择外部参照，将弹出"外部参照"对话框；否则，弹出"选择参照文件"对话框，用于继续插入外部参照。
- "卸载"选项：暂时移走当前图形中的某个外部参照。它仅用于不显示和重新生成外部参照，而不是永久地删除外部参照。已卸载的外部参照可以很方便地重新加载，这有助于提高当前系统的工作效率。
- "重载"选项：可以不退出当前图形文件而重新读取并显示最新保存的图形版本。
- "拆离"选项：从图形中拆离一个或多个被选中的外部参照，并从定义表中清除指定外部参照的所有实例。
- "绑定"选项：使选定的外部参照成为当前图形的一部分。

6.4.3 编辑外部参照

由于外部参照文件不属于当前文件的内容，所以当外部参照文件的内容比较烦琐时，只能进行少量的编辑工作。如果想要对外部参照文件进行大量的修改，建议打开原始图形文件。

启用命令的方法如下。

- 菜单命令："工具 > 外部参照和块在位编辑 > 在位编辑参照"。
- 命令行：refedit。

编辑外部参照引用文件的方法如下。

（1）选择"工具 > 外部参照和块在位编辑 > 在位编辑参照"命令，命令行提示"选择参照"，在绘图窗口中选择要在位编辑的外部参照图形，弹出"参照编辑"对话框。对话框中显示了所选外部参照图形的文件名称及预览图，如图 6-58 所示。

（2）单击"确定"按钮，返回到绘图窗口中，系统转入对外部参照图形的在位编辑状态。

（3）可以在外部参照图形中选择需要编辑的对象，然后使用编辑工具对其进行编辑修改；也可以单击"添加到工作集"按钮 ，选择图形，并将其添加到在位编辑的选择集中；还可以单击"从工作集删除"按钮 ，然后选择工作集中要删除的对象。

图 6-58

（4）在编辑过程中，如果想放弃对外部参照图形的修改，可以单击"放弃修改"按钮 ，系统弹出提示对话框，提示是否放弃对参照的修改，如图 6-59 所示。

（5）完成外部参照图形的在位编辑操作后，如想将编辑应用在当前图形中，可以单击"保存修改"按钮 ，系统弹出提示对话框，提示是否保存并应用对参照的编辑，如图 6-60 所示。单击"确定"按钮后，此编辑结果也将存入外部引用的源文件中。

图 6-59 　　　　　　　图 6-60

（6）只有在指定放弃或保存对外部参照图形的修改后，才能结束对外部参照图形的编辑操作，返回到正常绘图状态。

6.5　课堂练习——插入深沟球轴承图块

【练习知识要点】利用 AutoCAD 2019 中文版自带的图形库绘制深沟球轴承，如图 6-61 所示。
【效果文件所在位置】云盘/Ch06/DWG/深沟球轴承。

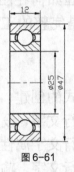

图 6-61

微课视频

插入深沟球
轴承图块

6.6　课后习题——绘制会议室平面布置图

【习题知识要点】使用"插入块"按钮、"移动"按钮、"旋转"按钮、"镜像"按钮、"阵列"按钮及"复制"按钮绘制会议室平面布置图，如图 6-62 所示。
【效果文件所在位置】云盘/Ch06/DWG/会议室平面布置图。

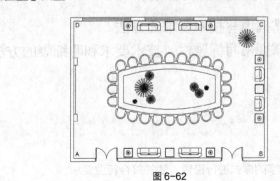

图 6-62

微课视频

绘制会议室
平面布置图

第 7 章
书写文字与应用表格

本章介绍

　　本章主要介绍文字和表格的使用方法及编辑技巧。通过本章的学习，读者可以掌握如何在绘制好的图形上添加文字标注和文字说明，以表达一些图形无法表达的信息；读者还可以掌握如何在图框上建立标题栏、说明栏、会签栏等内容，这是完整的工程设计图纸必须包含的内容。

学习目标

- ✔ 掌握文字样式的创建、修改和重命名的方法
- ✔ 掌握创建单行文字、设置对齐方式和插入特殊字符的方法
- ✔ 掌握修改单行文字属性的方法
- ✔ 掌握创建多行文字、输入分数与公差、插入特殊字符和编辑多行文字的方法
- ✔ 掌握表格样式的创建和修改的方法
- ✔ 掌握创建表格的方法
- ✔ 掌握编辑表格的特性、文字内容和行与列的操作方法

技能目标

- ✔ 掌握填写技术要求的方法
- ✔ 掌握书写标题栏、技术要求和明细表的方法

7.1 文字样式

在输入文字之前需要对文字的样式进行设置，使其符合行业要求。

7.1.1　创建文字样式

AutoCAD 2019 中文版中的文字拥有字体、高度、效果、倾斜角度、对齐方式和位置等属性，用户可以通过设置文字样式来控制文字的这些属性。默认情况下，输入文字时使用的文字样式是"Standard"。用户可以根据需要创建新的文字样式，并将其设置为当前文字样式，这样在输入文字时就可以使用新创建的文字样式。AutoCAD 2019 中文版提供了"文字样式"命令，用于创建文字样式。

启用"文字样式"命令的方法如下。

- 菜单命令："格式 > 文字样式"。
- 工具栏：单击"样式"工具栏中的"文字样式"按钮 A 。
- 命令行：style。

启用"文字样式"命令，弹出"文字样式"对话框，从中可以创建或调用已有的文字样式。在创建新的文字样式时，需要输入文字样式的名称，并进行相应的设置。

创建一个名称为"机械制图"的文字样式的方法如下。

（1）选择"格式 > 文字样式"命令，弹出"文字样式"对话框，如图 7-1 所示。

（2）单击"新建"按钮，弹出"新建文字样式"对话框，在"样式名"文本框中输入新样式的名称"机械制图"，如图 7-2 所示。此处最多可输入 255 个字符，包括字母、数字及特殊字符，如下划线"_"和连字符"–"等。

图 7-1　　　　　　　　　　　　　　　　　图 7-2

（3）单击"确定"按钮，返回"文字样式"对话框，创建的新样式会出现在"样式"列表框中。设置新样式的属性，如文字的字体、高度和效果等，完成后单击"应用"按钮，并将其设置为当前文字样式。

对话框选项解释如下。

"字体"选项组用于设置字体。

- "SHX 字体"下拉列表：用于选择字体，如图 7-3 所示。若输入的中文显示为乱码或"？"符号，如图 7-4 所示，则是因为选择的字体不对，该字体无法显示中文。取消选择"使用大字体"复选框，选择合适的字体，如"仿宋_GB2312"；若不取消选择"使用大字体"复选框，则无法选用中文字体样式。设置好的"文字样式"对话框显示如图 7-5 所示，单击"置为当前"按钮，即可使用自己创建的文字样式。

图 7-3　　　　　图 7-4　　　　　　　　图 7-5

"大小"选项组用于设置字体的高度。

- "高度"数值框：用于设置字体的高度。
- "注释性"复选框：指定文字为注释性。选择该复选框则激活"使文字方向与布局匹配"复选框。
- "使文字方向与布局匹配"复选框：指定图纸空间视口中的文字方向与布局方向匹配。
- "效果"选项组用于控制文字的效果。
- "颠倒"复选框：用于将文字上下颠倒显示，如图 7-6 所示。该复选框仅作用于单行文字。
- "反向"复选框：用于将文字左右反向显示，如图 7-7 所示。该复选框仅作用于单行文字。

技术要求　技术要求　　技术要求　技术要求

　正常效果　　　颠倒效果　　　　　正常效果　　　反向效果

图 7-6　　　　　　　　　　　　　图 7-7

- "垂直"复选框：用于将文字垂直排列显示，如图 7-8 所示。

　正常效果　　　　　垂直效果

图 7-8

- "宽度因子"数值框：用于设置字符宽度，输入小于 1 的值将压缩文字，输入大于 1 的值将扩大文字，如图 7-9 所示。

技术要求　技术要求　技术要求

宽度为 0.5　　　宽度为 1　　　　　宽度为 2

图 7-9

● "倾斜角度"数值框：用于设置文字的倾斜角度，可以输入-85～85 的值，如图 7-10 所示。

角度为 0°   角度为 30°   角度为 - 30°

图 7-10

7.1.2 修改文字样式

在绘图过程中，用户可以随时修改文字的样式。完成修改后，绘图窗口中的文字样式将自动使用更新后的样式。

（1）单击"样式"工具栏中的"文字样式"按钮 A，或选择"格式 > 文字样式"命令，弹出"文字样式"对话框。

（2）在"文字样式"对话框的"样式"列表框中选择需要修改的文字样式，然后修改文字样式的相关属性。

（3）完成修改后，单击"应用"按钮，使修改生效。此时绘图窗口中的文字样式将自动改变，单击"关闭"按钮，完成修改文字样式的操作。

7.1.3 重命名文字样式

创建文字样式后，可以按照需要重命名文字样式，方法如下。

（1）单击"样式"工具栏中的"文字样式"按钮 A，或选择"格式 > 文字样式"命令，弹出"文字样式"对话框。

（2）在"文字样式"对话框的"样式"列表框中选择需要重命名的文字样式。

（3）在要重命名的文字样式上单击鼠标右键，在弹出的快捷菜单中选择"重命名"命令，如图 7-11 所示，使文字样式名称处于修改状态，输入新名称。

（4）单击"应用"按钮，使修改生效。单击"关闭"按钮，完成重命名文字样式的操作。

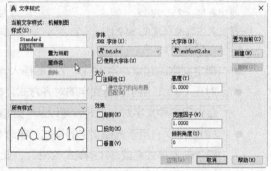

图 7-11

7.1.4 选择文字样式

在绘图过程中，需要根据输入文字的要求选择文字样式。选择文字样式并将其设置为当前文字样式，有以下两种方法。

1. 使用"文字样式"对话框

打开"文字样式"对话框，在"样式"列表框中选择需要的文字样式，单击"置为当前"按钮，然后单击"关闭"按钮，关闭对话框，完成文字样式的选择操作。

2. 使用"样式"工具栏

在"样式"工具栏中的"文字样式控制"下拉列表中选择需要的文字样式，如图 7-12 所示。

图 7-12

7.2 单行文字

单行文字是指 AutoCAD 2019 中文版会将输入的每行文字作为一个对象来处理，它主要用于一些不需要多种字体的简短输入。因此，通常会采用单行文字来创建工程图的标题栏信息和标签，这样比较简单、方便、快捷。

7.2.1 创建单行文字

启用命令的方法如下。

- 工具栏：单击"默认"选项卡"注释"选项组中的"单行文字"按钮 Ａ 。
- 菜单命令："绘图 > 文字 > 单行文字"。
- 命令行：text（dtext）。

书写文字"单行文字"，如图 7-13 所示。

图 7-13

```
命令：dtext                              //选择"绘图 > 文字 > 单行文字"命令
当前文字样式：Standard  当前文字高度：2.5000  注释性：否  对正：左
指定文字的起点或 [对正(J)/样式(S)]：    //单击确认文字的插入点
指定高度 <2.5000>：                     //按 Enter 键
指定文字的旋转角度 <0>：                //按 Enter 键，输入文字"单行文字"，按 Ctrl+Enter 组合键
```

提示选项解释如下。

- 指定文字的起点：用于指定文字的插入点。
- 对正（J）：用于设置文字的对齐方式。在命令行中输入字母"J"，按 Enter 键，命令行中会出现多种文字对齐方式，可以从中选取合适的一种。下面将详细讲解文字的对齐方式。
- 样式（S）：用于选择文字的样式。在命令行中输入字母"S"，按 Enter 键，命令行中会出现"输入样式名或 [?] <样式 2>："，此时输入所要使用的样式名称即可。输入符号"?"，将列出所有的文字样式。

7.2.2 设置对齐方式

在创建单行文字的过程中，当命令行中出现"指定文字的起点[对正（J）/样式（S）]："时，输入字母"J"（即选择"对正"选项），按 Enter 键，即可指定文字的对齐方式，此时命令行中出现如下信息。

```
输入选项
 [左(L)/居中(C)/右(R)/对齐(A)/中间(M)/布满(F)/左上(TL)/中上(TC)/右上(TR)/左中(ML)/正
中(MC)/右中(MR)/左下(BL)/中下(BC)/右下(BR)]
```

提示选项解释如下。

- 左（L）：在由用户给出的点指定的基线上左对正文字。
- 居中（C）：从基线的水平中心对齐文字。此基线是由用户指定的点确定的。
- 右（R）：在由用户给出的点指定的基线上右对正文字。
- 对齐（A）：通过指定文字的起始点和结束点来设置文字的高度和方向，文字将均匀地排列于基线起始点与结束点之间，文字的大小将根据其高度按比例调整。文字越长，其宽度越窄。
- 中间（M）：文字在基线的水平中点和指定高度的垂直中点上对齐，中间对齐的文字不保持在基线上。
- 布满（F）：文字将根据起始点与结束点定义的方向和高度布满整个区域。文字越长，其宽度越窄，但高度保持不变。该方式只适用于水平方向的文字。
- 左上（TL）：在指定为文字顶点的点上左对正文字，以下各项只适用于水平方向的文字。
- 中上（TC）：在指定为文字顶点的点上居中对正文字。
- 右上（TR）：在指定为文字顶点的点上右对正文字。
- 左中（ML）：在指定为文字中间点的点上靠左对正文字。
- 正中（MC）：在文字的中央水平和垂直居中点上对正文字。
- 右中（MR）：在指定为文字的中间点的点上右对正文字。
- 左下（BL）：在指定为基线的点上左对正文字。
- 中下（BC）：在指定为基线的点上居中对正文字。
- 右下（BR）：在指定为基线的点上靠右对正文字。

各项基点的位置如图 7-14 所示。

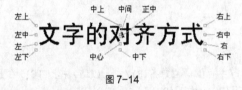

图 7-14

7.2.3　输入特殊字符

创建单行文字时，可以在文字中输入特殊字符，如直径符号 Φ、百分号 %、正负公差符号 ±、文字的上划线和下划线等，但是这些特殊符号不能从键盘直接输入，而是需要输入其专用的代码。每个代码均由 "%%" 与一个字母或字符组成，如 %%c、%%d、%%p 等。表 7-1 为特殊字符的代码。

表 7-1

代码	对应字符	输入方法	显示效果
%%o	上划线	%%o90	90̄
%%u	下划线	%%u90	90̲
%%d	度数符号 "°"	90%%d	90°
%%p	公差符号 "±"	%%p90	±90
%%c	圆直径标注符号 "Φ"	%%c90	⌀90
%%%	百分号 "%"	90%%%	90%

7.2.4 编辑单行文字

用户可以对单行文字的内容、字体、字体样式和对正方式等进行编辑，也可以使用删除、复制和旋转等编辑工具对单行文字进行编辑。

1. 修改单行文字的内容

启用命令的方法如下。

- 菜单命令："修改 > 对象 > 文字 > 编辑"。
- 双击要修改的单行文字对象。

双击要修改的单行文字，然后在弹出的"文字输入"对话框中修改文字内容，如图 7-15 所示，完成后按 Enter 键。

2. 缩放文字大小

启用命令的方法如下。

- 菜单命令："修改 > 对象 > 文字 > 比例"。

调整文字大小，如图 7-16 所示。

机械制图

图 7-15

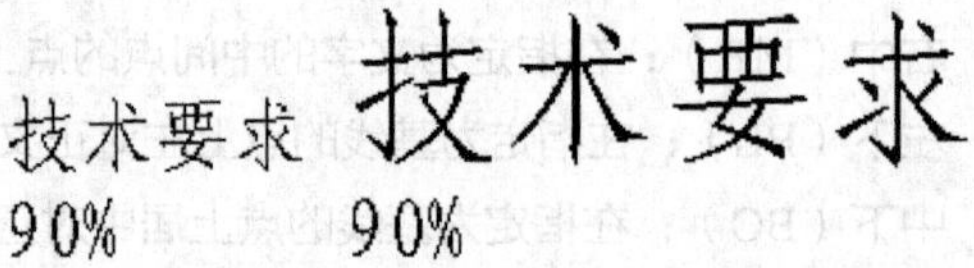

技术要求 技术要求
90%　　90%

图 7-16

```
命令: scaletext                                     //选择"修改 > 对象 >
                                                    文字 > 比例"命令
选择对象: 找到 1 个                                   //选择文字"技术要求"
选择对象:                                            //按 Enter 键
输入缩放的基点选项
[现有(E)/左(L)/居中(C)/中间(M)/右对齐(R)/左上(TL)/中上(TC)/右上(TR)/左中(ML)/正中(MC)/
右中(MR)/左下(BL)/中下(BC)/右下(BR)] <现有>: BL       //选择"左下"选项
指定新模型高度或 [图纸高度(P)/匹配对象(M)/比例因子(S)] <2.5>: 5   //输入新的高度
```

3. 修改文字的对正方式

启用命令的方法如下。

- 菜单命令："修改 > 对象 > 文字 > 对正"。

修改文字的对正方式，如图 7-17 所示。

```
命令: justifytext                   //选择"修改 > 对象 > 文字 > 对正"命令
选择对象: 找到 1 个                   //选择文字对象
选择对象:                            //按 Enter 键
输入对正选项 [左对齐(L)/对齐(A)/布满(F)/居中(C)/中间(M)/右对齐(R)/左上(TL)/中上(TC)/
                                    右上(TR)/左中(ML)/正中(MC)/右中(MR)/左下(BL)/
                                    中下(BC)/右下(BR)] <中心>: TC
                                    //选择"中上"选项，按 Enter 键
```

4. 使用对象特性管理器编辑文字

启用命令的方法如下。

- 菜单命令："工具 > 选项板 > 特性"。

选择"工具 > 选项板 > 特性"命令，打开"特性"对话框。单击"选择对象"按钮，然后在绘图窗口中选择文字对象，此时面板显示与文字对象相关的信息，如图 7-18 所示。从中可以修改文字的内容、文字样式、对正方式和高度等特性。

技术要求　技术要求

图 7-17　　　　　　　　　　　　　　　　　　图 7-18

7.3　多行文字

微课视频

对于较长、较为复杂的文字内容，通常是以多行文字的方式输入的，这样可以方便、快捷地指定文字对象分布的宽度，并可以在多行文字中单独设置其中某个字符或某一部分文字的属性。

填写技术要求 1

7.3.1　课堂案例——填写技术要求 1

【案例学习目标】熟练使用多行文字命令创建多行文字。

【案例知识要点】利用"多行文字"按钮填写技术要求，效果如图 7-19 所示。

技术要求

制造和验收技术条件应符合GB12237-89的规定

图 7-19

【效果文件所在位置】云盘/Ch07/DWG/技术要求 1。

（1）单击"绘图"工具栏中的"多行文字"按钮，并通过鼠标指定文字的输入位置。

（2）打开"文字编辑器"选项卡和一个顶部带有标尺的"文字输入"框（即多行文字编辑器）。

（3）在"文字输入"文本框中输入技术要求的内容，并调整其格式，如图 7-20 所示。

图 7-20

（4）选中其中的内容"技术要求"，在"文字高度"列表框中输入数值 5，按 Enter 键，即可将字高设置为 5，如图 7-21 所示。

图 7-21

（5）选中其中的内容"制造和验收技术条件应符合 GB12237-89 的规定"，在"字体"下拉列表中选择"楷体_GB2312"选项，即可将字体设置为楷体，如图 7-22 所示。

图 7-22

（6）单击"文字编辑器"选项卡中的"关闭文字编辑器"按钮完成输入。

7.3.2 创建多行文字

AutoCAD 2019 中文版提供了"多行文字"命令来输入多行文字。启用命令的方法如下。

- 工具栏：单击"绘图"工具栏中的"多行文字"按钮 。
- 菜单命令："绘图 > 文字 > 多行文字"。
- 命令行：mtext（快捷命令：T/MT）。

输入技术要求，如图 7-23 所示。

（1）单击"绘图"工具栏中的"多行文字"按钮 A，十字光标变为"⊢abc"形式。在绘图窗口中单击确定一点，并向右下方拖动鼠标指针绘制出一个矩形框，如图 7-24 所示。

（2）拖动鼠标指针到适当的位置后单击确定文字的输入区域，打开"文字编辑器"选项卡和一个顶部带有标尺的"文字输入"文本框，如图 7-25 所示。

技术要求
1.热处理调制220~250HBS；
2.未注圆角半径R2；
3.未注倒角C2
4.清除毛刺

图 7-23

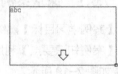

图 7-24

图 7-25

（3）在"文字输入"文本框中输入技术要求文字，如图 7-26 所示。

（4）输入完毕后，单击"文字编辑器"选项卡中的"关闭文字编辑器"按钮完成输入，此时文字如图 7-27 所示。

图 7-26

技术要求
1. 热处理调制220-250HBS
2. 未注圆角半径R2
3. 未注倒角C2
4. 清除毛刺

图 7-27

7.3.3 设置文字的字体与高度

"文字编辑器"选项卡用于设置多行文字的文字样式和文字字符格式，如图 7-28 所示。

图 7-28

工具栏选项解释如下。

- "样式"选项组：可以选择文字样式、设置文字高度及文字注释。
- "格式"选项组：可以设置文字的字体、颜色、加粗、斜体、下划线、上划线等。
- "段落"选项组：可以设置文字的对齐方式、项目符号和行距等。
- "插入"选项组：可以设置文字的列数、特殊符号和字段等。
- "拼写检查"选项组：可以设置文字的拼写及词典等。
- "工具"选项组：可以用于文字的查找和替换等。
- "选项"选项组：用于设置标尺等。
- "关闭"选项组：用于文字的提交。

7.3.4 输入分数与公差

"文字编辑器"选项卡"格式"选项组中的"堆叠"按钮 ，用于设置有分数、公差等形式的文字，通常是使用"/""^""#"等符号设置文字的堆叠形式。

文字的堆叠形式如下。

- 分数形式：使用"/"或"#"连接分子与分母。选择分数文字，单击"堆叠"按钮 ，即可显示为分数的形式，如图 7-29 所示。

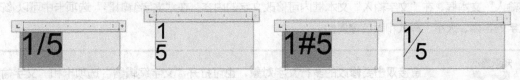

图 7-29

- 上标形式：使用字符"^"标识文字。将"^"放在文字之后，然后将其与文字都选中。单击"堆叠"按钮 ，即可设置所选文字为上标字符，如图 7-30 所示。
- 下标形式：将"^"放在文字之前，然后将其与文字都选中。单击"堆叠"按钮 ，即可设置所选文字为下标字符，如图 7-31 所示。

图 7-30

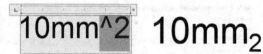

图 7-31

● 公差形式：将字符"^"放在文字之间，然后将其与文字都选中。单击"堆叠"按钮 $\frac{b}{a}$，即可将所选文字设置为公差形式，如图 7-32 所示。

> **知识提示**
>
> 当需要修改分数、公差等形式的文字时，可选择已堆叠的文字，然后单击鼠标右键，在弹出的快捷菜单中选择"堆叠特性"命令，弹出"堆叠特性"对话框，如图 7-33 所示。对需要修改的选项进行修改，然后单击 确定 按钮，确认修改。

图 7-32

图 7-33

7.3.5 输入特殊字符

使用"多行文字"命令也可以输入相应的特殊字符。

单击"文字编辑器"选项卡"插入"选项组中的"符号"按钮 @，弹出快捷菜单，如图 7-34 所示。从中可以选择相应的特殊字符，菜单命令的右侧标明了特殊字符的代码。

7.3.6 编辑多行文字

AutoCAD 2019 中文版提供了"编辑"命令来编辑多行文字的内容。

启用命令的方法如下。

● 菜单命令："修改 > 对象 > 文字 > 编辑"。

图 7-34

选择"修改 > 对象 > 文字 > 编辑"命令，打开"文字编辑器"选项卡和"文字输入"文本框。在"文字输入"文本框内可修改文字的内容，在"文字编辑器"选项卡中可以修改文字的字体、大小、样式和颜色等属性。

> **知识提示**
>
> 直接双击要修改的多行文字对象，也可打开"文字编辑器"选项卡和"文字输入"文本框。

7.4　表格创建和编辑

利用 AutoCAD 2019 中文版的表格功能,可以方便、快速地绘制图纸所需的表格,如明细表和标题栏等。在绘制表格之前,需要启用"表格样式"命令来设置表格的样式,使表格按照一定的标准进行创建。

微课视频

7.4.1　课堂案例——书写标题栏、技术要求和明细表

【案例学习目标】熟练掌握单行文字命令和表格工具。

【案例知识要点】使用"样式"命令创建表格样式,使用"表格"按钮 和"单行文字"命令书写标题栏、技术要求和明细表,效果如图 7-35 所示。

书写标题栏、技术要求和明细表

【效果文件所在位置】云盘/Ch07/DWG/书写装配图的标题栏、技术要求和明细表。

(1)打开云盘中的"Ch07 > 素材 > 文字与表格应用.dwg"文件,如图 7-36 所示。

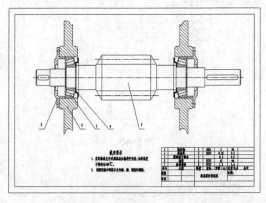

图 7-35

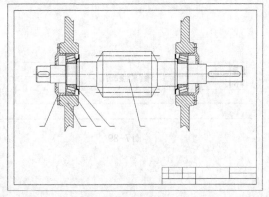

图 7-36

(2)单击"文字编辑器"选项卡的"样式"工具栏中的"文字样式"按钮,弹出"文字样式"对话框。单击"文字样式"对话框中的"新建"按钮 新建(N)... ,弹出"新建文字样式"对话框,输入文字样式的名称"文字样式",如图 7-37 所示。单击"确定"按钮 确定 ,返回"文字样式"对话框。取消"使用大字体"复选框的选择状态,从"字体名"下拉列表中选择文字的字体为"仿宋",设置"高度"为 8,设置"宽度因子"为 0.7,如图 7-38 所示,单击"置为当前"按钮 置为当前(U) ,将其置为当前文字样式。然后单击"应用"按钮 应用(A) ,应用设置的样式,单击"关闭"按钮 关闭(C) ,完成文字样式的定义。

(3)选择"绘图 > 文字 > 单行文字"命令,填写标题栏内的文字,如图 7-39 所示。选择"绘图 > 文字 > 单行文字"命令,填写指引线上的零件序号,如图 7-40 所示。

(4)单击"文字编辑器"选项卡的"样式"工具栏中的"表格样式"按钮,弹出"表格样式"对话框。单击"新建"按钮 新建(N)... ,弹出"创建新的表格样式"对话框,输入表格样式的名称"表格样式",如图 7-41 所示。单击"继续"按钮 继续 ,弹出"新建表格样式:表格样式"对话

框，在"单元样式"选项组的"文字"选项卡中选择"文字样式"为"文字样式"，如图 7-42 所示。单击"确定"按钮 确定 ，返回"表格样式"对话框。单击"置为当前"按钮 置为当前(U) ，将刚创建好的表格样式设置为当前样式，单击"关闭"按钮 关闭(C) ，完成表格样式的定义。

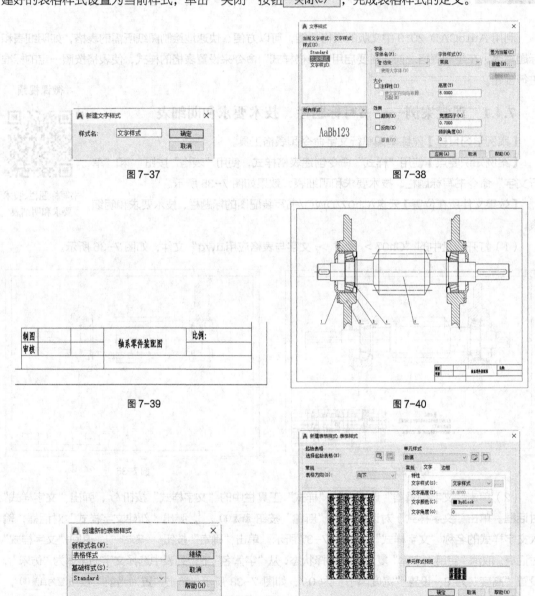

图 7-37

图 7-38

图 7-39

图 7-40

图 7-41

图 7-42

（5）单击"绘图"工具栏中的"表格"按钮 ⊞ ，弹出"插入表格"对话框。设置插入的表格为 7 列 6 行，如图 7-43 所示。单击"确定"按钮 确定 ，在绘图窗口捕捉标题栏的左上角单击，确定表格的放置位置，打开"文字编辑器"选项卡。单击"关闭"按钮，完成表格的插入，如图 7-44 所示。

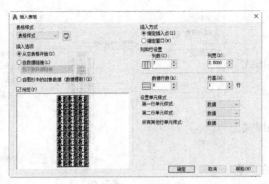

图 7-43

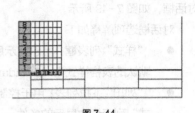

图 7-44

（6）选择整个表格，表格上出现夹点，通过调整夹点的位置调整表格的宽度和高度，如图 7-45 所示。

（7）在表格要输入内容的单元格中双击，输入表格内容，如图 7-46 所示。

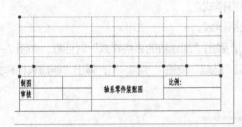

图 7-45

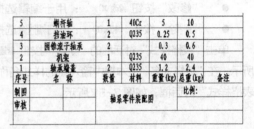

图 7-46

（8）单击"绘图"工具栏中的"多行文字"按钮 A，在绘图窗口的空白位置单击，确定文字的放置位置。拖动鼠标，定义文本的长度，并输入技术要求，如图 7-47 所示。单击"文字编辑器"选项卡中的"关闭"按钮，完成多行文字的输入。至此，一幅完整的装配图就绘制完成了，如图 7-48 所示。

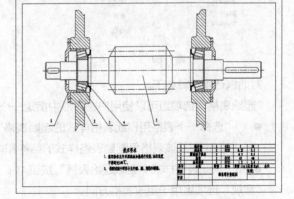

图 7-48

图 7-47

7.4.2 创建表格样式

● 工具栏：单击"样式"工具栏中的"表格样式"按钮 ▦。

- 菜单命令："格式 > 表格样式"。
- 命令行： tablestyle。

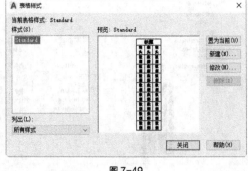

图 7-49

选择"格式 > 表格样式"命令，弹出"表格样式"
对话框，如图 7-49 所示。

对话框选项解释如下。

- "样式"列表框：用于显示所有的表格样式，
  默认的表格样式为"Standard"。
- "列出"下拉列表：用于控制表格样式在"样
  式"列表框中显示的条件。
- "预览"框：用于预览选择的表格样式。
- "置为当前"按钮 置为当前(U)：用于将选择的样式设置为当前的表格样式。
- "新建"按钮 新建(N)...：用于创建新的表格样式。
- "修改"按钮 修改(M)...：用于编辑选择的表格样式。
- "删除"按钮 删除(D)：用于删除选择的表格样式。

单击"表格样式"对话框的"新建"按钮 新建(N)...，弹出"创建新的表格样式"对话框，如图 7-50
所示。在"新样式名"文本框中输入新的样式名称，单击"继续"按钮 继续，弹出"新建表格样式：
表格样式"对话框，如图 7-51 所示。

图 7-50

图 7-51

对话框选项解释如下。

"起始表格"选项组可以使用户在图形中指定一个表格用作样例来设置此表格样式的格式。

- "选择一个表格用作此表格样式的起始表格"按钮：单击回到绘图窗口，选择表格后，可
  以指定要从该表格复制到表格样式的结构和内容。
- "从此表格样式中删除起始表格"按钮：用于将起始表格从当前指定的表格样式中删除。

"常规"选项组用于更改表格方向。

- "表格方向"下拉列表：设置表格方向。"向上"选项：创建由上自下读取的表格，即其行
  标题和列标题位于表格的顶部。"向下"选项：创建由下自上读取的表格，即其行标题和列
  标题位于表格的底部。

"单元样式"选项组用于定义新的单元样式或修改现有的单元样式。

● "单元样式"下拉列表：用于显示表格中的单元样式。单击"创建新单元样式"按钮，弹出"创建新单元样式"对话框，如图 7-52 所示，在"新样式名"文本框中输入要建立的新样式的名称；单击"继续"按钮 继续 ，返回"表格样式"对话框，可以对其进行各项设置。单击"管理单元样式"按钮，弹出"管理单元样式"对话框，如图 7-53 所示，在此对话框中可以对"单元样式"中的已有样式进行操作，也可以新建单元样式。

图 7-52   图 7-53

"常规"选项卡用于设置表格特性和页边距，如图 7-54 所示。

"特性"选项组各项内容如下。

● "填充颜色"下拉列表框：用于指定表格单元的背景颜色，默认值为"无"。

● "对齐"下拉列表：设置表格单元中文字的对齐和对正方式。文字相对于表格单元的顶部边框和底部边框进行居中对齐、上对齐和下对齐，相对于表格单元的左边框和右边框进行居中对正、左对正和右对正。

● "格式"为表格中的各行设置数据类型和格式。单击右侧的...按钮，弹出"表格单元格式"对话框，如图 7-55 所示，从中可以进一步定义格式选项。

● "类型"下拉列表框：用于指定单元样式为标签或数据。

"页边距"选项组：用于设置单元边框和单元内容的距离。

● "水平"数值框：用于设置单元中的文字或块与左右单元边框间的距离。

● "垂直"数值框：用于设置单元中的文字或块与上下单元边框间的距离。

● "创建行/列时合并单元"复选框：将使用当前单元样式创建的所有新行或新列合并为一个单元。可以使用此复选框在表格的顶部创建标题行。

"文字"选项卡用于设置文字特性，如图 7-56 所示。

图 7-54   图 7-55   图 7-56

- "文字样式"下拉列表：用于设置表格内文字的样式。若表格内的文字显示为"？"符号，如图 7-57 所示，则需要设置文字的样式。单击"文字样式"下拉列表右侧的 ⋯ 按钮，弹出"文字样式"对话框，如图 7-58 所示。在"字体"选项组的"字体名"下拉列表中选择"仿宋_GB2312"选项，并依次单击"应用"按钮 应用(A) 和"关闭"按钮 关闭(C) ，关闭对话框，这时表格内可显示文字。

图 7-57   图 7-58

- "文字高度"数值框：用于设置表格中文字的高度。
- "文字颜色"下拉列表：用于设置表格中文字的颜色。
- "文字角度"数值框：用于设置表格中文字的角度。

"边框"选项卡用于设置边框的特性，如图 7-59 所示。

图 7-59

- "线宽"下拉列表：通过单击边框按钮，设置将要应用于指定边框的线宽。
- "线型"下拉列表：通过单击边框按钮，设置将要应用于指定边框的线型。
- "颜色"下拉列表：通过单击边框按钮，设置将要应用于指定边框的颜色。
- "双线"复选框：选择该复选框，则表格的边框显示为双线，同时激活"间距"数值框。
- "间距"数值框：用于设置双线边框的间距。
- "所有边框"按钮 ⊞ ：将边框特性设置应用于所有数据单元、列标题单元或标题单元的所有边框。
- "外边框"按钮 ⊡ ：将边框特性设置应用于所有数据单元、列标题单元或标题单元的外部边框。
- "内边框"按钮 ⊞ ：将边框特性设置应用于除标题单元外的所有数据单元或列标题单元的内部边框。
- "底部边框"按钮 ⊡ ：将边框特性设置应用到指定单元样式的底部边框。
- "左边框"按钮 ⊞ ：将边框特性设置应用到指定的单元样式的左边框。
- "上边框"按钮 ⊞ ：将边框特性设置应用到指定单元样式的上边框。
- "右边框"按钮 ⊞ ：将边框特性设置应用到指定单元样式的右边框。
- "无边框"按钮 ⊞ ：隐藏数据单元、列标题单元或标题单元的边框。

- "单元样式预览"框：用于显示当前设置的表格样式。

图 7-60

7.4.3 修改表格样式

若需要修改表格的样式，可以选择"格式 > 表格样式"命令，弹出"表格样式"对话框。在"样式"列表框内选择表格样式，单击"修改"按钮 修改(M)... ，弹出"修改表格样式：Standard"对话框，如图 7-60 所示，从中可以修改表格的各项属性。修改完成后，单击"确定"按钮 确定 ，完成表格样式的修改。

7.4.4 创建表格

启用"表格"命令可以方便、快速地创建图纸所需的表格。
启用命令的方法如下。

- 工具栏：单击"绘图"工具栏中的"表格"按钮 🏢。
- 菜单命令："绘图 > 表格"。
- 命令行：table。
- 选择"绘图 > 表格"命令，弹出"插入表格"对话框，如图 7-61 所示。

对话框选项解释如下。

- "表格样式"下拉列表：用于选择要使用的表格样式。单击右侧的 🔲 按钮，弹出"表格样式"对话框，从中可以创建表格样式。

"插入选项"选项组用于指定插入表格的方式。

- "从空表格开始"单选按钮：用于创建可以手动填充数据的空表格。
- "自数据链接"单选按钮：用于从外部电子表格中的数据创建表格，单击右侧的"启动'数据链接管理器'对话框"按钮 🔳，弹出"选择数据链接"对话框，如图 7-62 所示，从中可以创建新的或选择已有的表格数据链接。

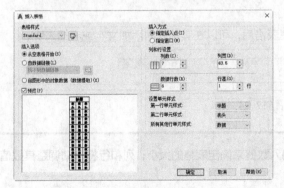

图 7-61

图 7-62

- "自图形中的对象数据（数据提取）"单选按钮：用于从图形中提取对象数据，这些数据可输出到表格或外部文件中。选择该单选按钮后，单击"确定"按钮 确定 ，启动"数据提取"向导，这里提供了"创建新数据提取"和"编辑现有的数据提取"两种数据提取方式。

"插入方式"选项组用于确定表格的插入方式。

- "指定插入点"单选按钮：用于指定插入点在表格左上角的位置。如果表格样式将表格方向设置为由下自上读取，则插入点位于表格的左下角。
- "指定窗口"单选按钮：用于设置表格的大小和位置。选择此单选按钮时，表格行数、列数、列宽和行高取决于窗口的大小，以及列和行的设置。

"列和行设置"选项组，用于确定表格的列数、列宽、行数、行高。

- "列数"数值框：用于指定表格列数。
- "列宽"数值框：用于指定表格列的宽度。
- "数据行数"数值框：用于指定表格行数。
- "行高"数值框：用于指定表格行的高度。

"设置单元样式"选项组用于为不包含起始表格的表格样式指定新表格中行的单元格式。

- "第一行单元样式"下拉列表框：指定表格中第一行的单元样式，包括"标题""表头"和"数据"3个选项，默认情况下，使用"标题"单元样式。
- "第二行单元样式"下拉列表框：指定表格中第二行的单元样式，包括"标题""表头"和"数据"3个选项，默认情况下，使用"表头"单元样式。
- "所有其他行单元样式"下拉列表框：指定表格中所有其他行的单元样式，包括"标题""表头"和"数据"3个选项，默认情况下，使用"数据"单元样式。

根据表格的需要设置相应的参数，单击"确定"按钮 确定 ，关闭"插入表格"对话框，返回绘图窗口，此时十字光标形状如图7-63所示。

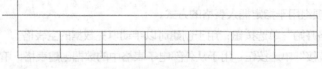

图 7-63

在绘图窗口中单击，指定表格的插入位置，并打开"文字编辑器"选项卡。在标题栏中，十字光标变为文字光标，如图7-64所示。

表格单元中的数据可以是文字或块。创建表格后，可以在其单元内添加文字或者插入块。

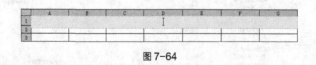

图 7-64

> **知识提示**
>
> 创建表格时，可以通过输入数值来确定表格的大小，列和行将自动调整其数值，以适应表格的大小。

若在输入文字之前直接单击"文字编辑器"选项卡中的"关闭"按钮，则可以退出表格的文字输入状态，此时可以创建没有文字的表格，如图7-65所示。

如果创建的表格是一个数表，则可能需要对表格中的某些数据进行求和、求均值等公式计算。AutoCAD 2019 中文版提供了非常快捷的操作方法，用户可以先将要进行公式计算的单元格激活，打开"表格单元"选项卡，单击"插入公式"按钮，弹出下拉列表，选择相应的选项，如图 7-66 所示。

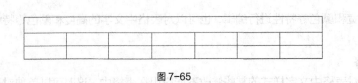

图 7-65 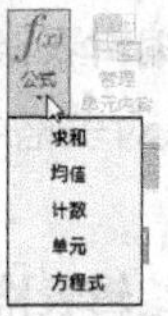　　　　　　　　　　　　　　　　　　　　图 7-66

创建一个表格，并对表格中的数据进行求和公式计算，如图 7-67 所示，方法如下。

公式求和						
名称	轴承	螺栓	螺母	垫圈	密封圈	总计
数量	20	24	24	48	6	122

图 7-67

（1）单击"绘图"工具栏中的"表格"按钮，弹出"插入表格"对话框。设置表格列数为 7，数据行数为 1，如图 7-68 所示。完成后单击"确定"按钮 确定 ，将表格插入绘图窗口，如图 7-69 所示。

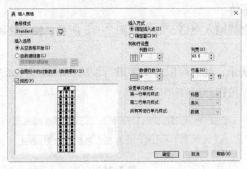

图 7-68　　　　　　　　　　　　　　　　　　　　图 7-69

（2）分别双击各个单元格，并输入表格内容，然后单击"文字编辑器"选项卡中的"关闭"按钮，完成表格内容的填写，如图 7-70 所示。

（3）单击表格右下角的单元格，将其激活，如图 7-71 所示。打开"表格单元"选项卡，单击"插入公式"按钮，弹出下拉列表，选择"求和"选项。此时系统提示选择表格单元的范围。在轴承下方的单元格中单击，作为第一个角点；在密封圈下方的单元格中单击，作为第二个角点，如图 7-72 所示。系统自动打开"文字编辑器"选项卡，此时表格如图 7-73 所示。单击"关闭"按钮，完成自动求和公式计算。

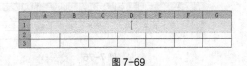

	公式求和					
名称	轴承	螺栓	螺母	垫圈	密封圈	总计
数量	20	24	24	48	6	

图 7-70　　　　　　　　　　　　　　　　　　　　图 7-71

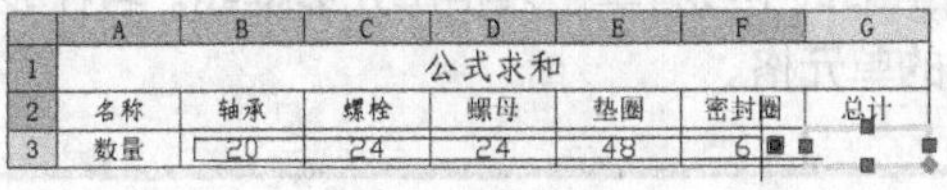

图 7-72 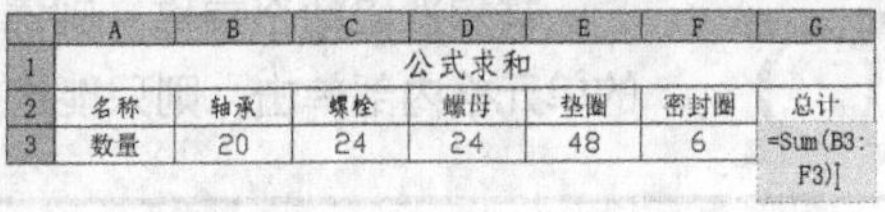　　　　　　　　　　　　　　　　　　　　图 7-73

7.4.5 编辑表格

通过调整表格的样式，可以对表格的特性进行编辑；通过文字编辑工具，可以对表格中的文字进行编辑；通过在表格中插入块，可以对块进行编辑；通过编辑夹点，可以调整表格中行与列的大小。

1. 编辑表格的特性

可以对表格中栅格的线宽和颜色等特性进行编辑，也可以对表格中文字的高度和颜色等特性进行编辑。

2. 编辑表格的文字内容

在编辑表格的特性时，对表格中文字样式的某些修改不能应用在表格中，这时可以单独对表格中的文字进行编辑。表格中文字的大小会决定表格单元格的大小，表格某行中的一个单元格大小发生变化，它所在的行的大小也会发生变化。

双击单元格中的文字，如双击表格内的文字"名称"，打开"文字编辑器"选项卡，此时可以对单元格中的文字进行编辑，如图 7-74 所示。

图 7-74

光标显示为文字光标时，可以修改文字内容、字体和字号等特性，也可以继续输入其他字符。在文字之间输入空格，效果如图 7-75 所示。使用这种方法可以修改表格中的所有文字内容的样式。

按 Tab 键，切换到下一个单元格，如图 7-76 所示，此时可以对文字进行编辑。继续按 Tab 键，可切换到相应的单元格，完成编辑后，单击"关闭"按钮。

图 7-75

图 7-76

知识提示

按 Tab 键切换单元格时，若是插入的块的单元格，则跳过该单元格。

3. 编辑表格中的行与列

单击"表格"按钮 ▦ 建立表格时，行与列的间距都是均匀的，这就使表格中空了大部分区域，增加了表格的大小。如果要使表格中行与列的间距适合文字的宽度和高度，可以通过调整夹点来实现。选择整个表格时，表格上会出现夹点，如图 7-77 所示，拖动夹点即可调整表格，使表格更加简明、美观。

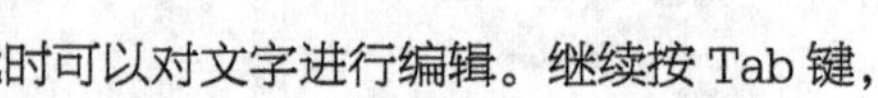

图 7-77

知识提示

若想选择整个表格，则需将表格全部选中或者单击表格单元边框线。若在表格的单元格内部单击，则只能选择单击的单元格。

编辑表格中某个单元格的大小可以调整单元格所在的行与列的大小。

在表格的单元格中单击，夹点位于被选择的单元格边框的中间，如图 7-78 所示。选择夹点进行拉伸，即可改变单元格所在行或列的大小，如图 7-79 所示。

图 7-78

图 7-79

7.5　课堂练习——填写技术要求 2

【练习知识要点】使用"多行文字"按钮，设置文字样式的"字体"为宋体，"宽度因子"为 0.7，并输入图 7-80 所示的技术要求。

【效果文件所在位置】云盘/Ch07/DWG/技术要求 2。

技术要求
1. 高速齿轮轴m_n=1.5，z=30 。
2. 低速齿轮轴m_n=1.5，z=114 。
3. 中心距公差控制在$\varnothing300^{+0.05}_{0.00}$。

图 7-80

微课视频

填写技术要求 2

7.6　课后习题——填写圆锥齿轮轴零件图的技术要求、标题栏和明细表

【习题知识要点】使用"多行文字"按钮、"单行文字"命令和"表格"按钮，创建表格，并填写圆锥齿轮轴零件图的技术要求、标题栏和明细表，如图 7-81 所示。

【效果文件所在位置】云盘/Ch07/ DWG/圆锥齿轮轴零件图的技术要求、标题栏和明细表。

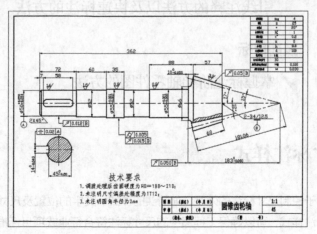

图 7-81

微课视频

填写圆锥齿轮轴零件图的技术要求、标题栏和明细表

第8章
尺寸标注

本章介绍

工人是通过查看工程图中的尺寸来加工零件的。因此，零件的大小与形状取决于工程图中标注的尺寸，零件设计的合理性与工程图中的尺寸标注紧密相连。由此可见，尺寸标注是工程图中的一项重要内容。本章主要介绍与尺寸标注相关的知识，通过本章的学习，读者可以掌握 AutoCAD 2019 中文版中的各种尺寸标注命令，以及如何对工程图进行尺寸标注。

学习目标

- ✔ 掌握尺寸标注的基本概念
- ✔ 掌握标注样式的创建和修改方法
- ✔ 掌握对齐尺寸、半径尺寸和直径尺寸、角度尺寸和基线尺寸的标注方法
- ✔ 掌握标注连续尺寸、形位公差的方法，创建圆心标注、引线注释的方法以及快速标注的方法

技能目标

- ✔ 掌握标注阶梯轴零件图的方法

8.1 尺寸标注样式

尺寸标注样式用于控制尺寸标注的外观，如箭头的样式、文字的位置及尺寸界线的长度等。设计人员通过设置尺寸标注样式，可以确保工程图中的尺寸标注符合行业或项目标准。

8.1.1　尺寸标注的基本概念

尺寸标注是由文字、尺寸线、尺寸界线、箭头和中心线等元素组成的，如图 8-1 所示。

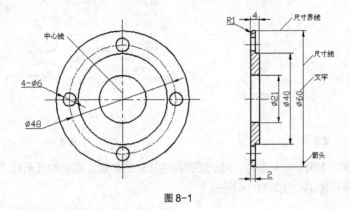

图 8-1

8.1.2　创建尺寸标注样式

默认情况下，在 AutoCAD 2019 中文版中创建尺寸标注时使用的尺寸标注样式是"ISO-25"。用户可以根据需要创建尺寸标注样式，并将其设置为当前标注样式，这样在标注尺寸时，即可使用新创建的尺寸标注样式。AutoCAD 2019 中文版提供了"标注样式"命令来创建尺寸标注样式。

启用命令的方法如下。

- 工具栏：单击"样式"工具栏中的"标注样式"按钮 ⊷。
- 菜单命令："格式 > 标注样式"。
- 命令行：dimstyle。

启用"标注样式"命令，弹出"标注样式管理器"对话框，从中可以创建或调用已有的尺寸标注样式。在创建新的尺寸标注样式时，需要输入尺寸标注样式的名称，并进行相应的设置。

创建名称为"机械制图"的尺寸标注样式的方法如下。

（1）选择"格式 > 标注样式"命令，弹出"标注样式管理器"对话框，如图 8-2 所示。"样式"列表框中显示当前已存在的标注样式。

（2）单击"新建"按钮 新建(N)… ，弹出"创建新标注样式"对话框，在"新样式名"文本框中输入新的样式名称"机械制图"，如图 8-3 所示。

（3）在"基础样式"下拉列表中选择新标注样式的基础样式，在"用于"下拉列表中选择新标注样式的应用范围。此处选择默认值，即"ISO-25"和"所有标注"。

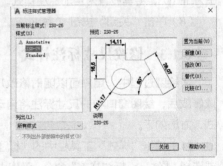

图 8-2

（4）单击"继续"按钮 继续 ，弹出"新建标注样式：机械制图"对话框，如图 8-4 所示。可以在对话框的 7 个选项卡中进行相应设置。

（5）单击"主单位"选项卡，在"小数分隔符"下拉列表中选择"句点"选项，如图 8-5 所示，将小数点的符号修改为句点。

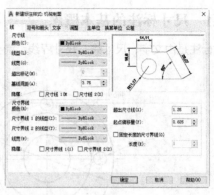

图 8-3   图 8-4

（6）单击"确定"按钮 ⬚确定⬚ ，完成新的标注样式的创建，其名称显示在"标注样式管理器"对话框的"样式"列表框中，如图 8-6 所示。

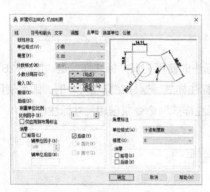

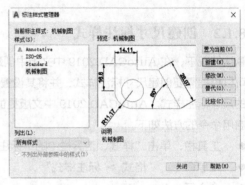

图 8-5   图 8-6

（7）在"样式"列表框内选择前面创建的"机械制图"标注样式，然后单击"置为当前"按钮 ⬚置为当前(U)⬚ ，将其设置为当前标注样式。

（8）单击"关闭"按钮 ⬚关闭⬚ ，关闭"标注样式管理器"对话框。

8.1.3 修改尺寸标注样式

在绘图过程中，用户可以随时修改尺寸标注样式，完成修改后，绘图窗口中的尺寸标注将自动使用更新后的样式，方法如下。

（1）单击"样式"工具栏中的"标注样式"按钮 ⬚⬚，或选择"格式 > 标注样式"命令，弹出"标注样式管理器"对话框。

（2）在"标注样式管理器"对话框的"样式"列表框中选择需要修改的尺寸标注样式，如"机械制图"，单击"修改"按钮 ⬚修改(M)...⬚，弹出"修改标注样式：机械制图"对话框，如图 8-7 所示。在对话框的 7 个选项卡内可以修改标注样式的各项参数。

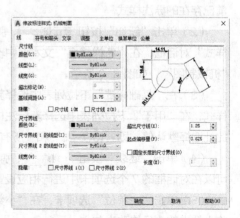

图 8-7

（3）完成修改后，单击"确定"按钮 ⬚ 确定 ，返回"标注样式管理器"对话框。单击"关闭"按钮 ⬚ 关闭 ，完成修改尺寸标注样式的操作。

8.2 标注线性尺寸

AutoCAD 2019 中文版提供的"线性"命令可以用于标注线性尺寸，如标注水平、竖直或倾斜方向的线性尺寸。

启用命令的方法如下。

● 工具栏：单击"标注"工具栏中的"线性"按钮├┤。
● 菜单命令："标注 > 线性"。
● 命令行：dimlinear（快捷命令：DLI）。

8.2.1 课堂案例——标注阶梯轴零件图

【案例学习目标】熟练掌握各种尺寸标注方法。

【案例知识要点】设置标注样式，并利用"线性"按钮、"基线"按钮、"连续"按钮、"多重引线"命令，以及文字的"编辑"命令来标注阶梯轴零件图，图形效果如图 8-8 所示。

微课视频

标注阶梯
轴零件图

【效果文件所在位置】云盘/Ch08/DWG/标注阶梯轴零件图。

（1）打开云盘中的"Ch08 > 素材 > 阶梯轴零件图.dwg"文件，图形效果如图 8-9 所示。

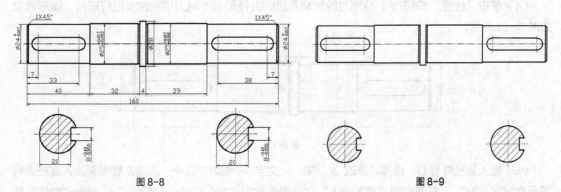

图 8-8　　　　　　　图 8-9

（2）设置标注样式。选择"格式 > 标注样式"命令，弹出"标注样式管理器"对话框。单击"新建"按钮 新建(N)... ，弹出"创建新标注样式"对话框，输入新标注样式的名称"user"，如图 8-10所示。单击"继续"按钮 继续 ，弹出"新建标注样式：user"对话框，单击"文字"选项卡，选择"文字对齐"选项组中的"ISO 标准"单选按钮，如图 8-11 所示。单击"确定"按钮 确定 ，返回"标注样式管理器"对话框，单击"置为当前"按钮 置为当前(U) ，即可将新建的标注样式设置为当前样式，单击"关闭"按钮 关闭 。

（3）单击"线性"按钮├┤，对阶梯轴的长度进行标注，图形效果如图 8-12 所示。

```
命令：dimlinear
指定第一条尺寸界线原点或 <选择对象>：<对象捕捉 开>    //打开对象捕捉开关，并捕捉交点 A
```

```
指定第二条尺寸界线原点：                              //捕捉交点 B
指定尺寸线位置或
[多行文字(M)/文字(T)/角度(A)/水平(H)/垂直(V)/旋转(R)]：  //移动鼠标指针至 C 点，指定尺寸线位置
标注文字 = 160
```

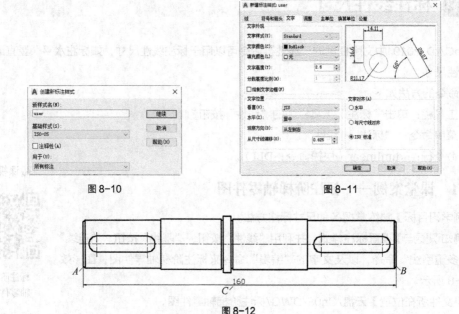

图 8-10　　　　　　　　　　　　　　　　　　　　　图 8-11

图 8-12

（4）单击"线性"按钮，分别对阶梯轴各段的直径和各个退刀槽的深度进行标注，图形效果如图 8-13 所示。

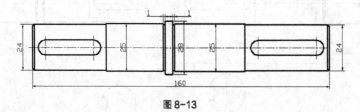

图 8-13

（5）输入直径符号Ø。选择"修改 > 对象 > 文字 > 编辑"命令，选取左侧需要输入直径符号的尺寸文字"24"，在弹出的"文字输入"文本框的数字"24"前输入"%%C"，单击"确定"按钮，即可输入直径符号Ø，图形效果如图 8-14 所示。用相同的方法输入其他直径符号。

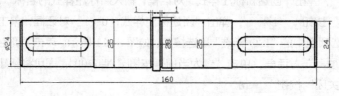

图 8-14

（6）输入退刀槽的深度。选择"修改 > 对象 > 文字 > 编辑"命令，选取退刀槽的尺寸文字，在弹出的"文字输入"文本框的数字"1"后输入"×0.5"，单击"确定"按钮，图形效果如图 8-15 所示。

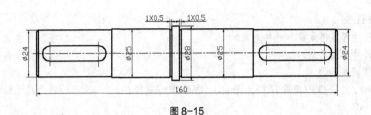

图 8-15

（7）单击"线性"按钮，对左侧键槽的位置进行标注，图形效果如图 8-16 所示。

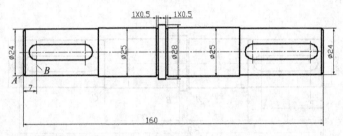

图 8-16

```
命令: dimlinear
指定第一条尺寸界线原点或 <选择对象>: <对象捕捉 开>        //打开对象捕捉开关，并捕捉交点 A
指定第二条尺寸界线原点:                                //捕捉交点 B
指定尺寸线位置或
[多行文字(M)/文字(T)/角度(A)/水平(H)/垂直(V)/旋转(R)]://移动鼠标指针指定尺寸线位置
标注文字 = 7
```

（8）单击"基线"按钮，对左侧键槽的长度进行标注，图形效果如图 8-17 所示。

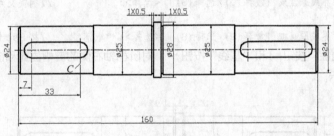

图 8-17

```
命令: dimbaseline
指定第二条尺寸界线原点或 [放弃(U)/选择(S)] <选择>:        //捕捉交点 C
标注文字 = 33
指定第二条尺寸界线原点或 [放弃(U)/选择(S)] <选择>: *取消*   //按 Esc 键
```

（9）单击"线性"按钮，对 Ø24 的轴颈进行长度标注，图形效果如图 8-18 所示。

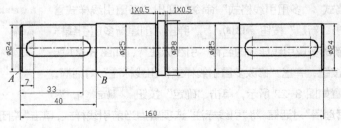

图 8-18

```
命令: dimlinear
指定第一条尺寸界线原点或 <选择对象>:                    //捕捉交点 A
指定第二条尺寸界线原点:                                //捕捉交点 B
指定尺寸线位置或
[多行文字(M)/文字(T)/角度(A)/水平(H)/垂直(V)/旋转(R)]:    //选择尺寸线的位置
标注文字 = 40
```

（10）单击"连续"按钮，分别对 Ø25 的轴颈、Ø28 的台肩、Ø25 的轴颈进行长度标注，图形效果如图 8-19 所示。

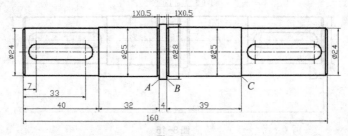

图 8-19

```
命令: dimcontinue
选择连续标注:
指定第二条尺寸界线原点或 [放弃(U)/选择(S)] <选择>:      //捕捉交点 A
标注文字 = 32
指定第二条尺寸界线原点或 [放弃(U)/选择(S)] <选择>:      //捕捉交点 B
标注文字 = 4
指定第二条尺寸界线原点或 [放弃(U)/选择(S)] <选择>:      //捕捉交点 C
标注文字 = 39
指定第二条尺寸界线原点或 [放弃(U)/选择(S)] <选择>: *取消*   //按 Esc 键
```

（11）单击"线性"按钮和"基线"按钮，对阶梯轴右侧的键槽位置和键槽长度进行标注，效果如图 8-20 所示。

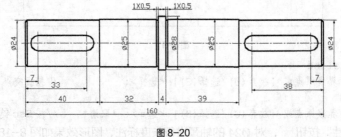

图 8-20

（12）选择"格式 > 多重引线格式"命令，弹出"多重引线样式管理器"对话框。单击"新建"按钮 新建(N)...，弹出"创建新多重引线样式"对话框，输入新的多重引线样式的名称"引线标注"，如图 8-21 所示。单击"继续"按钮，弹出"修改多重引线样式：引线标注"对话框，各个选项卡中的设置如图 8-22 所示，单击"确定"按钮 确定，返回"多重引线样式管理器"对话框。将"引线标注"选项置为当前引线样式，单击"关闭"按钮 关闭。

图 8-21

选择"标注 > 多重引线"命令，对左侧轴颈的倒角进行标注，图形效果如图 8-23 所示。然后对右侧轴颈上的倒角进行标注。

 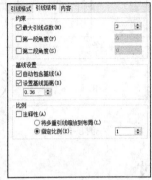 

图 8-22

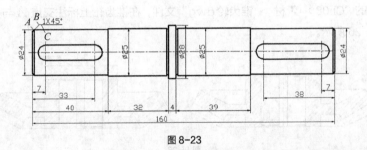

图 8-23

命令: mleader
指定引线箭头的位置或 [引线基线优先(L)/内容优先(C)/选项(O)] <选项>:
                                    //打开对象捕捉开关，捕捉端点 A
指定下一点： <正交 关>   //捕捉端点 B
指定引线基线的位置：   //选择 C 点。在弹出的"文字输入"文本框中输入"1×45%%D"，
                                    单击"文字格式"对话框中的"确定"按钮，完成引线标注

（13）为轴颈上的直径尺寸添加公差。选择"修改 > 对象 > 文字 > 编辑"命令，选取轴颈上的直径尺寸 Ø25，在弹出的"文字输入"文本框的数字"25"后输入"+0.017^+0.002"。选取文字，单击"文字编辑器"选项卡"段落"选项组中的"堆叠" 按钮，再单击"确定"按钮，图形效果如图 8-24 所示。分别为轴颈上的其他直径尺寸 Ø24、Ø25、Ø24 添加公差。

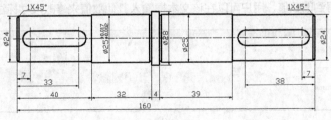

图 8-24

（14）单击"线性"按钮，对键槽的宽度进行标注，图形效果如图 8-25 所示。阶梯轴零件图标注完成。

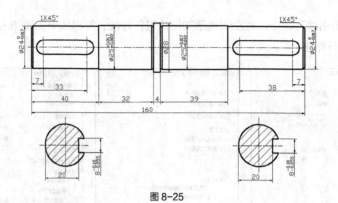

图 8-25

8.2.2 标注水平方向的尺寸

使用"线性"命令可以标注水平方向的线性尺寸。

打开云盘中的"Ch08 > 素材 > 锥齿轮.dwg"文件，在锥齿轮上标注交点 *A* 与交点 *B* 之间的水平距离，如图 8-26 所示。

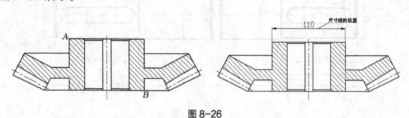

图 8-26

```
命令: dimlinear                                    //单击"线性"按钮
指定第一条尺寸界线原点或 <选择对象>: <对象捕捉 开>   //打开对象捕捉开关,选择交点 A
指定第二条尺寸界线原点:                             //选择交点 B
指定尺寸线位置或
[多行文字(M)/文字(T)/角度(A)/水平(H)/垂直(V)/旋转(R)]: H   //选择"水平"选项
指定尺寸线位置或 [多行文字(M)/文字(T)/角度(A)]:        //选择尺寸线的位置
标注文字 = 110
```

提示选项解释如下。

- 多行文字（M）：用于输入多行文字。选择该选项，会打开"文字编辑器"选项卡和"文字输入"文本框，如图 8-27 所示。"文字输入"文本框中的数值为 AutoCAD 2019 中文版自动测量得到的数值，用户可以在该文本框输入其他数值来修改尺寸标注的文字。

图 8-27

- 文字（T）：用于设置尺寸标注中的文字。
- 角度（A）：用于设置尺寸标注中文字的倾斜角度。

- 水平（H）：用于标注水平方向的线性尺寸。
- 垂直（V）：用于标注垂直方向的线性尺寸。
- 旋转（R）：用于标注旋转一定角度的线性尺寸。

8.2.3　标注垂直方向的尺寸

使用"线性"命令可以标注垂直方向的线性尺寸。

打开云盘中的"Ch08 > 素材 > 锥齿轮.dwg"文件，在锥齿轮上标注交点 A 与交点 B 之间的垂直距离，即标注锥齿轮的厚度，如图 8-28 所示。

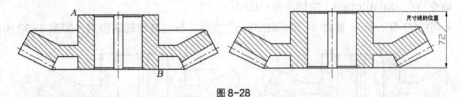

图 8-28

```
命令: dimlinear                                    //单击"线性"按钮
指定第一条尺寸界线原点或 <选择对象>: <对象捕捉 开>   //打开对象捕捉开关,选择交点 A
指定第二条尺寸界线原点:                             //选择交点 B
指定尺寸线位置或
[多行文字(M)/文字(T)/角度(A)/水平(H)/垂直(V)/旋转(R)]: V   //选择"垂直"选项
指定尺寸线位置或 [多行文字(M)/文字(T)/角度(A)]:            //选择尺寸线的位置
标注文字 = 72
```

8.2.4　标注倾斜方向的尺寸

使用"线性"命令可以标注倾斜方向的线性尺寸。

打开云盘中的"Ch08 > 素材 > 锥齿轮.dwg"文件，在锥齿轮上标注交点 A 与交点 B 在 45°方向上的投影距离，如图 8-29 所示。

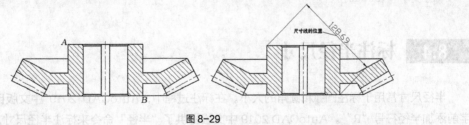

图 8-29

```
命令: dimlinear                                    //单击"线性"按钮
指定第一条尺寸界线原点或 <选择对象>:<对象捕捉 开>    //打开对象捕捉开关,选择交点 A
指定第二条尺寸界线原点:                             //选择交点 B
指定尺寸线位置或
[多行文字(M)/文字(T)/角度(A)/水平(H)/垂直(V)/旋转(R)]: R   //选择"旋转"选项
指定尺寸线的角度 <0>: 45                            //输入倾斜方向的角度
指定尺寸线位置或
[多行文字(M)/文字(T)/角度(A)/水平(H)/垂直(V)/旋转(R)]:     //选择尺寸线的位置
标注文字 = 128.69
```

8.3 标注对齐尺寸

使用"对齐"命令可以标注倾斜线段的长度，并且对齐尺寸的尺寸线平行于标注的图形对象。启用命令的方法如下。

- 工具栏：单击"标注"工具栏中的"对齐"按钮 。
- 菜单命令："标注 > 对齐"。
- 命令行：dimaligned（快捷命令：DAL）。

打开云盘中的"Ch08 > 素材 > 锥齿轮.dwg"文件，标注锥齿轮的齿宽，如图 8-30 所示。

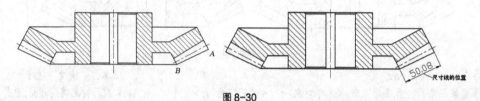

图 8-30

命令：dimaligned	//单击"对齐"按钮
指定第一条尺寸界线原点或 <选择对象>:<对象捕捉 开>	//打开对象捕捉开关，选择交点 A
指定第二条尺寸界线原点：	//选择交点 B
指定尺寸线位置或[多行文字(M)/文字(T)/角度(A)]：	//选择尺寸线的位置
标注文字 = 50.08	

此外，还可以直接选择线段 *AB* 来进行标注。

命令：dimaligned	//单击"对齐"按钮
指定第一条尺寸界线原点或 <选择对象>：	//按 Enter 键
选择标注对象：	//选择线段 AB
指定尺寸线位置或[多行文字(M)/文字(T)/角度(A)]：	//选择尺寸线的位置
标注文字 = 50.08	

8.4 标注半径尺寸

半径尺寸常用于标注圆弧和圆角的大小。在标注过程中，AutoCAD 2019 中文版自动在标注文字前添加半径符号"R"。AutoCAD 2019 中文版提供了"半径"命令来标注半径尺寸。

启用命令的方法如下。

- 工具栏：单击"标注"工具栏中的"半径"按钮 。
- 菜单命令："标注 > 半径"。
- 命令行：dimradius（快捷命令：DRA）。

打开云盘中的"Ch08 > 素材 > 连杆.dwg"文件，标注连杆的外形尺寸，如图 8-31 所示。

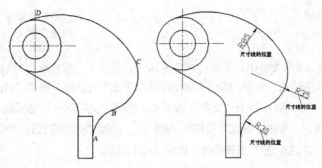

图 8-31

命令：dimradius	//单击"半径"按钮
选择圆弧或圆：	//选择圆弧 AB
标注文字 = 30	
指定尺寸线位置或 [多行文字(M)/文字(T)/角度(A)]:	//在圆弧内侧单击确定尺寸线的位置
命令：dimradius	//单击"半径"按钮
选择圆弧或圆：	//选择圆弧 BC
标注文字 = 35	
指定尺寸线位置或 [多行文字(M)/文字(T)/角度(A)]:	//在圆弧外侧单击确定尺寸线的位置
命令：dimradius	//单击"半径"按钮
选择圆弧或圆：	//选择圆弧 CD
标注文字 = 85	
指定尺寸线位置或 [多行文字(M)/文字(T)/角度(A)]:	//在圆弧内侧单击确定尺寸线的位置

8.5 标注直径尺寸

直径尺寸常用于标注圆的大小。在标注过程中，AutoCAD 2019 中文版自动在标注文字前添加直径符号"Φ"。AutoCAD 2019 中文版提供了"直径"命令来标注直径尺寸。

启用命令的方法如下。

● 工具栏：单击"标注"工具栏中的"直径"按钮。

● 菜单命令："标注 > 直径"。

● 命令行： dimdiameter（快捷命令：DDI）。

打开云盘中的"Ch08 > 素材 > 连杆.dwg"文件，标注连杆圆孔的直径，如图 8-32 所示。

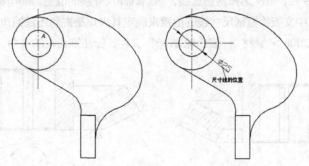

图 8-32

命令：dimdiameter	//单击"直径"按钮⌀
选择圆弧或圆：	//选择圆 A
标注文字 = 25	
指定尺寸线位置或 [多行文字(M)/文字(T)/角度(A)]:	//选择尺寸线的位置

选择"格式 > 标注样式"命令，弹出"标注样式管理器"对话框。单击"修改"按钮 修改(M)… ，弹出"修改标注样式"对话框；单击"文字"选项卡，选择"文字对齐"选项组中的"ISO 标准"单选按钮，如图 8-33 所示。单击"确定"按钮 确定 ，返回"标注样式管理器"对话框。单击"关闭"按钮 关闭 ，完成标注样式的修改，如图 8-34 所示。

图 8-33

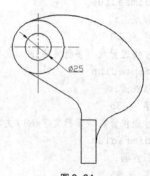

图 8-34

8.6 标注角度尺寸

角度尺寸用于标注两条直线之间的夹角、3 点之间的角度及圆弧的包含角度。AutoCAD 2019 中文版提供了"角度"命令来标注角度尺寸。

启用命令的方法如下。

● 工具栏：单击"标注"工具栏中的"角度"按钮△。

● 菜单命令："标注 > 角度"。

● 命令行：dimangular（快捷命令：DAN）。

1. 标注两条直线之间的夹角

启用"角度"命令后，依次选择两条直线，然后选择尺寸线的位置，即可标注两条直线之间的夹角。AutoCAD 2019 中文版将根据尺寸线的位置来确定其夹角是锐角还是钝角。

打开云盘中的"Ch08 > 素材 > 锥齿轮.dwg"文件，标注锥齿轮的锥角，如图 8-35 所示。

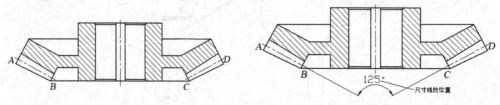

图 8-35

```
命令: dimangular                                      //单击"角度"按钮 △
选择圆弧、圆、直线或 <指定顶点>:                        //选择线段 AB
选择第二条直线:                                        //选择线段 CD
指定标注弧线位置或 [多行文字(M)/文字(T)/角度(A) /象限点(Q)]://选择尺寸线的位置
标注文字 = 125
```

选择不同的尺寸线位置将产生不一样的角度尺寸,如图 8-36 所示。

2. 标注 3 点之间的角度

启用"角度"命令,按 Enter 键,然后依次选择顶点和 2 个端点,即可标注 3 点之间的角度。

在 A 点处标注 A、B、C 3 点之间的角度,如图 8-37 所示。

```
命令: dimangular                                      //单击"角度"按钮 △
选择圆弧、圆、直线或 <指定顶点>:                        //按 Enter 键
指定角的顶点: <对象捕捉 开>                             //打开对象捕捉开关,选择顶点 A
指定角的第一个端点:                                    //选择顶点 B
指定角的第二个端点:                                    //选择顶点 C
指定标注弧线位置或 [多行文字(M)/文字(T)/角度(A) /象限点(Q)]://选择尺寸线的位置
标注文字 = 60
```

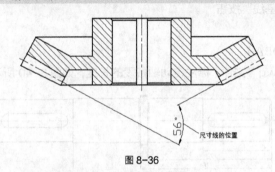

图 8-36   图 8-37

3. 标注圆弧的包含角度

启用"角度"命令,然后选择圆弧,即可标注该圆弧的包含角度。

打开云盘中的"Ch08 > 素材 > 凸轮.dwg"文件,标注凸轮 AB 段圆弧的包含角度,即凸轮的远休角度,如图 8-38 所示。

```
命令: dimangular                                      //单击"角度"按钮 △
选择圆弧、圆、直线或 <指定顶点>:                        //选择圆弧 AB
指定标注弧线位置或 [多行文字(M)/文字(T)/角度(A) /象限点(Q)]:  //选择尺寸线的位置
标注文字 = 120
```

4. 标注圆上某段圆弧的包含角度

启用"角度"命令,依次选择圆上某段圆弧的起点与终点,即可标注该圆弧的包含角度。

打开云盘中的"Ch08 > 素材 > 凸轮.dwg"文件,标注凸轮 AB 段圆弧的包含角度,即凸轮的近休角度,如图 8-39 所示。

```
命令: dimangular                                      //单击"角度"按钮 △
选择圆弧、圆、直线或 <指定顶点>:                        //选择圆上的 A 点
指定角的第二个端点:                                    //选择圆上的 B 点
指定标注弧线位置或 [多行文字(M)/文字(T)/角度(A) /象限点(Q)]://选择尺寸线的位置
标注文字 = 60
```

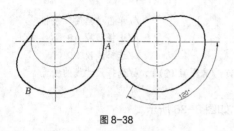

图 8-38   图 8-39

8.7 标注基线尺寸

启用"基线"命令可以为多个图形对象标注基线尺寸。基线尺寸是一组起始点相同的尺寸，其特点是尺寸拥有相同的基准线。在标注基线尺寸之前，工程图中必须已存在一个以上的尺寸标注，否则无法进行操作。

启用命令的方法如下。

- 工具栏：单击"标注"工具栏中的"基线"按钮。
- 菜单命令："标注 > 基线"。
- 命令行：dimbaseline（快捷命令：DBA）。

打开云盘中的"Ch08 > 素材 > 传动轴.dwg"文件，标注传动轴各段的长度，如图 8-40 所示。

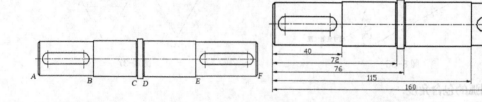

图 8-40

命令： dimlinear	//单击"线性"按钮
指定第一条尺寸界线原点或 <选择对象>:<对象捕捉 开>	//打开对象捕捉开关，选择交点 A
指定第二条尺寸界线原点：	//选择交点 B
指定尺寸线位置或	//选择尺寸线的位置
[多行文字(M)/文字(T)/角度(A)/水平(H)/垂直(V)/旋转(R)]:	
标注文字 = 40	
命令： dimbaseline	//单击"基线"按钮
指定第二条尺寸界线原点或 [选择(S)/放弃(U)] <选择>:	//选择交点 C
标注文字 = 72	
指定第二条尺寸界线原点或 [选择(S)/放弃(U)] <选择>:	//选择交点 D
标注文字 = 76	
指定第二条尺寸界线原点或 [选择(S)/放弃(U)] <选择>:	//选择交点 E
标注文字 = 115	
指定第二条尺寸界线原点或 [选择(S)/放弃(U)] <选择>:	//选择交点 F
标注文字 = 160	
指定第二条尺寸界线原点或 [选择(S)/放弃(U)] <选择>:	//按 Enter 键
选择基准标注：	//按 Enter 键

提示选项解释如下。

● 指定第二条尺寸界线原点：用于选择基线标注的第二条尺寸界线。

● 选择（S）：用于选择基线标注的第一条尺寸界线。默认情况下，AutoCAD 2019 中文版会自动将最后标注的基线尺寸的第一条尺寸界线作为基线标注的基准线。例如，选择 B 点处的尺寸界线作为基准线时，标注的图形如图 8-41 所示。

● 放弃（U）：用于放弃命令操作。

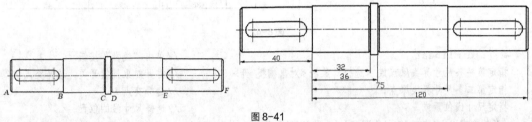

图 8-41

```
命令: dimlinear                                          //单击"线性"按钮
指定第一条尺寸界线原点或 <选择对象>:<对象捕捉 开>          //打开对象捕捉开关，选择交点 A
指定第二条尺寸界线原点:                                   //选择交点 B
指定尺寸线位置或                                          //选择尺寸线的位置
[多行文字(M)/文字(T)/角度(A)/水平(H)/垂直(V)/旋转(R)]:
标注文字 = 40
命令: dimbaseline                                        //单击"基线"按钮
指定第二条尺寸界线原点或 [选择(S)/放弃(U)] <选择>: S       //选择"选择"选项
选择基准标注:                                            //选择 B 点处的尺寸界线
指定第二条尺寸界线原点或 [选择(S)/放弃(U)] <选择>:        //选择交点 C
标注文字 = 32
指定第二条尺寸界线原点或 [选择(S)/放弃(U)] <选择>:        //选择交点 D
标注文字 = 36
指定第二条尺寸界线原点或 [选择(S)/放弃(U)] <选择>:        //选择交点 E
标注文字 = 75
指定第二条尺寸界线原点或 [选择(S)/放弃(U)] <选择>:        //选择交点 F
标注文字 = 120
指定第二条尺寸界线原点或 [选择(S)/放弃(U)] <选择>:        //按 Enter 键
选择基准标注:                                            //按 Enter 键
```

8.8 标注连续尺寸

启用"连续"命令可以为图形对象标注连续尺寸。标注连续尺寸是工程制图中常用的一种标注形式，其特点是首尾相连。在标注过程中，AutoCAD 2019 中文版会自动将最后标注的尺寸结束点处的尺寸界线作为下一标注尺寸起始点处的尺寸界线。

启用命令的方法如下。

● 工具栏：单击"标注"工具栏中的"连续"按钮。

- 菜单命令："标注 > 连续"。
- 命令行：dimcontinue（快捷命令：DCO）。

打开云盘中的"Ch08 > 素材 > 传动轴.dwg"文件，标注传动轴各段的长度，如图 8-42 所示。

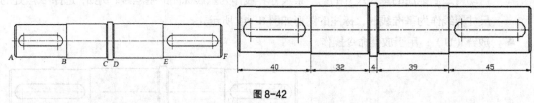

图 8-42

```
命令: dimlinear                                    //单击"线性"按钮
指定第一条尺寸界线原点或 <选择对象>:<对象捕捉 开>     //打开对象捕捉开关，选择交点 A
指定第二条尺寸界线原点:                              //选择交点 B
指定尺寸线位置或                                     //选择尺寸线的位置
[多行文字(M)/文字(T)/角度(A)/水平(H)/垂直(V)/旋转(R)]:
标注文字 = 40
命令: dimcontinue                                   //单击"连续"按钮
指定第二条尺寸界线原点或 [选择(S)/放弃(U)] <选择>:   //选择交点 C
标注文字 = 32
指定第二条尺寸界线原点或 [选择(S)/放弃(U)] <选择>:   //选择交点 D
标注文字 = 4
指定第二条尺寸界线原点或 [选择(S)/放弃(U)] <选择>:   //选择交点 E
标注文字 = 39
指定第二条尺寸界线原点或 [选择(S)/放弃(U)] <选择>:   //选择交点 F
标注文字 = 45
指定第二条尺寸界线原点或 [选择(S)/放弃(U)] <选择>:   //按 Enter 键
选择连续标注:                                        //按 Enter 键
```

提示选项解释如下。

- 指定第二条尺寸界线原点：用于选择连续标注的第二条尺寸界线的起始点。
- 选择（S）：用于选择连续标注的第一条尺寸界线。默认情况下，AutoCAD 2019 中文版会自动将最后标注的尺寸的第二条尺寸界线作为连续标注的第一条尺寸界线。
- 放弃（U）：用于放弃命令操作。

8.9 标注形位公差

在 AutoCAD 2019 中文版中，使用"公差"命令可以标注零件的各种形位公差，如零件的形状、方向、位置及跳动的允许偏差等。

启用命令的方法如下。

- 工具栏：单击"标注"工具栏中的"公差"按钮。
- 菜单命令："标注 > 公差"。
- 命令行：tolerance（快捷命令：TOL）。

打开云盘中的"Ch08 > 素材 > 圆锥齿轮轴 1.dwg"文件,在 A 点处标注键槽的对称度,如图 8-43
所示。

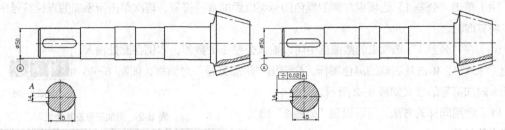

图 8-43

(1)单击"公差"按钮 ⊞,弹出"形位公差"对话
框,如图 8-44 所示。

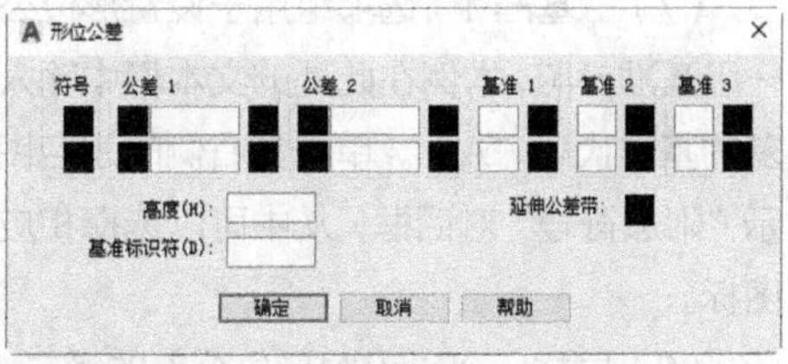

对话框选项解释如下。

- "符号"选项组:用于设置形位公差的几何特
  征符号。

图 8-44

- "公差 1"选项组:用于在特征控制框中创建第
  一个公差值。该公差值指明了几何特征相对于精确形状的允许偏差量。另外可在公差值前插
  入直径符号,在其后插入附加符号。
- "公差 2"选项组:用于在特征控制框中创建第二个公差值。
- "基准 1"选项组:用于在特征控制框中创建第一级基准参照。基准参照由值和修饰符号组
  成。基准参照理论上是精确的几何参照,用于建立特征的公差带。
- "基准 2"选项组:用于在特征控制框中创建第二级基准参照。
- "基准 3"选项组:用于在特征控制框中创建第三级基准参照。
- "高度"数值框:在特征控制框中输入投影公差带的值。投影公差带控制固定垂直部分延伸
  区的高度变化,并以位置公差控制公差精度。
- "延伸公差带"选项组:在延伸公差带值的后面插入延伸公差带符号 Ⓟ。
- "基准标识符"文本框:创建由参照字母组成的基准标识符。基准参
  照理论上是精确的几何参照,用于建立其他特征的位置和公差带。点、直
  线、平面、圆柱或者其他几何图形都能作为基准标识符。

图 8-45

(2)单击"符号"选项组中的黑色图标,弹出"特征符号"对话框,如图 8-45
所示。特征符号的含义如表 8-1 所示。

表 8-1 特征符号及其含义

特征符号	含义	特征符号	含义	特征符号	含义
⊕	位置度	∠	倾斜度	⌒	面轮廓度
◎	同轴度	⫽	圆柱度	⌒	线轮廓度
≐	对称度	▱	平面度	↗	圆跳度
∥	平行度	○	圆度	↗↗	全跳度
⊥	垂直度	—	直线度		

（3）单击"特征符号"对话框中的对称度符号图标三，AutoCAD 2019 中文版会自动将该符号图标显示于"形位公差"对话框的"符号"选项组中。

（4）单击"公差 1"选项组左侧的黑色图标可以添加直径符号，再次单击新添加的直径符号图标可以将其取消。

（5）在"公差 1"选项组的数值框中可以输入公差 1 的数值，本例在此处输入数值"0.02"。单击其右侧的黑色图标，会弹出"附加符号"对话框，如图 8-46 所示。附加符号的含义如表 8-2 所示。

图 8-46

（6）利用同样的方法，可以设置"公差 2"选项组中的各项。

（7）"基准 1"选项组用于设置形位公差的第一级基准参照，本例在此处的文本框中输入形位公差的基准代号"A"。单击其右侧的黑色图标，显示"附加符号"对话框，从中可以选择相应的符号图标。

表 8-2　附加符号及其含义

附加符号	含义
Ⓜ	材料的一般中等状况
Ⓛ	材料的最大状况
Ⓢ	材料的最小状况

（8）同样，可以设置形位公差的第二、第三级基准参照。

（9）在"高度"数值框中输入高度值。

（10）单击"延伸公差带"右侧的黑色图标，可以添加投影公差带的符号图标Ⓟ。

（11）在"基准标识符"文本框中可以输入一个基准值。

（12）完成以上设置后，单击"形位公差"对话框的"确定"按钮 确定 ，返回绘图窗口。提示"输入公差位置:"时，在 A 点处单击确定公差的标注位置。

（13）完成后的形位公差如图 8-47 所示。

启用"公差"命令标注的形位公差不带引线，如图 8-47 所示。因此通常要启用"引线"命令来标注带引线的形位公差。

（14）在命令行中输入"qleader"命令，按 Enter 键，弹出"引线设置"对话框。在"注释类型"选项组中选择"公差"单选按钮，如图 8-48 所示。

（15）单击"确定"按钮 确定 ，关闭"引线设置"对话框。

（16）在 A 点处单击确定引线，弹出"形位公差"对话框。设置形位公差的数值，完成后单击"确定"按钮 确定 ，形位公差如图 8-49 所示。

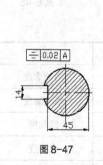

图 8-47

图 8-48

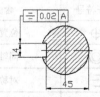

图 8-49

8.10　创建圆心标注

"圆心标记"命令用于创建圆心标注，即标注圆或圆弧的圆心符号。

启用命令的方法如下。

- 工具栏：单击"标注"工具栏中的"圆心标记"按钮⊕。
- 菜单命令："标注 > 圆心标记"。
- 命令行：dimcenter（快捷命令：DCE）。

打开云盘中的"Ch08 > 素材 > 连杆.dwg"文件，依次标注圆弧 *AB* 和圆弧 *BC* 的圆心，如图 8-50 所示。

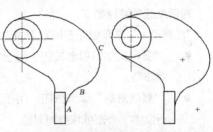

图 8-50

命令：dimcenter	//单击"圆心标记"按钮⊕
选择圆弧或圆：	//选择圆弧 *AB*
命令：dimcenter	//单击"圆心标记"按钮⊕
选择圆弧或圆：	//选择圆弧 *BC*

8.11　创建引线注释

引线注释是由箭头、直线和注释文字组成的，如图 8-51 所示。AutoCAD 2019 中文版提供了"引线"命令来创建引线注释。

启用命令的方法如下。

- 命令行：qleader。

打开云盘中的"Ch08 > 素材 > 传动轴.dwg"文件，对轴端的倒角进行标注，如图 8-52 所示。

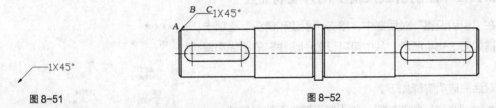

图 8-51　　　　　　　　　　　图 8-52

命令：qleader	//在命令行中输入"qleader"
指定第一个引线点或 [设置(S)] <设置>:<对象捕捉 开>	//打开对象捕捉开关，选择 A 点
指定下一点：	//在 B 点单击
指定下一点：<正交 开>	//打开正交开关，选择 C 点
指定文字宽度 <0.0000>：	//按 Enter 键
输入注释文字的第一行 <多行文字(M)>：1X45%%d	//输入倒角尺寸
输入注释文字的下一行：	//按 Enter 键

8.11.1 设置引线注释的类型

可以在"引线设置"对话框中设置引线注释的外观样式。在命令行中输入"qleader"，按 Enter 键后，命令行提示"指定第一个引线点或 [设置(S)] <设置>:"，此时按 Enter 键，弹出"引线设置"对话框，如图 8-53 所示。

对话框选项解释如下。

"注释类型"选项组用于设置引线注释的类型。

- "多行文字"单选按钮：用于创建多行文字的引线注释。
- "复制对象"单选按钮：用于复制多行文字、单行文字、公差或块参照对象。
- "公差"单选按钮：用于标注形位公差。
- "块参照"单选按钮：用于插入块参照。
- "无"单选按钮：用于创建无注释的引线。

"多行文字选项"选项组用于设置文字的格式。

- "提示输入宽度"复选框：用于设置多行文字的宽度。
- "始终左对正"复选框：用于设置多行文字的对齐方式。
- "文字边框"复选框：用于为多行文字添加边框线。

"重复使用注释"选项组用于设置引线注释的使用特点。

- "无"单选按钮：不重复使用引线注释。
- "重复使用下一个"单选按钮：用于重复使用为后续引线创建的下一个注释。
- "重复使用当前"单选按钮：用于重复使用当前注释。选择"重复使用下一个"单选按钮之后重复使用注释时，AutoCAD 2019 中文版将自动选择此单选按钮。

图 8-53

8.11.2 控制引线及箭头的外观特征

在"引线设置"对话框中，单击"引线和箭头"选项卡，对话框如图 8-54 所示，从中可以设置引线注释的引线和箭头样式。

对话框选项解释如下。

- "直线"单选按钮：将引线设置为直线段样式。
- "样条曲线"单选按钮：将引线设置为样条曲线样式。
- "箭头"下拉列表：用于选择箭头的样式。

"点数"选项组用于设置引线形状控制点的数量。

- "无限制"复选框：可以设置无限个引线控制点。AutoCAD 2019 中文版将一直提示选择引线控制点，直到按 Enter 键为止。
- "最大值"数值框：用于设置引线控制点的最大数量。可在该数值框中输入 2～999 的任意整数。

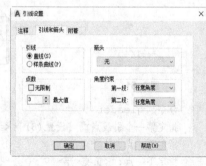

图 8-54

"角度约束"选项组用于设置第一段和第二段引线之间的角度。

● "第一段"下拉列表：用于选择第一段引线的角度。
● "第二段"下拉列表：用于选择第二段引线的角度。

8.11.3　设置引线注释的对齐方式

在"引线设置"对话框中，单击"附着"选项卡，从中可以设置引线和多行文字注释的附着位置。只有在"注释"选项卡中选择了"多行文字"单选按钮时，"附着"选项卡才为可选择状态，如图 8-55 所示。

对话框选项解释如下。

"多行文字附着"选项组的每个选项都有"文字在左边"和"文字在右边"2 个单选按钮，用于设置文字附着的位置，如图 8-56 所示。

● "第一行顶部"单选按钮：用于将引线注释附着到多行文字第一行的顶部。
● "第一行中间"单选按钮：用于将引线注释附着到多行文字第一行的中间。
● "多行文字中间"单选按钮：用于将引线注释附着到多行文字的中间。
● "最后一行中间"单选按钮：用于将引线注释附着到多行文字最后一行的中间。
● "最后一行底部"单选按钮：用于将引线注释附着到多行文字最后一行的底部。
● "最后一行加下划线"复选框：用于在多行文字的最后一行加下划线。

图 8-55

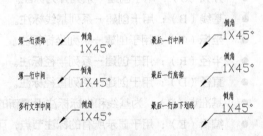

图 8-56

8.12　快速标注

为了提高标注尺寸的效率，AutoCAD 2019 中文版提供了"快速标注"命令，可以快速标注基线尺寸、连续尺寸，还可以快速标注圆或圆弧的角度尺寸等。启用"快速标注"命令后，一次选择多个图形对象，AutoCAD 2019 中文版将自动完成标注操作。

启用命令的方法如下。

● 工具栏：单击"标注"工具栏中的"快速标注"按钮 。
● 菜单命令："标注 > 快速标注"。
● 命令行：qdim。

打开云盘中的"Ch08 > 素材 > 传动轴.dwg"文件，使用"快速标注"命令可一次标注多个图形对象，如图 8-57 所示。其操作步骤如下。

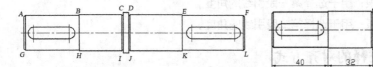

图 8-57

```
命令: qdim                                              //单击"快速标注"按钮
关联标注优先级 = 端点
选择要标注的几何图形: 找到 1 个                          //选择线段 AG
选择要标注的几何图形: 找到 1 个, 总计 2 个               //选择线段 BH
选择要标注的几何图形: 找到 1 个, 总计 3 个               //选择线段 CI
选择要标注的几何图形: 找到 1 个, 总计 4 个               //选择线段 DJ
选择要标注的几何图形: 找到 1 个, 总计 5 个               //选择线段 EK
选择要标注的几何图形: 找到 1 个, 总计 6 个               //选择线段 FL
选择要标注的几何图形:                                    //按 Enter 键
指定尺寸线位置或
[连续(C)/并列(S)/基线(B)/坐标(O)/半径(R)/直径(D)/基准点(P)/编辑(E)/设置(T)] <连续>:
                                                        //选择尺寸线的位置
```

提示选项解释如下。

- 连续（C）：用于创建连续标注。
- 并列（S）：用于创建一系列并列标注。
- 基线（B）：用于创建一系列基线标注。
- 坐标（O）：用于创建一系列坐标标注。
- 半径（R）：用于创建一系列半径标注。
- 直径（D）：用于创建一系列直径标注。
- 基准点（P）：为基线和坐标标注设置新的基准点。
- 编辑（E）：用于显示所有的标注节点，可以在现有标注中添加或删除节点。
- 设置（T）：为指定的尺寸界线原点设置默认对象捕捉方式。

8.13 课堂练习——标注压盖零件图

【练习知识要点】利用"线性"命令、"半径"命令、"直径"命令等标注压盖零件图，图形效果如图 8-58 所示。

【效果文件所在位置】云盘/Ch08/DWG/标注压盖零件图。

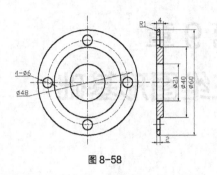

图 8-58

8.14 课后习题——标注圆锥齿轮轴

【习题知识要点】利用"线性"命令、"半径"命令、"基线"命令、"连续"命令、"角度"命令和"快速标注"命令等标注圆锥齿轮轴,图形效果如图 8-59 所示。

【效果文件所在位置】云盘/Ch08/DWG/标注圆锥齿轮轴。

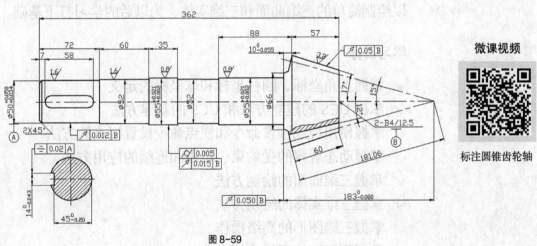

图 8-59

微课视频

标注圆锥齿轮轴

第9章
三维图形基础

本章介绍

AutoCAD 2019 中文版除了具有强大的平面图形绘制功能，还提供了强大的三维图形绘制功能。通过绘制零件的三维图形，用户可以方便、直观地检查设计中存在的缺陷。本章主要介绍最基本的三维图形绘制方法。通过本章的学习，读者可以绘制简单的三维曲面和三维实体，为以后的学习打下基础。

学习目标

- ✔ 掌握直角坐标、圆柱坐标和球坐标的定义
- ✔ 掌握 UCS 的建立方法和 UCS 的新建方法
- ✔ 掌握使用视点预设命令和视点命令设置视点的方法
- ✔ 掌握动态观察的受约束、自由和连续的应用方法
- ✔ 掌握三维曲面的绘制方法
- ✔ 掌握三维实体的绘制方法
- ✔ 掌握三维图形的高级操作
- ✔ 掌握压印和抽壳的应用方法

技能目标

- ✔ 掌握绘制"观察支架的三维模型"的方法
- ✔ 掌握绘制"螺母"的方法
- ✔ 掌握绘制"普通阶梯轴"的方法

9.1　三维坐标系

在三维空间中，图形的位置和大小均用三维坐标来表示。三维坐标就是平时所说的 xyz 空间。在 AutoCAD 2019 中文版中，三维坐标系定义为 WCS 和 UCS。

9.1.1　WCS

WCS 的图标如图 9-1 所示，其 x 轴正向向右，y 轴正向向上，z 轴正向由屏幕指向操作者，坐标原点位于屏幕左下角。当从三维空间观察 WCS 时，其图标如图 9-2 所示。

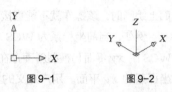

图 9-1　　　　　图 9-2

根据三维 WCS 的表示方法可分为直角坐标、圆柱坐标和球坐标 3 种形式。下面分别介绍这 3 种坐标形式的定义及坐标值的输入形式。

1. 直角坐标

直角坐标又称笛卡儿坐标，它是通过右手定则来确定坐标系各方向的。

● 右手定则

右手定则是以人的右手作为判断工具，大拇指指向 x 轴正方向，食指指向 y 轴正方向，然后弯曲其余 3 指，3 指的弯曲方向即为坐标系的 z 轴正方向。

采用右手定则还可以确定坐标轴的旋转正方向，其方法是将大拇指指向坐标轴的正方向，然后将其余 4 指弯曲，此时 4 指的弯曲方向即是该坐标轴的旋转正方向。

● 坐标值输入形式

采用直角坐标确定空间某点的位置时，需要指定该点的 x、y、z 3 个坐标值。

绝对坐标值的输入形式是：x, y, z。

相对坐标值的输入形式是：$@x, y, z$。

2. 圆柱坐标

采用圆柱坐标确定空间某点的位置时，需要指定该点在 xy 平面内的投影点与坐标系原点的距离、投影点和坐标系原点的连线与 x 轴的夹角及该点的 z 坐标值。

绝对坐标值的输入形式是：$r < \theta, z$。

其中，r 表示输入点在 xy 平面内的投影点与坐标系原点的距离，θ 表示投影点和坐标系原点的连线与 x 轴的夹角，z 表示输入点的 z 坐标值。

相对坐标值的输入形式是：$@r < \theta, z$。

例如，"1000<30, 800" 表示输入点在 xy 平面内的投影点到坐标系原点有 1000 个单位的距离，该投影点和坐标系原点的连线与 x 轴的夹角为 30°，且沿 z 轴方向有 800 个单位的距离。

3. 球坐标

采用球坐标确定空间某点的位置时，需要指定该点与坐标系原点的距离，该点和坐标系原点的连线在 xy 平面上的投影与 x 轴的夹角，该点和坐标系原点的连线与 xy 平面形成的夹角。

绝对坐标值的输入形式是：$r < \theta < \phi$。

其中，r 表示输入点与坐标系原点的距离，θ 表示输入点和坐标系原点的连线在 xy 平面上的投影

与 x 轴的夹角，ϕ 表示输入点和坐标系原点的连线与 xy 平面的夹角。

相对坐标值的输入形式是：@$r<\theta<\phi$。

例如，"1000<120<60"表示输入点与坐标系原点的距离为 1000 个单位的距离，输入点和坐标系原点的连线在 xy 平面上的投影与 x 轴的夹角为 120°，该连线与 xy 平面的夹角为 60°。

9.1.2 UCS

在 AutoCAD 2019 中文版中绘制二维图形时，绝大多数命令仅在 xy 平面内或在与 xy 平面平行的平面内有效。另外，在三维模型中，其截面的绘制也是采用二维绘图命令，这样当用户需要在某斜面上绘图时，该操作就不能直接进行。

例如，当前坐标系为 WCS，用户需要在模型的斜面上绘制一个新的圆柱，如图 9-3 所示。由于 WCS 的 xy 平面与模型斜面存在一定夹角，因此不能直接进行绘制。此时必须先将模型的斜面定义为坐标系的 xy 平面。用户定义的坐标系就称为 UCS。建立 UCS 主要有两种用途：一是可以灵活定位 xy 平面，以便用二维绘图命令绘制立体截面；二是便于将模型尺寸转化为坐标值。

启用命令的方法如下。

- 工具栏：单击"UCS"工具栏中的"UCS"按钮 ⚐，如图 9-4 所示。
- 菜单命令："工具"菜单中有关 UCS 的菜单命令，如图 9-5 所示。

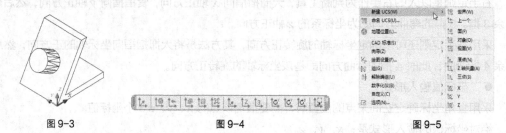

图 9-3　　　　　　　　　图 9-4　　　　　　　　　图 9-5

- 命令行：ucs。

启用 UCS 命令，AutoCAD 2019 中文版提示如下。

```
命令：ucs                                              //单击"UCS"按钮⚐
当前 UCS 名称：*世界*//提示当前的坐标系形式
指定 UCS 的原点或 [面(F)/命名(NA)/对象(OB)/上一个(P)/视图(V)/世界(W)/X/Y/Z/Z 轴
(ZA)] <世界>：
```

提示选项解释如下。

- 面（F）：在提示中输入"F"。用于与三维图形的选定面对齐。要选择一个面，可在此面的边界内或面的边上单击，被选中的面将高亮显示，UCS 的 x 轴将与找到的第一个面上最近的边对齐，和面 UCS 共同作用。

```
指定 UCS 的原点或 [面(F)/命名(NA)/对象(OB)/上一个(P)/视图(V)/世界(W)/X/Y/Z/Z 轴(ZA)]
<世界>：F                                       //输入"F"并按 Enter 键
选择实体对象的面、曲线或网格：              //选择实体表面
输入选项 [下一个(N)/X 轴反向(X)/Y 轴反向(Y)] <接受>：
```

在接下来的提示选项中，"下一个"用于将 UCS 定位于邻近的面或选定边的后向面；"X 轴反向"用于将 UCS 绕 x 轴旋转 180°；"Y 轴反向"用于将 UCS 绕 y 轴旋转 180°；如果按 Enter

键，则接受该位置，否则重复出现提示，直到接受位置为止。

- 命名（NA）：在提示中输入"NA"，按 Enter 键，AutoCAD 2019 中文版提示如下。

```
输入选项 [恢复(R)/保存(S)/删除(D)/?]:
```

按名称保存并恢复通常使用的 UCS 方向。"恢复"用于恢复已保存的 UCS，使它成为当前 UCS；"保存"用于按指定名称保存当前 UCS；"删除"用于从已保存的 UCS 列表中删除指定的 UCS；"?"用于列出 UCS 的名称，并列出每个保存的 UCS 相对于当前 UCS 的原点及 x、y 和 z 轴。如果当前 UCS 尚未命名，则其列为 WORLD 或 UNNAMED，这取决于它是否与 WCS 相同。

- 对象（OB）：在提示中输入"OB"，按 Enter 键，AutoCAD 2019 中文版提示如下。

```
选择对齐 UCS 的对象:
```

根据选定的三维对象定义新的坐标系。新建 UCS 的拉伸方向（z 轴正方向）与选定对象的拉伸方向相同。

- 上一个（P）：在提示中输入"P"，按 Enter 键，AutoCAD 2019 中文版将恢复到最近一次使用的 UCS。AutoCAD 2019 中文版最多保存最近使用的 10 个 UCS。如果当前使用的 UCS 是由上一个坐标系移动得来的，则使用"上一个"选项不能恢复到移动前的坐标系。
- 视图（V）：在提示中输入"V"。以垂直于观察方向（平行于屏幕）的平面为 xy 平面，建立新的坐标系。UCS 原点保持不变。
- 世界（W）：在提示中输入"W"。将当前 UCS 设置为 WCS。WCS 是所有 UCS 的基准，不能被重新定义。
- X/Y/Z：在提示中输入"X""Y"或"Z"。用于根据指定轴旋转当前 UCS。
- Z 轴（ZA）：在提示中输入"ZA"，按 Enter 键，AutoCAD 2019 中文版提示如下。

```
指定新原点或 [对象(O)] <0,0,0>:
```

用指定的 z 轴正半轴定义 UCS。

9.1.3 新建 UCS

通过指定新坐标系的原点可以创建一个新的 UCS。输入新坐标系原点的坐标值后，系统会将当前坐标系的原点变为新坐标值所确定的点，但 x、y 和 z 轴的方向不变。

启用命令的方法如下。

- 工具栏：单击"UCS"工具栏中的"原点"按钮 。
- 菜单命令："工具 > 新建UCS > 原点"。

启用"原点"命令创建新的 UCS，AutoCAD 2019 中文版命令行提示如下。

```
命令: ucs
当前 UCS 名称: *世界*
指定 UCS 的原点或 [面(F)/命名(NA)/对象(OB)/上一个(P)/视图(V)/世界(W)/X/Y/Z/Z 轴(ZA)]
<世界>: o                          //单击"原点"按钮
指定新原点 <0, 0, 0>:               //确定新坐标系原点
```

通过指定新坐标系的原点与 z 轴来创建一个新的 UCS，在创建过程中系统会根据右手定则判定坐标系的方向。

启用命令的方法如下。

- 工具栏：单击"UCS"工具栏中的"Z 轴矢量"按钮 。

● 菜单命令："工具 > 新建 UCS > Z 轴矢量"。

启用"Z"命令创建新的 UCS，AutoCAD 2019 中文版命令行提示如下。

```
命令: ucs
当前 UCS 名称: *世界*
指定 UCS 的原点或 [面(F)/命名(NA)/对象(OB)/上一个(P)/视图(V)/世界(W)/X/Y/Z/Z 轴(ZA)]
<世界>: zaxis                                    //单击"Z 轴矢量"按钮
指定新原点 <0, 0, 0>:                            //确定新坐标系原点
在正 z 轴范围上指定点 <0.0000,0.0000,1.0000 >:   //确定新坐标系 z 轴正方向
```

通过指定新坐标系的原点、x 轴的方向及 y 轴的方向来创建一个新的 UCS。

启用命令的方法如下。

● 工具栏：单击"UCS"工具栏中的"三点"按钮。

● 菜单命令："工具 > 新建 UCS > 三点"。

启用"三点"命令创建新的 UCS，AutoCAD 2019 中文版命令行提示如下。

```
命令: ucs
当前 UCS 名称: *世界*
指定 UCS 的原点或 [面(F)/命名(NA)/对象(OB)/上一个(P)/视图(V)/世界(W)/X/Y/Z/Z 轴(ZA)]
<世界>: 3                                         //单击"三点"按钮
指定新原点 <0, 0, 0>:                             //确定新坐标系原点
在正 x 轴范围上指定点 <1.0000,0.0000,0.0000>:     //确定新坐标系 x 轴的正方向
在 UCS XY 平面的正 y 轴范围上指定点 <0.0000,1.0000,0.0000>:
                                                 //确定新坐标系 y 轴的正方向
```

通过指定一个已有对象来创建新的 UCS，创建的坐标系与选择对象具有相同的 z 轴方向，它的原点及 x 轴的正方向按表 9-1 所示的规则确定。

启用命令的方法如下。

● 工具栏：单击"UCS"工具栏中的"对象"按钮。

● 菜单命令："工具 > 新建 UCS > 对象"。

表 9-1　对象与 UCS 方向

可选对象	创建好的 UCS 方向
直线	以离拾取点最近的端点为原点，x 轴方向与直线方向一致
圆	以圆心为原点，x 轴通过拾取点
圆弧	以圆弧圆心为原点，x 轴通过离拾取点最近的一点
标注	以标注文字中心为原点，x 轴平行于绘制标注时有效 UCS 的 x 轴
点	以选取点为原点，x 轴方向可以任意确定
二维多段线	以多段线的起点为原点，x 轴沿从起点到下一顶点的线段延伸
二维填充	以二维填充的第一点为原点，x 轴为两起始点之间的直线
三维面	以三维面的第一点为新 UCS 的原点，x 轴为两起始点之间的直线，y 轴的正方向为第一点和第四点之间的连线方向，z 轴由右手定则确定
文字、块引用、属性定义	以对象的插入点为原点，x 轴由对象绕其拉伸方向旋转定义，用于确保新 UCS 的对象在新 UCS 中的旋转角度为 0°

通过选择三维实体的面来创建新 UCS。被选中的面以虚线显示，新建坐标系的 xy 平面落在该实

体面上，同时其 *x* 轴与所选择面的最近边对齐。

启用命令的方法如下。

- 工具栏：单击"UCS"工具栏中的"面 UCS"按钮。
- 菜单命令："工具 > 新建 UCS > 面"。

启用"面 UCS"命令创建新的 UCS，AutoCAD 2019 中文版命令行提示如下。

```
命令：ucs
当前 UCS 名称：*世界*
指定 UCS 的原点或 [面(F)/命名(NA)/对象(OB)/上一个(P)/视图(V)/世界(W)/X/Y/Z/Z 轴(ZA)]
<世界>：f                                        //单击"面 UCS"按钮
选择实体对象的面：                                //选择实体的面
输入选项 [下一个(N) /X 轴反向(X) /Y 轴反向(Y) ] <接受>：//按 Enter 键
```

提示选项解释如下。

- 下一个（N）：用于将 UCS 放到邻近的实体面上。
- X 轴反向（X）：用于将 UCS 绕 *x* 轴旋转 180°。
- Y 轴反向（Y）：用于将 UCS 绕 *y* 轴旋转 180°。

通过当前视图来创建新 UCS。新 UCS 的原点保持在当前坐标系的原点位置，其 *xoy* 平面设置在与当前视图平行的平面上。

启用命令的方法如下。

- 工具栏：单击"UCS"工具栏中的"视图"按钮。
- 菜单命令："工具 > 新建 UCS > 视图"。

通过指定绕某一坐标轴旋转的角度来创建新 UCS。

启用命令的方法如下。

- 工具栏：单击"UCS"工具栏中的"X"按钮、"Y"按钮或"Z"按钮。
- 菜单命令："工具 > 新建 UCS > X、Y 或 Z"。

9.2　三维模型的观察方法

建立好三维模型后，用户通常要对其进行多角度观察，这就需要定义模型的观察方向。在 AutoCAD 2019 中文版中，系统已经预设了几个标准的观察方向，用户可以直接采用，也可以自定义观察方向对模型进行观察。除此之外，还可以进行多视口观察。

9.2.1　课堂案例——观察支架的三维模型

【案例学习目标】熟悉软件的三维环境，掌握三维模型的观察方法。

【案例知识要点】启用"命名视图"命令设置视图的名称，并使用"左视"命令、"西南等轴测"命令、"前视"命令、"世界 UCS"命令、"视点预设"命令、"视点"命令和"自由动态观察"命令，从不同的方向观察支架的三维模型。

【效果文件所在位置】云盘/Ch09/DWG/支架 1。

微课视频

观察支架
的三维模型

（1）打开云盘中的"Ch09 > 素材 > 支架 1.dwg"文件，如图 9-6 所示。

（2）选择"视图 > 三维视图 > 左视"命令，观察支架实体模型的左视图，如图 9-7 所示。

（3）选择"视图 > 三维视图 > 西南等轴测"命令，从西南方向观察支架实体模型的等轴测视图，如图 9-8 所示。

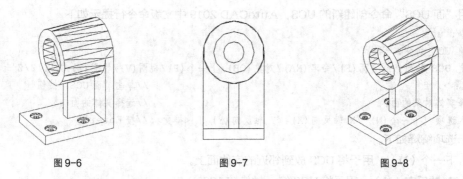

图 9-6   图 9-7   图 9-8

（4）选择"视图 > 三维视图 > 前视"命令，观察支架实体模型的前视图，如图 9-9 所示。

（5）选择"视图 > 三维视图 > 平面视图 > 世界 UCS"命令，观察支架实体模型的平面视图，如图 9-10 所示。

（6）选择"视图 > 三维视图 > 视点预设"命令，弹出"视点预设"对话框。在该对话框的"X轴"数值框中输入"135"，在"XY 平面"数值框中输入"45"，如图 9-11 所示。单击"确定"按钮 ___确定___，确认观察模型的角度（即视点），如图 9-12 所示。

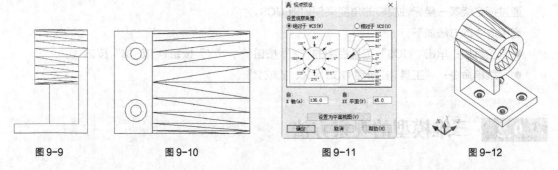

图 9-9   图 9-10   图 9-11   图 9-12

（7）在命令行中输入"vpoint"命令，然后按 Enter 键，也可以设置观察模型的角度，如图 9-13 所示。

```
命令: vpoint
*** 切换至 WCS ***
当前视图方向：VIEWDIR=6.1237,9.6066,12.2474
指定视点或 [旋转(R)] <显示坐标球和三轴架>: R        //选择"旋转"选项
输入 XY 平面中与 X 轴的夹角 <135>: 120              //输入观察方向的角度
输入与 XY 平面的夹角 <45>: 30                       //输入观察方向的角度
*** 返回 UCS ***
正在重生成模型。
```

（8）选择"视图 > 三维视图 > 视点"命令，还可以利用屏幕上显示的罗盘与三轴架来设置观察模型的角度。

```
命令: vpoint
*** 切换至 WCS ***
当前视图方向: VIEWDIR=6.1237,-6.1237,15.0000
指定视点或 [旋转(R)] <显示坐标球和三轴架>: //屏幕显示罗盘与三轴架,在罗盘中移动十字光标,
                                            移动到合适的位置,如图 9-14 所示,然后单击,图
                                            形效果如图 9-15 所示
*** 返回 UCS ***
正在重生成模型。
```

（9）选择"视图 > 动态观察 > 自由动态观察"命令，可以动态观察支架的实体模型，如图 9-16 所示。在绘图窗口中按住鼠标左键并沿一定方向移动鼠标，实体模型也会随之转动。

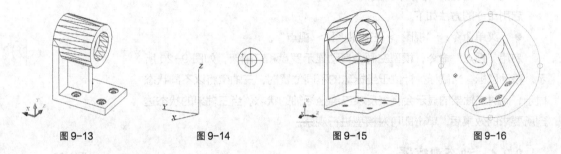

图 9-13   图 9-14   图 9-15   图 9-16

9.2.2　视图观察

AutoCAD 2019 中文版提供了 10 个标准视点来观察模型，其中包括 6 个正交投影视图和 4 个等轴测视图，分别为俯视图、仰视图、左视图、右视图、前视图、后视图，以及西南等轴测视图、东南等轴测视图、东北等轴测视图和西北等轴测视图。

启用命令的方法如下。

- 工具栏：单击"视图"工具栏中的按钮，如图 9-17 所示。
- 菜单命令："视图 > 三维视图"子菜单命令，如图 9-18 所示。

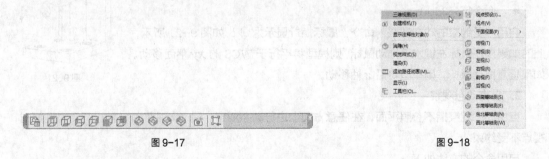

图 9-17   图 9-18

9.2.3　设置视点

在 AutoCAD 2019 中文版中观察模型，除了可以通过标准视点观察外，还可以自定义视点，从任意位置对模型进行观察。可以启用"视点预设"或"视点"命令来设置视点。

1.　启用"视点预设"命令来设置视点

启用命令的方法如下。

- 菜单命令："视图 > 三维视图 > 视点预设"。
- 命令行：ddvpoint。

启用"视点预设"命令，弹出"视点预设"对话框，如图 9-19 所示。"视点预设"对话框中有两个刻度盘。左边刻度盘用来设置视线在 xy 平面内的投影与 x 轴的夹角，也可以直接在刻度盘下方的"X 轴"数值框中定义该值。右边刻度盘用来设置视线与 xy 平面的夹角，同理也可以直接在刻度盘下方的"XY 平面"数值框中定义该值。设置完参数后，单击 确定 按钮，即可对模型进行观察。

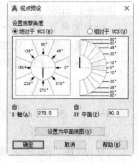

图 9-19

2. 启用"视点"命令来设置视点

启用命令的方法如下。

- 菜单命令："视图 > 三维视图 > 视点"。

启用"视点"命令，模型空间会自动显示罗盘和三轴架，如图 9-20 所示。移动鼠标，当鼠标指针位于坐标球的不同位置时，三轴架将以不同状态显示，此时三轴架的显示会直接反映三维坐标轴的状态。当三轴架的状态达到所要求的效果后，单击即可对模型进行观察。

图 9-20

9.2.4 动态观察器

利用动态观察器可以通过简单的鼠标操作对三维模型进行多角度观察，从而使操作更加灵活、观察角度更加全面。动态观察又分为受约束的动态观察、自由动态观察和连续动态观察 3 种。

1. 受约束的动态观察

沿 xy 平面或 z 轴约束三维动态观察。

启用命令的方法如下。

- 工具栏：单击"动态观察"工具栏中的"受约束的动态观察"按钮 。
- 菜单命令："视图 > 动态观察 > 受约束的动态观察"。
- 命令行：3dorbit。

启用"受约束的动态观察"命令，鼠标指针显示为 ，如图 9-21 所示，此时如果按住鼠标左键水平拖动鼠标，则模型将平行于 WCS 的 xy 平面移动。如果垂直拖动鼠标，则模型将沿 z 轴移动。

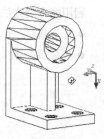

图 9-21

2. 自由动态观察

自由动态观察指不参照平面，在任意方向上进行动态观察。沿 xy 平面和 z 轴进行动态观察时，视点不受约束。

启用命令的方法如下。

- 工具栏：单击"动态观察"工具栏中的"自由动态观察"按钮 。
- 菜单命令："视图 > 动态观察 > 自由动态观察"。
- 命令行：3dforbit。

启用"自由动态观察"命令，在当前视口中激活三维自由动态观察视图，并在图形的周围出现一个绿色的大圆，在大圆上出现 4 个绿色的小圆，如图 9-22 所示。

在拖动鼠标旋转观察模型时，鼠标指针位于转盘的不同部位，指针会显示为不同的形状，拖动鼠标将会产生不同的显示效果。

移动鼠标指针到大圆之外时，鼠标指针显示为 ⊙，此时拖动鼠标，视
图将绕通过转盘中心并垂直于屏幕的轴旋转。

移动鼠标指针到大圆之内时，鼠标指针显示为 ⊕，此时可以在水平、
垂直和对角方向拖动鼠标，旋转视图。

移动鼠标指针到左边或右边小圆之上时，鼠标指针显示为 ⟷，此时拖
动鼠标，视图将绕通过转盘中心的垂直轴旋转。

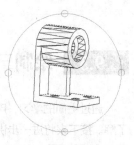

图 9-22

移动鼠标指针到上边或下边小圆之上时，鼠标指针显示为 ⟷，此时拖动鼠标，视图将绕通过转
盘中心的水平轴旋转。

3. 连续动态观察

连续动态观察是指进行连续的动态观察。在连续动态观察移动的方向上单击并拖动鼠标，然后释
放鼠标按键，轨道将沿该方向继续移动。

启用命令的方法如下。

● 工具栏：单击"动态观察"工具栏中的"连续动态观察"按钮 ⧉。

● 菜单命令："视图 > 动态观察 > 连续动态观察"。

● 命令行：3dcorbit。

启用"连续动态观察"命令，鼠标指针显示为 ⊗，此时，在绘图窗口中单击
并沿任意方向拖动定点设备，可以使对象沿正在拖动的方向开始移动。释放定点
设备上的按钮，对象将在指定的方向上继续沿轨迹运动，如图 9-23 所示。为鼠
标移动设置的速度决定了对象的旋转速度。

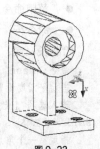

图 9-23

9.2.5 多视口观察

在模型空间内，可以将绘图窗口拆分成多个视口，这样在创建复杂的模型时，就可以在不同的视
口中从多个方向观察模型，如图 9-24 所示。

启用命令的方法如下。

● 菜单命令："视图 > 视口"子菜单中的命令，如图 9-25 所示。

● 命令行：vports。

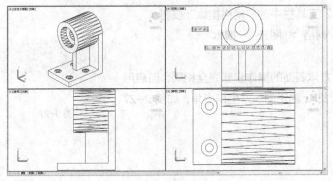

图 9-24

图 9-25

9.3 绘制三维曲面

通过上面的学习，用户对三维坐标系的定义、使用，以及对三维图形的观察方法已经有了一定的了解。接下来将进一步讲解如何在三维空间中绘制三维图形。本节将重点介绍几种基本形体表面的绘制方法，如长方体表面、楔体表面、棱锥体表面、圆锥表面、球体表面、圆环表面、三维网格面、旋转曲面、平移曲面、直纹曲面及边界曲面。

9.3.1 长方体表面

启用命令的方法如下。

- 工具栏：单击"平滑网格图元"工具栏中的"网格长方体"按钮 。
- 菜单命令："绘图 > 建模 > 网格 > 图元 > 长方体"。
- 命令行：mesh。

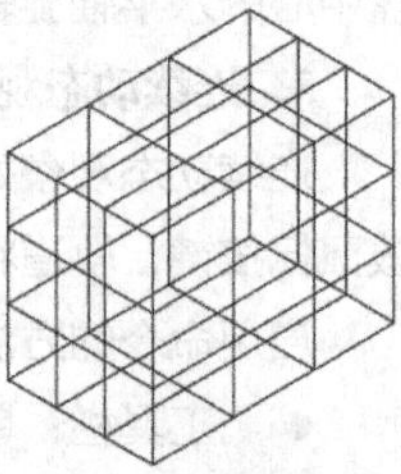

绘制长、宽、高分别为 100、60、80 的长方体表面，如图 9-26 所示。

图 9-26

```
命令：mesh                              //在命令行输入 mesh 并按 Enter 键
当前平滑度设置为 0：
输入选项 [长方体(B)/圆锥体(C)/圆柱体(CY)/棱锥体(P)/球体(S)/楔体(W)/圆环体(T)/设置
(SE)] <长方体>：B                        //选择"长方体"选项
指定第一个角点或[中心(C)]：                //单击指定第一个角点
指定其他角点或[立方体(C)/长度(L)]：L       //选择"长度"选项
指定长度：100                            //输入长方体表面的长度
指定宽度：60                             //输入长方体表面的宽度
指定高度或[两点(2P)] <0.0001>：80         //输入长方体表面的高度
```

使用"长方体"命令可以直接绘制立方体表面，当命令行出现"指定长方体表面的宽度或 [立方体(C)]："时，输入"C"，然后按 Enter 键，即可绘制立方体表面。

9.3.2 楔体表面

启用命令的方法如下。

- 工具栏：单击"平滑网格图元"工具栏中的"网格楔体"按钮 。
- 菜单命令："绘图 > 建模 > 网格 > 图元 > 楔体"。
- 命令行：mesh。

绘制楔体表面的操作步骤与绘制长方体表面的操作步骤完全相同，但启用"楔体"命令绘制的图形会在长度方向（即 x 轴正向）产生楔形角，如图 9-27 所示。

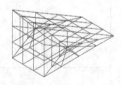

图 9-27

9.3.3 棱锥体表面

启用命令的方法如下。

- 工具栏：单击"平滑网格图元"工具栏中的"网格棱锥体"按钮 。

● 菜单命令："绘图 > 建模 > 网格 > 图元 > 棱锥体"。

● 命令行：mesh。

绘制四棱锥面，如图 9-28 所示。

```
命令: mesh                                              //在命令行中输入"mesh"
当前平滑度设置为 0:
输入选项 [长方体(B)/圆锥体(C)/圆柱体(CY) /棱锥体(P)/球体(S) /楔体(W) /圆环体(T)/设置
(SE)] <长方体>: P                                       //选择"棱锥体"选项
指定底面的中心点或[边(E)/侧面(S)]:                        //单击指定底面的中心点位置
指定底面半径或[内接(I)]<55.8147>: 60                     //输入底面半径
指定高度或[两点(2P)/轴端点(A)/顶面半径(T)] <0.0001>: 120   //输入高度
```

绘制四棱台面，如图 9-29 所示。

```
命令: mesh                                              //在命令行中输入"mesh"
当前平滑度设置为 0:
输入选项 [长方体(B)/圆锥体(C)/圆柱体(CY) /棱锥体(P)/球体(S) /楔体(W) /圆环体(T)/设置
(SE)] <长方体>: P                                       //选择"棱锥体"选项
指定底面的中心点或[边(E)/侧面(S)]:                        //单击指定底面或中心点位置
指定底面半径或[内接(I)]<55.8147>: 80                     //输入底面半径
指定高度或[两点(2P)/轴端点(A)/顶面半径(T)] <0.0001>: T     //选择"顶面半径"选项
指定顶面半径<0.0000>: 30                                 //输入顶面半径
指定高度或[两点(2P)/轴端点(A)] <0.0001>: 120             //输入高度
```

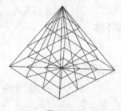

图 9-28

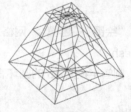

图 9-29

9.3.4 圆锥表面

启用命令的方法如下。

● 工具栏：单击"平滑网格图元"工具栏中的"网格圆锥体"按钮 。

● 菜单命令："绘图 > 建模 > 网格 > 图元 > 圆锥体"。

● 命令行：mesh。

绘制圆锥面，如图 9-30 所示。

图 9-30

```
命令: mesh                                              //在命令行中输入"mesh"
当前平滑度设置为 0:
输入选项 [长方体(B)/圆锥体(C)/圆柱体(CY) /棱锥体(P)/球体(S) /楔体(W) /圆环体(T)/设置
(SE)] <长方体>: C                                       //选择"圆锥体"选项
指定底面的中心点或[三点(3P)/两点(2P)/切点、切点、半径(T)/椭圆(E)]:
                                                        //单击确定底面的中心点位置
指定底面的半径或[直径(D)] <55.6541>: 30                   //输入半径
指定高度或[两点(2P)/轴端点(A)/顶面半径(T)] <0.0001>: 90    //输入高度
```

通过设置圆锥面的顶面半径，可以获得形状不同的图形。当顶面半径为 0 时，形成圆锥表面；当顶面半径等于底面半径时，形成圆柱表面；当顶面半径不为 0 且不等于底面半径时，形成圆台表面。

9.3.5 球体表面

启用命令的方法如下。

- 工具栏：单击"平滑网格图元"工具栏中的"网格球体"按钮 ⊕ 。
- 菜单命令："绘图 > 建模 > 网格 > 图元 > 球体"。
- 命令行：mesh。

绘制半径为 50 的球体表面，如图 9-31 所示。

图 9-31

命令：mesh	//在命令行中输入"mesh"
当前平滑度设置为 0：	
输入选项 [长方体(B)/圆锥体(C)/圆柱体(CY)/棱锥体(P)/球体(S)/楔体(W)/圆环体(T)/设置(SE)]<长方体>：S	//选择"球体"选项
指定中心点或[三点(3P)/两点(2P)/切点、切点、半径(T)]：	//单击确定中心点位置
指定半径或[直径(D)]<30.0000>：50	//输入半径

9.3.6 圆环表面

启用命令的方法如下。

- 工具栏：单击"平滑网格图元"工具栏中的"网格圆环体"按钮 ◉ 。
- 菜单命令："绘图 > 建模 > 网格 > 图元 > 圆环体"。
- 命令行：mesh。

绘制半径为 50、圆管半径为 15 的圆环表面，如图 9-32 所示。

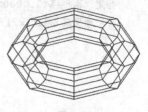

图 9-32

命令：mesh	//在命令行中输入"mesh"
当前平滑度设置为 0：	
输入选项 [长方体(B)/圆锥体(C)/圆柱体(CY)/棱锥体(P)/球体(S)/楔体(W)/圆环体(T)/设置(SE)]<长方体>：T	//选择"圆环体"选项
指定中心点或[三点(3P)/两点(2P)/切点、切点、半径(T)]：	//单击确定中心点位置
指定半径或[直径(D)]<30.0000>：50	//输入半径
指定圆管半径或[两点(2P)/直径(D)]：15	//输入圆管半径

9.3.7 三维网格面

三维网格面是指将要绘制的曲面用 M 行 N 列，即 $M \times N$ 个网格来表示，并将形成网格的各个结点坐标赋给 AutoCAD 2019 中文版，最终形成三维网格面，如图 9-33 所示。

启用命令的方法如下。

- 命令行：3dmesh。

绘制三维网格面，如图 9-34 所示。

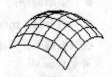

图 9-33

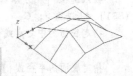

图 9-34

命令：3dmesh	//在命令行中输入"3dmesh"
输入 M 方向上的网格数量：4	//输入 M 方向网格数，变化范围为 2~225
输入 N 方向上的网格数量：4	//输入 N 方向网格数，变化范围为 2~225

```
指定顶点 (0, 0) 的位置: 0,0,0              //输入第 0 行第 0 列顶点的坐标
指定顶点 (0, 1) 的位置: 10,0,0             //输入第 0 行第 1 列顶点的坐标
指定顶点 (0, 2) 的位置: 20,0,0             //输入第 0 行第 2 列顶点的坐标
指定顶点 (0, 3) 的位置: 30,0,0             //输入第 0 行第 3 列顶点的坐标
指定顶点 (1, 0) 的位置: 0,10,0             //输入第 1 行第 0 列顶点的坐标
指定顶点 (1, 1) 的位置: 10,10,5            //输入第 1 行第 1 列顶点的坐标
指定顶点 (1, 2) 的位置: 20,10,10           //输入第 1 行第 2 列顶点的坐标
指定顶点 (1, 3) 的位置: 30,10,5            //输入第 1 行第 3 列顶点的坐标
指定顶点 (2, 0) 的位置: 0,20,0             //依次定义第 2 行顶点的位置
指定顶点 (2, 1) 的位置: 10,20,5
指定顶点 (2, 2) 的位置: 20,20,10
指定顶点 (2, 3) 的位置: 30,20,5
指定顶点 (3, 0) 的位置: 0,30,0             //依次定义第 3 行顶点的位置
指定顶点 (3, 1) 的位置: 10,30,0
指定顶点 (3, 2) 的位置: 20,30,0
指定顶点 (3, 3) 的位置: 30,30,0
```

在绘制三维网格面的过程中, 若定义的网格数足够多, 则可绘制出形状复杂的曲面。手动计算并输入每个网格顶点的坐标值, 不但烦琐而且容易出错, 因此常用的方法是借助 AutoLISP、VB、VC 等程序设计语言编写相应的程序来完成输入。

9.3.8 旋转曲面

绘制旋转曲面必须具备两个对象: 一个是旋转的轮廓, 又称迹线; 另一个是旋转的中心, 又称轴线, 如图 9-35 所示。

启用命令的方法如下。

● 菜单命令: "绘图 > 建模 > 网格 > 旋转网格"。

● 命令行: revsurf。

打开云盘中的"Ch09 > 素材 > 旋转曲面.dwg"文件, 如图 9-36 所示。启用"旋转曲面"命令绘制旋转曲面, 完成后选择"视图 > 消隐"命令, 对旋转曲面进行消隐, 如图 9-37 所示。

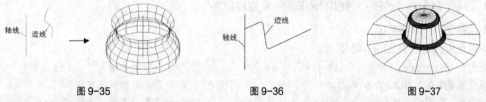

图 9-35　　　　　　　　　　图 9-36　　　　　　　　　　图 9-37

```
命令: surftab1                            //在命令行中输入"surftab1"
输入 SURFTAB1 的新值 <6>: 20              //输入线框密度
命令: surftab2
输入 SURFTAB2 的新值 <6>: 20              //输入线框密度
命令: revsurf                             //在命令行输入"revsurf"
当前线框密度: SURFTAB1=20  SURFTAB2=20    //显示当前的线框密度
选择要旋转的对象:                          //选择迹线
选择定义旋转轴的对象:                      //选择轴线
指定起点角度 <0>:                          //输入起始角度
指定包含角 (+=逆时针, -=顺时针) <360>:    //输入包含角度
```

在绘制旋转曲面的过程中，当命令行提示选择旋转对象时，一次只能选择一个对象，不能选择多个对象。如果旋转迹线是由多条曲线连接而成的，那么必须提前单击"修改Ⅱ"工具栏中的"编辑多段线"按钮，将其转化为一条多段线。

9.3.9　平移曲面

绘制平移曲面必须具备两个对象，即轮廓曲线和方向矢量，如图 9-38 所示。

启用命令的方法如下。

● 菜单命令："绘图 > 建模 > 网格 > 平移网格"。

● 命令行：tabsurf。

绘制平移曲面，如图 9-39 所示。

命令: tabsurf	//在命令行中输入"tabsurf"
当前线框密度: SURFTAB1=20	//显示当前的线框密度
选择用作轮廓曲线的对象:	//选择轮廓曲线
选择用作方向矢量的对象:	//选择方向矢量

在选择方向矢量时，鼠标指针的拾取位置将会影响绘图的结果。单击直线的右端时，绘制的图形如图 9-39 所示；单击直线的左端时，绘制的图形如图 9-40 所示。

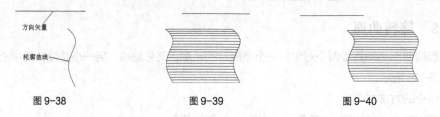

图 9-38　　　　　　　　图 9-39　　　　　　　　图 9-40

9.3.10　直纹曲面

直纹曲面是指用连接两条曲线的直线段形成的平面或曲面，如图 9-41 所示。

启用命令的方法如下。

● 菜单命令："绘图 > 建模 > 网格 > 直纹网格"。

● 命令行：rulesurf。

绘制直纹曲面，如图 9-42 所示。

命令: rulesurf	//在命令行中输入"rulesurf"
当前线框密度: SURFTAB1=20	//显示当前的线框密度
选择第一条定义曲线:	//选择第一条定义曲线
选择第二条定义曲线:	//选择第二条定义曲线

在选择两条定义曲线时，鼠标指针的拾取位置将会影响绘图的结果。当鼠标指针的拾取位置位于同一侧时，绘制的图形如图 9-42 所示；当鼠标指针的拾取位置位于不同侧时，绘制的图形如图 9-43 所示。

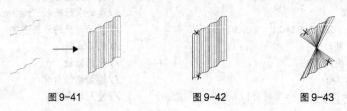

图 9-41　　　　　　　　图 9-42　　　　　　　　图 9-43

9.3.11 边界曲面

边界曲面是指以相互连接的 4 条曲线作为曲面边界形成的曲面，如图 9-44 所示。要注意的是，这 4 条曲线可以在同一平面内，也可以不在同一平面内，但必须首尾相接。

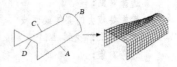

图 9-44

启用命令的方法如下。

● 菜单命令："绘图 > 建模 > 网格 > 边界网格"。
● 命令行：edgesurf。

绘制边界曲面，如图 9-44 所示。

```
命令：edgesurf                                    //在命令行中输入"edgesurf"
当前线框密度：SURFTAB1=20  SURFTAB2=20            //显示当前线框密度
选择用作曲面边界的对象 1：                          //选择曲线 A
选择用作曲面边界的对象 2：                          //选择曲线 B
选择用作曲面边界的对象 3：                          //选择曲线 C
选择用作曲面边界的对象 4：                          //选择曲线 D
```

以上为创建三维曲面的一些基本方法，在命令行中输入"3D"命令，在它的子命令中也能得到上述的一些命令，这里就不再赘述了。

9.4 绘制简单的三维实体

上节详细介绍了基本三维曲面的绘制方法，本节将重点介绍基本三维实体模型的绘制方法，如长方体、球体、圆柱体、圆锥体、楔体、圆环体，以及通过拉伸和旋转命令绘制三维实体的方法。

微课视频

绘制螺母

9.4.1 课堂案例——绘制螺母

【案例学习目标】掌握绘制三维模型的各项命令。

【案例知识要点】使用"圆"按钮、"面域"按钮、"差集"按钮、"拉伸"按钮、"圆角"按钮、"倒角"按钮、"多边形"按钮和"交集"按钮来绘制螺母，如图 9-45 所示。

【效果文件所在位置】云盘/Ch09/DWG/螺母。

（1）创建图形文件。选择"文件 > 新建"命令，弹出"选择样板"对话框，单击"打开"按钮，创建新的图形文件。

图 9-45

（2）单击"圆"按钮 ⊙，绘制两个半径分别为 4 和 9 的圆。单击"面域"按钮 ◙，按照命令提示区的提示，将绘制的两个圆形创建成两个面域。单击"西南等轴测"按钮 ◈，从西南方向观察效果，如图 9-46 所示。

（3）单击"差集"按钮 ◩，将由大圆形成的面域作为被减对象，由小圆形成的面域作为要减去的对象，执行布尔差运算操作。单击"视觉样式"工具栏中的"概念视觉样式"按钮 ●，图形效果如图 9-47 所示。

```
命令：subtract 选择要从中减去的实体或面域...          //单击"差集"按钮 ◩
```

选择对象：找到 1 个	//选择由大圆形成的面域
选择对象：	//按 Enter 键
选择要减去的实体或面域 ...	
选择对象：找到 1 个	//选择由小圆形成的面域
选择对象：	//按 Enter 键

（4）单击"拉伸"按钮▣|，将环面作为拉伸对象，并定义拉伸高度为 9.4，完成螺母基体的绘制。选择"视图 > 消隐"命令，图形效果如图 9-48 所示。

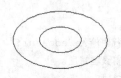

图 9-46　　　　　　　　图 9-47　　　　　　　　图 9-48

命令：extrude	//单击"拉伸"按钮▣|
当前线框密度： ISOLINES=4，闭合轮廓创建模式=实体	
选择要拉伸的对象或[模式(MO)]：	//选择环面
选择要拉伸的对象：找到 1 个	//选择一个对象
选择要拉伸的对象或[模式(MO)]：	//按 Enter 键
指定拉伸高度或 [方向(D)/路径(P)/倾斜角(T)/表达式(E)]：9.4	//输入拉伸高度

（5）单击"二维线框"按钮▣，以线框模式观察图形，单击"倒角"按钮◿，对内孔的棱边 *A*、*B* 进行倒角操作，如图 9-49 所示。完成倒角操作后，图形效果如图 9-50 所示。

命令：chamfer	//单击"倒角"按钮◿
（"修剪"模式）当前倒角距离 1 = 0.0000，距离 2 = 0.0000	
选择第一条直线或 [放弃(U)/多段线(P)/距离(D)/角度(A)/修剪(T)/方式(E)/多个(M)]：	
	//选择棱边 *A*
基面选择...	
输入曲面选择选项 [下一个(N)/当前(OK)] <当前>：	//按 Enter 键
指定基面的倒角距离或[表达式(E)]：1	//输入基面内的倒角距离
指定其他曲面的倒角距离 <1.0000>：	//按 Enter 键
选择边或 [环(L)]：	//选择棱边 *A*
选择边或 [环(L)]：	//选择棱边 *B*
选择边或 [环(L)]：	//按 Enter 键

（6）单击"圆角"按钮◠，对模型的棱边 C、D 进行倒圆角操作，如图 9-51 所示。完成倒圆角操作后，图形效果如图 9-52 所示。

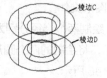

图 9-49　　　　　　图 9-50　　　　　　图 9-51　　　　　　图 9-52

命令：fillet	//单击"圆角"按钮◠
当前设置：模式 = 修剪，半径 = 0.0000	
选择第一个对象或 [放弃(U)/多段线(P)/半径(R)/修剪(T)/多个(M)]：	//选择棱边 C

输入圆角半径或[表达式(E)]：1	//输入圆角半径
选择边或 [链(C)/环(L)/半径(R)]：C	//选择"链"选项
选择边链或 [边(E)/半径(R)]：	//选择棱边 C
选择边链或 [边(E)/半径(R)]：	//选择棱边 D
选择边链或 [边(E)/半径(R)]：	//按 Enter 键
已选定 2 条边用于圆角。	

（7）单击"多边形"按钮⬡，定义边数为 6，输入选项为外切于圆，半径为 8，绘制一个正六边形，图形效果如图 9-53 所示。单击"移动"按钮✥，捕捉刚绘制的正六边形中心点并将其移动到螺母基体的底面圆心处，图形效果如图 9-54 所示。

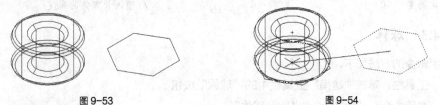

图 9-53   图 9-54

（8）单击"拉伸"按钮⬛，将正六边形作为拉伸对象，并定义拉伸高度为 12，选择"视图 >消隐"命令，图形效果如图 9-55 所示。单击"交集"按钮⬚，依次选择螺母基体及刚产生的拉伸实体，执行布尔交运算操作，完成螺母的绘制，图形效果如图 9-56 所示。单击"概念视觉样式"按钮●，对创建好的螺母模型进行着色观察，图形效果如图 9-57 所示。

图 9-55   图 9-56   图 9-57

命令：intersect	//单击"交集"按钮⬚
选择对象：找到 1 个	//选择螺母基体
选择对象：找到 1 个，总计 2 个	//选择步骤（8）产生的拉伸实体
选择对象：	//按 Enter 键

9.4.2 长方体

启用命令的方法如下。

- 工具栏：单击"建模"工具栏中的"长方体"按钮▢。
- 菜单命令："绘图 > 建模 > 长方体"。
- 命令行：box。

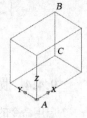

图 9-58

绘制长、宽、高分别为 100、60、80 的长方体，如图 9-58 所示。

命令：box	//单击"长方体"按钮▢
指定第一个角点或[中心(C)]：0,0,0	//输入长方体角点 A 的三维坐标
指定其他角点或[立方体(C)/长度(L)]：100,60,80	//输入长方体另一角点 B 的三维坐标

提示选项解释如下。

- 中心（C）：定义长方体的中心点，并根据该中心点和一个角点来绘制长方体。

- 立方体（C）：绘制立方体，选择该选项后，即可根据提示输入立方体的边长。
- 长度（L）：选择该选项后，系统会依次提示输入长方体的长、宽、高来定义长方体。

另外，在绘制长方体的过程中，当命令行提示指定长方体的其他角点时，还可以通过输入长方体底面角点 C 的平面坐标，然后输入长方体的高度来完成长方体的绘制，也就是说，绘制上面的长方体图形也可以通过下面的操作步骤来完成。

```
命令：box
指定第一个角点或 [中心(C)]：0,0,0              //输入长方体角点 A 的三维坐标
指定其他角点或 [立方体(C)/长度(L)]：80,100     //输入长方体底面角点 C 的平面坐标
指定高度：60                                  //输入长方体的高度
```

9.4.3 球体

启用命令的方法如下。

- 工具栏：单击"建模"工具栏中的"球体"按钮○。
- 菜单命令："绘图 > 建模 > 球体"。
- 命令行：sphere。

绘制半径为 100 的球体，如图 9-59 所示。

```
命令：sphere                                                //单击"球体"按钮○
指定中心点或 [三点(3P)/两点(2P)/相切、相切、半径(T)]：0,0,0    //输入球心的坐标
指定半径或 [直径(D)]：100                                    //输入球体的半径
```

绘制完球体后，可以选择"视图 > 消隐"命令，对球体进行消隐观察，如图 9-60 所示。与消隐后观察的图形相比，图 9-59 所示球体的外形线框的线条太少，不能反映整个球体的外观，此时可以修改系统参数 ISOLINES 的值来增加线条的数量，其操作步骤如下。

```
命令：isolines                     //输入系统参数名称
输入 ISOLINES 的新值 <4>：20        //输入系统参数的新值
```

设置完系统参数后，再一次创建同样大小的球体模型，如图 9-61 所示。

图 9-59　　　　　　　图 9-60　　　　　　　图 9-61

9.4.4 圆柱体

启用命令的方法如下。

- 工具栏：单击"建模"工具栏中的"圆柱体"按钮□。
- 菜单命令："绘图 > 建模 > 圆柱体"。
- 命令行：cylinder。

绘制直径为 20、高为 16 的圆柱体，如图 9-62 所示。

图 9-62

```
命令：cylinder                                          //单击"圆柱体"按钮□
指定底面的中心点或 [三点(3P)/两点(2P)/相切、相切、半径(T)/椭圆(E)]：0,0,0
```

//输入圆柱体底面中心点的坐标
指定底面半径或 [直径(D)] <100.0000>: 10 　　//输入圆柱体底面的半径
指定高度或 [两点(2P)/轴端点(A)] <76.5610>: 16　　//输入圆柱体的高度

提示选项解释如下。

● 三点（3P）：通过指定 3 个点来定义圆柱体的底面周长和底面。
● 两点（2P）：上面命令行第 2 行的"两点"选项，用来指定底面圆的直径的两个端点。
● 相切、相切、半径（T）：定义具有指定半径，且与两个对象相切的圆柱
  体底面。
● 椭圆（E）：用来绘制椭圆柱，如图 9-63 所示。

● 两点（2P）：上面命令行最后一行的"两点"选项，用来指定圆柱体的高
  度为两个指定点之间的距离。
● 轴端点（A）：指定圆柱体轴端点的位置。轴端点是圆柱体的顶面中心点。

图 9-63

轴端点可以位于三维空间的任何位置。轴端点定义了圆柱体的长度和方向。

9.4.5　圆锥体

启用命令的方法如下。

● 工具栏：单击"建模"工具栏中的"圆锥体"按钮 △。
● 菜单命令："绘图 > 建模 > 圆锥体"。
● 命令行：cone。

绘制一个底面直径为 30、高为 40 的圆锥体，如图 9-64 所示。

命令: cone　　　　　　　　　　　　　　　　　　//单击"圆锥体"按钮 △
指定底面的中心点或 [三点(3P)/两点(2P)/相切、相切、半径(T)/椭圆(E)]: 0,0,0
　　　　　　　　　　　　　　　　　　　　　　　//输入圆锥体底面中心点的坐标
指定底面半径或 [直径(D)] <9.0000>: 15　　　　　//输入圆锥体底面的半径
指定高度或 [两点(2P)/轴端点(A)/顶面半径(T)] <16.0000>: 40　//输入圆锥体的高度

绘制完圆锥体后，可以选择"视图 > 消隐"命令，对其进行消隐观察。

个别提示选项解释如下。

● 椭圆（E）：将圆锥体底面设置为椭圆形状，用来绘制椭圆锥，如图 9-65 所示。

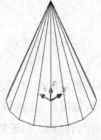

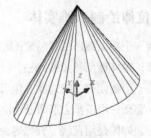

图 9-64　　　　　　　　　　　　　　图 9-65

● 轴端点（A）：通过输入圆锥体轴端点的坐标来绘制倾斜圆锥体，圆锥体的生成方向为底面
  圆心与轴端点的连线方向。
● 顶面半径（T）：绘制圆台时指定圆台的顶面半径。

9.4.6 楔体

启用命令的方法如下。

- 工具栏：单击"建模"工具栏中的"楔体"按钮。
- 菜单命令："绘图 > 建模 > 楔体"。
- 命令行：wedge。

绘制楔体，如图9-66所示。

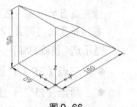

图9-66

```
命令：wedge                                    //单击"楔体"按钮
指定第一个角点或 [中心 (C)] <0,0,0>:          //输入楔体第一个角点的坐标
指定其他角点或 [立方体(C)/长度(L)]：100,60,80  //输入楔体的另一角点的坐标
```

9.4.7 圆环体

启用命令的方法如下。

- 工具栏：单击"建模"工具栏中的"圆环"按钮。
- 菜单命令："绘图 > 建模 > 圆环体"。
- 命令行：torus。

绘制半径为150、圆管半径为15的圆环体，如图9-67所示。

```
命令：torus                                              //单击"圆环"按钮
指定中心点或 [三点(3P)/两点(2P)/相切、相切、半径(T)]：0,0,0 //输入圆环体中心点的坐标
指定半径或 [直径(D)] <15.0000>：150                       //输入圆环体的半径
指定圆管半径或 [两点(2P)/直径(D)]：15                      //输入圆管的半径
```

绘制完圆环体后，可以选择"视图 > 消隐"命令，对其进行消隐观察，如图9-68所示。

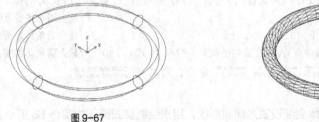

图9-67

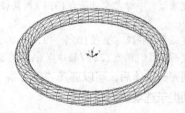

图9-68

9.4.8 通过拉伸绘制三维实体

拉伸操作作用于将一个平面图形沿着特定的路径拉伸形成一个三维实体图形。通过拉伸绘制三维实体必须具备两个元素：拉伸截面和拉伸路径。

拉伸截面可以是一个封闭的二维对象，也可以是由封闭曲线形成的面域。可以作为拉伸截面的封闭二维对象有：圆、椭圆、用正多边形命令绘制的正多边形、用矩形命令绘制的矩形、封闭的样条曲线和封闭的多段线等。如果是用直线、圆弧等命令绘制的一般闭合曲线，由于其不具有完全封闭性，所以不能直接进行拉伸，必须先将其创建成一个面域。要创建面域，可以单击"绘图"工具栏中的"面域"按钮，也可以选择"绘图 > 面域"命令进行创建。

拉伸路径必须是一条多段线，如果拉伸路径是由多条曲线连接而成的曲线，则必须先通过"编辑多段线"按钮，将其转化为一条多段线。该按钮位于"修改Ⅱ"工具栏中。

如果要拉伸绘制的实体为柱状体，则可以不定义拉伸路径而直接定义拉伸高度来完成图形的绘制。
启用命令的方法如下。

- 工具栏：单击"建模"工具栏中的"拉伸"按钮 。
- 菜单命令："绘图 > 建模 > 拉伸"。
- 命令行：extrude。

打开云盘中的"Ch09 > 素材 > 拉伸.dwg"文件，
如图 9-69 所示。启用"拉伸"命令，绘制拉伸实体图形，
完成后单击"视觉样式"工具栏上的"三维隐藏视觉样式"
按钮 ，对拉伸实体进行消隐观察，如图 9-70 所示。

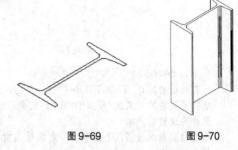

图 9-69   图 9-70

```
命令: extrude                                    //单击"拉伸"按钮
当前线框密度: ISOLINES=4                          //显示当前线框密度
选择要拉伸的对象: 找到 1 个                        //选择拉伸对象
选择要拉伸的对象:                                 //按 Enter 键
指定拉伸的高度或 [方向(D)/路径(P)/倾斜角(T)]: T    //选择"倾斜角"选项
指定拉伸的倾斜角度 <0>: 0                          //输入倾斜角度
指定拉伸的高度或 [方向(D)/路径(P)/倾斜角(T)]: 300  //输入拉伸高度
```

灵活运用"拉伸"命令可以创建出不同的拉伸图形效果。直接指定拉伸高度形成的拉伸图形效果，
如图 9-71 所示；定义倾斜角度后形成的拉伸图形效果，如图 9-72 所示；沿路径拉伸形成的拉伸图
形效果，如图 9-73 所示。

           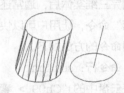

图 9-71   图 9-72   图 9-73

9.4.9　通过旋转绘制三维实体

将一个平面图形绕特定的旋转轴旋转一定的角度，可以形成一个三维实体图形。通过旋转绘制三
维实体必须具备两个元素：旋转截面和旋转轴。与通过拉伸绘制三维实体相似，用来形成旋转实体的
旋转截面可以是一个封闭的二维对象，也可以是由封闭曲线形成的面域。旋转轴可以由两点来定义，
也可以通过选择已有的对象或当前 UCS 的 x 轴或 y 轴来定义。

启用命令的方法如下。

- 工具栏：单击"建模"工具栏中的"旋转"按钮 。
- 菜单命令："绘图 > 建模 > 旋转"。
- 命令行：revolve。

打开云盘中的"Ch09 > 素材 > 旋转.dwg"文件，如图 9-74 所示。启用"旋转"命令，绘制
旋转三维实体图形，完成后单击"视觉样式"工具栏中的"三维隐藏视觉样式"按钮 ，对旋转三维
实体图形进行消隐观察，如图 9-75 所示。

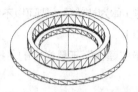

图 9-74   图 9-75

命令：revolve	//单击"旋转"按钮
当前线框密度：ISOLINES=4	//显示当前线框密度
选择要旋转的对象或[模式(MO)]：找到 1 个	//选择旋转截面
选择要旋转的对象：	//按 Enter 键
指定轴起点或根据以下选项之一定义轴 [对象(O)/X/Y/Z] <对象>：	//选择旋转轴的起点
指定轴端点：	//选择旋转轴的端点
指定旋转角度或[起点角度(ST)/反转(R)/表达式(EX)] <360>：	//输入旋转角度

提示选项解释如下。

- 旋转轴的起点：通过两点定义旋转轴。
- 对象（O）：选择一条已有的线段作为旋转轴。
- X 轴（X）：选择 x 轴作为旋转轴。
- Y 轴（Y）：选择 y 轴作为旋转轴。
- Z 轴（Z）：选择 z 轴作为旋转轴。

9.4.10 获取三维实体截面

绘制完三维实体后，通常还需要对实体的内部截面进行观察，为此 AutoCAD 2019 中文版提供了"截面"命令，让用户可以快速、轻易地从三维实体中获取相关的截面信息。

启用命令的方法如下。

- 命令行：section。

打开云盘中的"Ch09 > 素材 > 获取截面.dwg"文件，如图 9-76 所示。启用"截面"命令获取泵盖模型的截面，如图 9-77 所示。

命令：section	//在命令行中输入"section"
选择对象：找到 1 个	//选择泵盖模型
选择对象：	//按 Enter 键
指定截面上的第一个点，依照 [对象(O)/Z 轴(Z)/视图(V)/XY/YZ/ZX/三点(3)] <三点>：	//捕捉中点 A 作为截面的第一个点
指定平面上的第二个点：	//捕捉圆心 B 作为截面的第二个点
指定平面上的第三个点：	//捕捉圆心 C 作为截面的第三个点

得到的截面由于仍放置在原来的位置，不便于观察，因此可以单击"移动"按钮，将截面移动到新的位置，如图 9-78 所示。

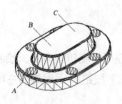

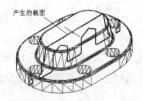

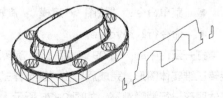

图 9-76   图 9-77   图 9-78

提示选项解释如下。

- 对象（O）：将所选的二维对象所在的平面作为截面，可选的二维对象有圆、椭圆、圆弧、椭圆弧、样条曲线和多段线等。
- Z 轴（Z）：依次选择两点，系统会自动将两点的连线作为截面的法线，并且截面会通过所选的第一点。
- 视图（V）：选择一点，系统会自动将通过该点且与当前视图平面平行的平面作为截面。
- XY：选择一点，系统会自动将通过该点且与当前坐标系的 xy 平面平行的平面作为截面。
- YZ：选择一点，系统会自动将通过该点且与当前坐标系的 yz 平面平行的平面作为截面。
- ZX：选择一点，系统会自动将通过该点且与当前坐标系的 zx 平面平行的平面作为截面。
- 三点（3）：通过指定 3 点来确定截面。

9.4.11 剖切三维实体

剖切是指定义一个剖切平面并通过该剖切平面将已有的三维实体剖切为两个部分。在剖切过程中，用户可以选择是保留剖切产生的两部分实体，还是只保留其中的一侧。

启用命令的方法如下。

- 菜单命令："修改 > 三维操作 > 剖切"。
- 命令行：slice。

打开云盘中的"Ch09 > 素材 > 剖切实体.dwg"文件，如图 9-79 所示。启用"剖切"命令，剖切泵盖模型并保留其中一侧，如图 9-80 所示。

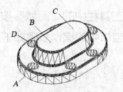
图 9-79

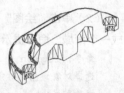
图 9-80

```
命令：slice                                           //选择"修改 > 三维操作 > 剖切"命令
选择要剖切的对象：找到 1 个                              //选择泵盖模型
选择要剖切的对象：                                       //按 Enter 键
指定切面的起点或 [平面对象(O)/曲面(S)/Z 轴(Z)/视图(V)/XY/YZ/ZX/三点(3)] <三点>：3
                                                     //选择"三点"选项
指定平面上的第一个点：                                    //捕捉中点 A 作为剖切平面的第一点
指定平面上的第二个点：                                    //捕捉圆心 B 作为剖切平面的第二点
指定平面上的第三个点：                                    //捕捉圆心 C 作为剖切平面的第三点
在所需的侧面上指定点或 [保留两个侧面(B)] <保留两个侧面>：   //单击 D 点选择要保留的一侧
```

使用"剖切"命令剖切三维实体后，用户可以选择保留其中的任意一侧，也可以选择保留全部。在操作过程中，当命令行提示选择要保留的一侧时，若只想保留剖切后的一侧实体，则在该侧单击即可；若要将两侧同时保留，则可输入"B"，然后按 Enter 键。

9.5 三维图形的高级操作

在绘图过程中通常会遇到很多产品或零件的外形都具有一定特征的情况，或左右对称，或某些细节完全相同。如果一个一个地绘制，必然要做很多重复的工作。对此，AutoCAD 2019 中文版提供了"三维阵列""三维镜像""三维旋转""三维对齐"等命令，便于用户绘图。

9.5.1 课堂案例——绘制普通阶梯轴

微课视频

【案例学习目标】掌握并熟练使用各种高级的三维操作命令。

【案例知识要点】使用"直线"按钮、"面域"按钮、"旋转"按钮、"圆角"按钮、"倒角"按钮、"偏移"按钮、"拉伸"按钮、"差集"按钮来绘制普通阶梯轴，效果如图 9-81 所示。

绘制普通阶梯轴

【效果文件所在位置】云盘/Ch09/DWG/普通阶梯轴。

（1）选择"文件 > 新建"命令，弹出"选择样板"对话框，单击"打开"按钮，创建一个新的图形文件。单击"直线"按钮 ，并打开正交模式，绘制图 9-82 所示的图形。

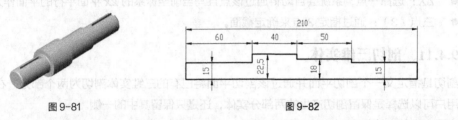

图 9-81   图 9-82

（2）单击"绘图"工具栏中的"面域"按钮 ，用鼠标指针框选步骤（1）绘制的封闭图形，形成一个面域。命令提示窗口中的操作步骤如下。

```
命令: region                                    //单击"面域"按钮 ◎
选择对象: 指定对角点: 找到 10 个                  //选择图形
选择对象:                                        //按 Enter 键
已创建 1 个面域。
```

（3）单击"视图"工具栏中的"西南等轴测"按钮 ，从西南方向观察模型。单击"建模"工具栏中的"旋转"按钮 ，选择生成的面域作为旋转对象，依次捕捉旋转中心的两个端点 A、B 并定义旋转轴，如图 9-83 所示。采用默认旋转角度 360°，旋转生成阶梯轴三维模型的基础，选择"视图 > 消隐"命令，消隐观察模型，效果如图 9-84 所示。命令提示窗口中的操作步骤如下。

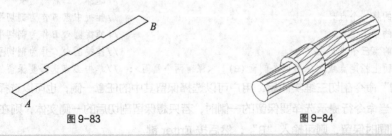

图 9-83   图 9-84

```
命令: revolve                                    //单击"旋转"按钮 ◎
当前线框密度:  ISOLINES=4
选择要旋转的对象或[模式(MO)]: 找到 1 个          //选择面域作为旋转对象
选择要旋转的对象或[模式(MO)]:                     //单击鼠标右键或按 Enter 键
指定轴起点或根据以下选项之一定义轴 [对象(O)/X/Y/Z] <对象>:  //选择端点 A
指定轴端点:                                      //选择端点 B
指定旋转角度或 [起点角度(ST)/反转(R)/表达式(EX)] <360>:  //按 Enter 键
```

（4）单击"修改"工具栏中的"倒角"按钮 ，选择 1 边作为要进行倒角的边，接着选择 A 面作为基面，如图 9-85 所示。完成倒角，效果如图 9-86 所示。命令提示窗口中的操作步骤如下。再对另一轴端进行倒角。

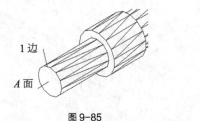

1边

A面

图 9-85

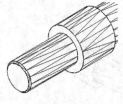

图 9-86

```
命令: chamfer                                      //单击"倒角"按钮
("修剪"模式) 当前倒角距离 1 = 0.0000, 距离 2 = 0.0000
选择第一条直线或 [放弃(U)/多段线(P)/距离(D)/角度(A)/修剪(T)/方式(E)/多个(M)]:
                                                   //选择1边以选择三维倒角的基面

基面选择...
输入曲面选择选项 [下一个(N)/当前(OK)] <当前(OK)>: N    //选择"下一个"选项
输入曲面选择选项 [下一个(N)/当前(OK)] <当前>:         //按 Enter 键
指定基面的倒角距离: 1.5                             //输入基面的倒角距离
指定其他曲面的倒角距离 <1.5000>: 1.5               //输入相邻面的倒角距离
选择边或 [环(L)]:                                  //再次选择1边
选择边或 [环(L)]:                                  //按 Enter 键
```

（5）单击"圆角"按钮 ，按照命令提示选择要进行倒圆角操作的边，如图 9-87 所示。圆角半径为 1.5，完成倒圆角操作后的效果如图 9-88 所示。

（6）单击"三维导航"工具栏中的"自由动态观察"按钮 ，调整观察视角，并使用步骤（5）的方法对阶梯轴的另两处轴肩进行圆角过渡，圆角半径为 1.5，图形效果如图 9-89 所示。命令提示窗口中的操作步骤如下。

选择此边

图 9-87

图 9-88

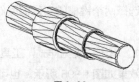

图 9-89

```
命令: fillet                                       //单击"圆角"按钮
当前设置: 模式 = 修剪, 半径 = 0.0000
选择第一个对象或 [放弃(U)/多段线(P)/半径(R)/修剪(T)/多个(M)]:
//选择要进行圆角的边
输入圆角半径: 1.5                                  //输入圆角半径
选择边或 [链(C)/半径(R)]:                          //按 Enter 键
已选定 1 个边用于圆角。
```

（7）单击"视图"工具栏中的"西南等轴测"按钮 ，从西南方向观察模型。将其移动到新的位置，此时图形效果如图 9-90 所示。在新的 UCS 下依次单击"直线"按钮 、"偏移"按钮 、"圆角"按钮 绘制键槽的二维图形，并作两条辅助线，如图 9-91 所示。

（8）单击"面域"按钮 ，绘制的封闭图形形成两个面域 A、B。单击"修改"工具栏中的"移动"按钮 ，将刚形成的两个面域 A、B 移动到合适的位置，如图 9-92 所示，将多余的辅助线删除。

（9）单击"建模"工具栏中的"拉伸"按钮 ，依次选择两个面域作为拉伸对象，并输入拉伸高度-11.5，效果如图 9-93 所示。命令提示窗口中的操作步骤如下。

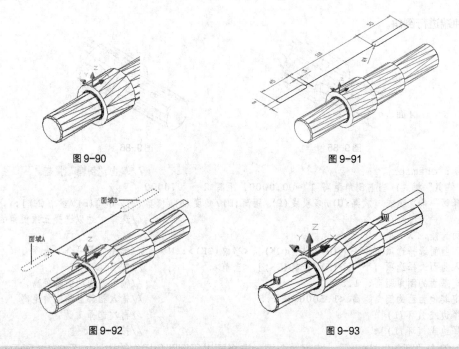

图 9-90　　　　　　　　　　　　　　　　　图 9-91

图 9-92　　　　　　　　　　　　　　　　　图 9-93

```
命令：extrude                                            //单击"拉伸"按钮
当前线框密度：ISOLINES=4
选择要拉伸的对象：找到 2 个                               //选择拉伸对象
选择要拉伸的对象：
指定拉伸高度或 [方向(D)/路径(P)/倾斜角(T)]：-11.5          //输入拉伸高度
```

（10）单击"实体编辑器"工具栏中的"差集"按钮，选择阶梯轴的基体作为被减实体对象，再依次选择两个键槽的实体模型作为要减去的实体对象，完成布尔差运算，生成键槽，效果如图 9-94 所示。

（11）单击"视觉样式"工具栏中的"概念视觉样式"按钮，对创建好的阶梯轴模型进行着色观察，效果如图 9-95 所示。也可以单击"自由动态观察"按钮，对模型进行多角度观察。

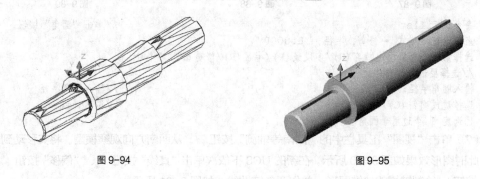

图 9-94 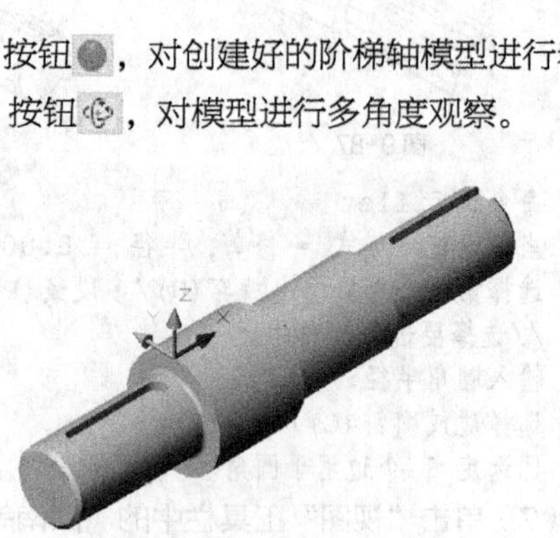　　　　　　　　　　　　　　　　　图 9-95

9.5.2　阵列

根据三维图形的阵列特点，三维阵列可分为矩形阵列与环形阵列。矩形阵列可以同时在 x、y、z 3 个方向绘制一定数目的相同三维图形，如图 9-96 所示。在操作过程中，用户需要输入阵列的列数、行数和层数。其中，列数、行数、层数分别是指三维图形在 x、y、z 方向的数目。环形阵列如图 9-97

所示，其操作过程与二维图形的阵列有相似之处，不同的是二维图形阵列的阵列中心是一个点，而三维图形阵列的阵列中心是由两点定义的一个旋转轴。

启用命令的方法如下。

● 菜单命令："修改 > 三维操作 > 三维阵列"。
● 命令行：3darray。

打开云盘中的"Ch09 > 素材 > 矩形阵列.dwg"文件，如图 9-98 所示。启用"三维阵列"命令对联接板上的内六角螺钉进行三维矩形阵列，绘制出图 9-99 所示的图形。

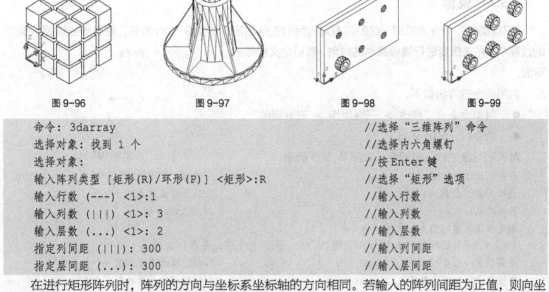

图 9-96　　　　图 9-97　　　　图 9-98　　　　图 9-99

```
命令：3darray                            //选择"三维阵列"命令
选择对象：找到 1 个                        //选择内六角螺钉
选择对象：                                //按 Enter 键
输入阵列类型 [矩形(R)/环形(P)] <矩形>:R    //选择"矩形"选项
输入行数 (---) <1>:1                      //输入行数
输入列数 (|||) <1>: 3                     //输入列数
输入层数 (...) <1>: 2                     //输入层数
指定列间距 (|||): 300                     //输入列间距
指定层间距 (...): 300                     //输入层间距
```

在进行矩形阵列时，阵列的方向与坐标系坐标轴的方向相同。若输入的阵列间距为正值，则向坐标轴的正方向阵列；若输入的阵列间距为负值，则向坐标轴的负方向阵列。

打开云盘中的"Ch09 > 素材 > 环形阵列.dwg"文件，如图 9-100 所示。启用"三维阵列"命令对肋板进行三维环形阵列，绘制图 9-101 所示的图形。

```
命令：3darray                            //选择"三维阵列"命令
选择对象：找到 1 个                        //选择肋板
选择对象：                                //按 Enter 键
输入阵列类型 [矩形(R)/环形(P)] <矩形>:P    //选择"环形"选项
输入阵列中的项目数目：4                    //输入阵列的项目数
指定要填充的角度 (+=逆时针, -=顺时针) <360>:  //输入填充角度
旋转阵列对象? [是(Y)/否(N)] <Y>:          //按 Enter 键
指定阵列的中心点：                        //捕捉直线的端点 A 作为旋转轴的起点
指定旋转轴上的第二点：                     //捕捉直线的端点 B 作为旋转轴的第二点
```

在执行环形阵列的过程中，当命令提示行出现"旋转阵列对象? [是(Y)/否(N)] <Y>:"时，选择"是"选项，阵列对象发生旋转，如图 9-101 所示；选择"否"选项，阵列对象不发生旋转，如图 9-102 所示。

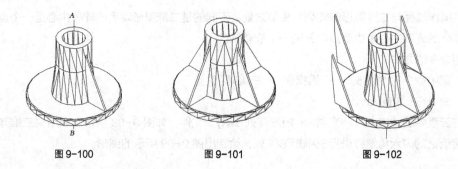

图 9-100   图 9-101   图 9-102

9.5.3 镜像

"三维镜像"命令通常用于绘制具有对称性的三维图形，如图 9-103 所示。在进行三维镜像操作的过程中，先选择要进行镜像操作的对象，然后定义镜像的平面。

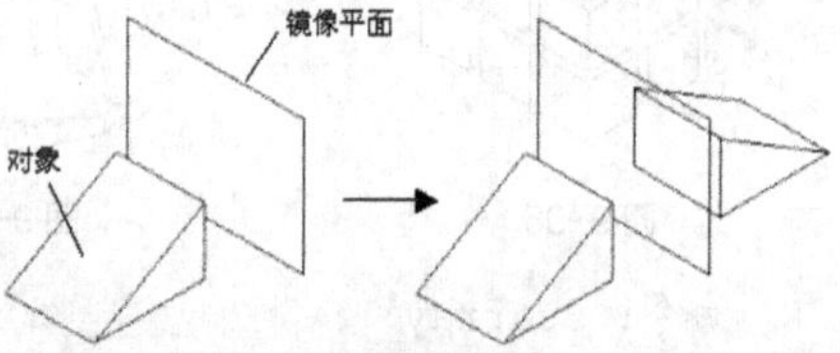

启用命令的方法如下。

● 菜单命令："修改 > 三维操作 > 三维镜像"。

● 命令行：mirror3d。

对图形对象进行三维镜像，如图 9-103 所示。

图 9-103

```
命令: mirror3d                                    //选择"三维镜像"命令
选择对象: 找到 1 个                                 //选择镜像对象
选择对象:                                          //按 Enter 键
指定镜像平面 (三点) 的第一个点或
[对象(O)/最近的(L)/Z 轴(Z)/视图(V)/XY 平面(XY)/YZ 平面(YZ)/ZX
平面(ZX)/三点(3)] <三点>:                          //捕捉镜像平面的第一个点
在镜像平面上指定第二点:                              //捕捉镜像平面的第二个点
在镜像平面上指定第三点:                              //捕捉镜像平面的第三个点
是否删除源对象? [是(Y)/否(N)] <否>:                  //确认是否删除源对象
```

提示选项解释如下。

● 对象（O）：将所选对象（圆、圆弧或多段线等）所在的平面作为镜像平面。

● 最近的（L）：使用上一次镜像操作中使用的镜像平面作为本次操作的镜像平面。

● Z 轴（Z）：依次选择两点，系统自动将两点的连线作为镜像平面的法线，同时镜像平面通过所选的第一点。

● 视图（V）：选择一点，系统自动将通过该点且与当前视图平面平行的平面作为镜像平面。

● XY 平面（XY）：选择一点，系统自动将通过该点且与当前坐标系的 xy 平面平行的平面作为镜像平面。

● YZ 平面（YZ）：选择一点，系统自动将通过该点且与当前坐标系的 yz 平面平行的平面作为镜像平面。

● ZX 平面（ZX）：选择一点，系统自动将通过该点且与当前坐标系的 zx 平面平行的平面作为镜像平面。

● 三点（3）：通过指定 3 点来确定镜像平面。

9.5.4 旋转

使用"三维旋转"命令可以灵活定义旋转轴，并对三维图形进行任意旋转。三维旋转有两种方式。

方式一：启用命令的方法如下。

● 菜单命令："修改 > 三维操作 > 三维旋转"。

● 命令行：3drotate。

将图 9-104 所示的长方体绕 z 轴旋转 30°，绘制出图 9-105 所示的图形。

```
命令：3drotate                                          //选择"三维旋转"命令
UCS 当前的正角方向：ANGDIR=逆时针  ANGBASE=0
选择对象：找到 1 个                                      //选择长方体
选择对象：                                              //按 Enter 键
指定基点：                                              //选择图 9-106 中的 A 点
指定旋转角度或[基点(B)/复制(C)/放弃(U)/参照(R)/退出(X)]:50  //输入要旋转角度
```

方式二：启用命令的方法如下。

● 命令行：rotate3d。

将图 9-107 所示的长方体绕 z 轴旋转 30°，绘制出图 9-108 所示的图形。

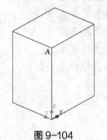 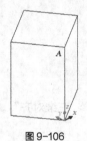 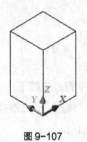 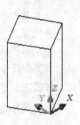

图 9-104　　　　图 9-105　　　　图 9-106　　　　图 9-107　　　　图 9-108

```
命令：rotate3d                                          //选择"三维旋转"命令
当前正向角度：ANGDIR=逆时针 ANGBASE=0
选择对象：找到 1 个                                      //选择长方体
选择对象：                                              //按 Enter 键
指定轴上的第一个点或定义轴依据
[对象(O)/最近的(L)/视图(V)/X 轴(X)/Y 轴(Y)/Z 轴(Z)/两点(2)]：Z
                                                       //选择"Z 轴"选项
指定 Z 轴上的点 <0,0,0>：                                //按 Enter 键
指定旋转角度或 [参照(R)]：30                             //输入旋转角度
```

提示选项解释如下。

● 对象（O）：通过选择一个对象确定旋转轴。若选择直线，则该直线就是旋转轴；若选择圆或圆弧，则旋转轴通过选择点，并与其所在的平面垂直。

● 最近的（L）：使用上一次旋转操作中使用的旋转轴作为本次操作的旋转轴。

● 视图（V）：选择一点，系统自动将通过该点且与当前视图平面垂直的直线作为旋转轴。

● X 轴（X）：选择一点，系统自动将通过该点且与当前坐标系 x 轴平行的直线作为旋转轴。

● Y 轴（Y）：选择一点，系统自动将通过该点且与当前坐标系 y 轴平行的直线作为旋转轴。

● Z 轴（Z）：选择一点，系统自动将通过该点且与当前坐标系 z 轴平行的直线作为旋转轴。

- 两点（2）：通过指定两点来确定旋转轴。

9.5.5 对齐

启用三维对齐命令，可以移动、旋转一个三维图形，使其与另一个三维图形对齐。三维对齐有两种方式。

方式一：启用命令的方法如下。

- 菜单命令："修改 > 三维操作 > 对齐"。
- 命令行：align。

这种对齐方式最关键的是选择合适的源点与目标点。其中，源点是在被移动、旋转的对象上选择；目标点是在相对不动、作为放置参照的对象上选择。

将图 9-109 所示的两个长方体对齐，绘制出图 9-110 所示的图形。

命令：align	//选择"对齐"命令
选择对象：找到 1 个	//选择右侧的小长方体
选择对象：	//按 Enter 键
指定第一个源点：	//选择右侧小长方体上的 1 点
指定第一个目标点：	//选择左侧大长方体上的 A 点
指定第二个源点：	//选择右侧小长方体上的 2 点
指定第二个目标点：	//选择左侧大长方体上的 B 点
指定第三个源点或 <继续>：	//选择右侧小长方体上的 3 点
指定第三个目标点：	//选择左侧大长方体上的 C 点

方式二：启用命令的方法如下。

- 菜单命令："修改 > 三维操作 > 三维对齐"。
- 命令行：3dalign。

将图 9-111 所示的两个长方体对齐，绘制出图 9-112 所示的图形。

命令：3dalign	//选择"三维对齐"命令
选择对象：找到 1 个	//选择右侧的小长方体
选择对象：	//按 Enter 键
指定源平面和方向 ...	
指定基点或 [复制(C)]：	//选择右侧小长方体上的 1 点
指定第二个点或 [继续(C)] <C>：	//选择右侧小长方体上的 2 点
指定第三个点或 [继续(C)] <C>：	//选择右侧小长方体上的 3 点
指定目标平面和方向 ...	
指定第一个目标点：	//选择左侧大长方体上的 A 点
指定第二个目标点或 [退出(X)] <X>：	//选择左侧大长方体上的 B 点
指定第三个目标点或 [退出(X)] <X>：	//选择左侧大长方体上的 C 点

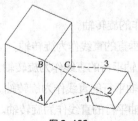

图 9-109

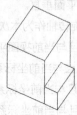

图 9-110

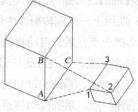

图 9-111

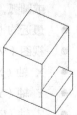

图 9-112

9.5.6　布尔运算

布尔运算分为并、差、交 3 种运算方式，在 AutoCAD 2019 中文版中布尔运算通常用来绘制组合体。灵活巧妙地运用布尔运算可以绘制出各种复杂的三维图形。

1. 并运算

启用"并集"命令绘制组合体时，先创建基本实体，然后对基本实体进行并运算操作来产生新的组合体。

启用命令的方法如下。

● 工具栏：单击"实体编辑"工具栏中的"并集"按钮 。

● 菜单命令："修改 > 实体编辑 > 并集"。

● 命令行：union。

打开云盘中的"Ch09 > 素材 > 并运算.dwg"文件，如图 9-113 所示。启用"并集"命令，对半球体与柱体进行并运算操作，绘制出图 9-114 所示的图形。

命令：union	//单击"并集"按钮
选择对象：找到 1 个	//选择半球体
选择对象：找到 1 个，总计 2 个	//选择柱体
选择对象：	//按 Enter 键

2. 差运算

启用"差集"命令可以进行差运算操作，差运算常用于绘制带有槽、孔等结构的组合体。

启用命令的方法如下。

● 工具栏：单击"实体编辑"工具栏中的"差集"按钮 。

● 菜单命令："修改 > 实体编辑 > 差集"。

● 命令行：subtract。

打开云盘中的"Ch09 > 素材 > 差运算.dwg"文件，如图 9-115 所示。启用"差集"命令对半球体与柱体进行差运算操作，绘制出图 9-116 所示的图形。

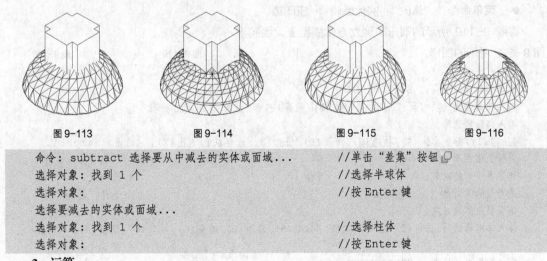

图 9-113　　　　　　图 9-114　　　　　　图 9-115　　　　　　图 9-116

命令：subtract 选择要从中减去的实体或面域...	//单击"差集"按钮
选择对象：找到 1 个	//选择半球体
选择对象：	//按 Enter 键
选择要减去的实体或面域...	
选择对象：找到 1 个	//选择柱体
选择对象：	//按 Enter 键

3. 运算

启用"交集"命令可以进行交运算操作，通过交运算可以从多个实体中创建其公共的部分。

启用命令的方法如下。

- 工具栏：单击"实体编辑"工具栏中的"交集"
  按钮 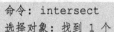。
- 菜单命令："修改 > 实体编辑 > 交集"。
- 命令行：intersect。

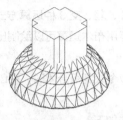

打开云盘中的"Ch09 > 素材 > 交运算.dwg"文件，
如图 9-117 所示。启用"交集"命令对半球体与柱体进
行交运算操作，绘制出图 9-118 所示的图形。

图 9-117 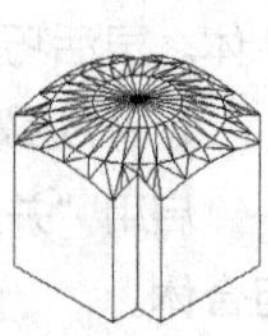　　　　　　图 9-118

命令：intersect	//单击"交集"按钮
选择对象：找到 1 个	//选择半球体
选择对象：找到 1 个，总计 2 个	//选择柱体
选择对象：	//按 Enter 键

9.6 压印与抽壳

压印能将图形对象绘制到另一个三维图形的表面，抽壳能快速绘制出具有相等壁厚的壳体。

9.6.1 压印

启用"压印"命令可以将选择的图形对象压印到另一个三维图形的表面。可以用来压印的图形对
象包括圆、圆弧、直线、二维和三维多段线、椭圆、样条曲线、面域、实心体等。另外，用来压印的
图形对象必须与三维图形的一个或几个面相交。

启用命令的方法如下。

- 工具栏：单击"实体编辑"工具栏中的"压印"
  按钮 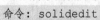。
- 菜单命令："修改 > 实体编辑 > 压印边"。

将图 9-119 所示的圆压印到立方体模型上，绘制出
图 9-120 所示的图形。

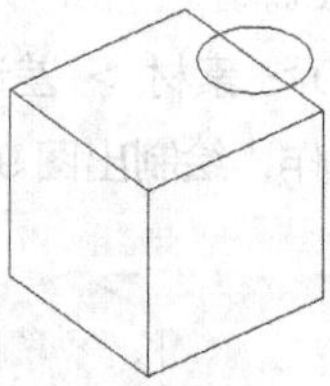

图 9-119　　　　　　图 9-120

命令：solidedit	//单击"压印"按钮
实体编辑自动检查：SOLIDCHECK=1	
输入实体编辑选项 [面(F)/边(E)/体(B)/放弃(U)/退出(X)] <退出>：body	
输入体编辑选项	
[压印(I)/分割实体(P)/抽壳(S)/清除(L)/检查(C)/放弃(U)/退出(X)] <退出>：imprint	
选择三维图形：	//选择立方体模型
选择要压印的对象：	//选择圆
是否删除源对象 [是(Y)/否(N)] <N>：Y	//选择"是"选项
选择要压印的对象：	//按 Enter 键
输入体编辑选项[压印(I)/分割实体(P)/抽壳(S)/清除(L)/检查(C)/放弃(U)/退出(X)] <退出>：	
	//按 Enter 键
实体编辑自动检查：SOLIDCHECK=1	
输入实体编辑选项 [面(F)/边(E)/体(B)/放弃(U)/退出(X)] <退出>：	//按 Enter 键

9.6.2　抽壳

"抽壳"命令可以用来绘制壁厚相等的壳体，还可以选择是否删除实体的某些表面而形成敞口的壳体。

启用命令的方法如下。

- 工具栏：单击"实体编辑"工具栏中的"抽壳"按钮。
- 菜单命令："修改 > 实体编辑 > 抽壳"。

将图 9-121 所示的长方体模型抽壳，绘制出图 9-122 所示的图形。

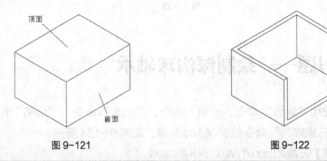

顶面

前面

图 9-121　　　　　　　　　　　　　图 9-122

```
命令：solidedit                                         //单击"抽壳"按钮
实体编辑自动检查：SOLIDCHECK=1
输入实体编辑选项 [面(F)/边(E)/体(B)/放弃(U)/退出(X)] <退出>：body
输入体编辑选项[压印(I)/分割实体(P)/抽壳(S)/清除(L)/检查(C)/放弃(U)/退出(X)] <退出>：shell
选择三维图形：                                            //选择长方体
删除面或 [放弃(U)/添加(A)/全部(ALL)]：找到一个面，已删除 1 个。  //选择长方体的顶面
删除面或 [放弃(U)/添加(A)/全部(ALL)]：找到一个面，已删除 1 个。  //选择长方体的前面
删除面或 [放弃(U)/添加(A)/全部(ALL)]：                       //按 Enter 键
输入抽壳偏移距离：5                                        //输入壳体的厚度
已开始实体校验。
已完成实体校验。
输入体编辑选项[压印(I)/分割实体(P)/抽壳(S)/清除(L)/检查(C)/放弃(U)/退出(X)] <退出>：
                                                       //按 Enter 键
实体编辑自动检查：SOLIDCHECK=1
输入实体编辑选项 [面(F)/边(E)/体(B)/放弃(U)/退出(X)] <退出>：   //按 Enter 键
```

在定义壳体厚度时，输入的值可为正值，也可为负值。当输入正值时，实体表面向内偏移形成壳体；输入负值时，实体表面向外偏移形成壳体。

9.7　课堂练习——绘制手柄

【练习知识要点】使用"椭圆"命令、"直线"命令、"偏移"命令、"修剪"命令、"删除"命令、"圆弧"按钮、"面域"按钮、"旋转"按钮绘制手柄，效果如图 9-123 所示。

【效果文件所在位置】云盘/Ch09/DWG/手柄。

图 9-123

9.8 课后习题——绘制深沟球轴承

【习题知识要点】使用"直线"命令、"圆"命令、"圆角"命令、"修剪"命令、"面域"命令、"旋转"按钮及"三维阵列"命令绘制深沟球轴承，如图 9-124 所示。

【效果文件所在位置】云盘/Ch09/DWG/深沟球轴承。

图 9-124

第 10 章
获取图形对象信息

本章介绍

本章主要介绍获取图形对象信息的各种方法。为了方便用户及时了解和快速查询图形对象的各种信息，AutoCAD 2019 中文版提供了多个查询命令，如"距离""面积"和"面域/质量特性"等。启用这些查询命令，可以获取图形对象的长度、距离、周长、面积、体积、质量等信息。通过本章的学习，读者可以掌握 AutoCAD 2019 中文版的图形对象信息查询功能，以便及时、快速地了解图形对象的各种信息。

学习目标

- ✔ 掌握距离的查询方法
- ✔ 掌握面积、周长、体积和质量的查询方法
- ✔ 掌握深沟球轴承的查询方法
- ✔ 掌握花键的查询方法
- ✔ 掌握直齿圆柱齿轮的查询方法

技能目标

- ✔ 熟练掌握查询距离的技巧
- ✔ 熟练掌握查询面积、周长、体积和质量的技巧
- ✔ 熟练掌握查询深沟球轴承、花键、直齿圆柱齿轮的技巧

10.1 查询距离

AutoCAD 2019 中文版提供的"距离"命令可以用于查询图形对象的距离和长度。启用"距离"

命令，并打开对象捕捉开关，可以非常直观和方便地查询两点之间的距离，以及图形对象在 *xy* 平面内的夹角。

启用命令的方法如下。

- 工具栏：单击"查询"工具栏中的"距离"按钮 。
- 菜单命令："工具 > 查询 > 距离"。
- 命令行：dist（快捷命令：DI）。

查询线段 *AB* 的长度，如图 10-1 所示。

图 10-1

```
命令: dist                        //选择"工具 > 查询 > 距离"命令
指定第一点: <对象捕捉 开>          //打开对象捕捉开关，捕捉端点 A
指定第二点或[多个点(M)]:          //捕捉端点 B
距离 = 100.0000, XY 平面中的倾角 = 330, 与 XY 平面的夹角 = 0
X 增量 = 86.6025, Y 增量 = -50.0000, Z 增量 = 0.0000
                                  //查询到 A、B 两点之间的距离为 100，即线段 AB 的长度为 100
```

10.2 查询面积和周长

AutoCAD 2019 中文版提供的"面积"命令可以用于查询图形对象的面积与周长，还可以用于查询多个图形对象的面积总和或差额。

启用命令的方法如下。

- 工具栏：单击"查询"工具栏中的"面积"按钮 。
- 菜单命令："工具 > 查询 > 面积"。
- 命令行：area。

查询椭圆的面积与周长，如图 10-2 所示。

```
命令: area                                        //选择"工具 > 查询 > 面积"命令
指定第一个角点或 [对象(O)/增加面积(A)/减少面积(S)/退出(X)] <对象(O)>: O
                                                  //选择"对象"选项
选择对象:                                          //选择椭圆
区域 = 163.6537, 圆周长 = 48.3032                 //查询到椭圆的面积与周长
```

查询矩形 *ABCD* 的面积与周长，如图 10-3 所示。

图 10-2　　　　　　　　　　　　　　　图 10-3

```
命令: area                              //输入命令
指定第一个角点或 [对象(O)/增加面积(A)/减少面积(S)] <对象(O)>:
                                        //打开对象捕捉开关，捕捉交点 A
指定下一个角点或按 ENTER 键全选:        //捕捉交点 B
指定下一个角点或按 ENTER 键全选:        //捕捉交点 C
指定下一个角点或按 ENTER 键全选:        //捕捉交点 D
```

```
指定下一个角点或按 ENTER 键全选：              //按 Enter 键
区域 = 283.3584，周长 = 67.6840               //查询到矩形 ABCD 的面积与周长
```

 知识提示　　　　在选择交点 *A*、*B*、*C* 后，按 Enter 键，查询到的信息是三角形 *ABC* 的面积与周长。

查询不封闭图形的面积与周长，如图 10-4 所示。

```
命令：area                                    //选择"工具 > 查询 > 面积"命令
指定第一个角点或 [对象(O)/增加面积(A)/减少面积(S)/退出(X)] <对象(O)>：
                                              //打开对象捕捉开关，捕捉交点 A
指定下一个角点或按 ENTER 键全选：              //捕捉交点 B
指定下一个角点或按 ENTER 键全选：              //捕捉交点 C
指定下一个角点或按 ENTER 键全选：              //按 Enter 键
区域 = 141.6792，周长 = 57.8953               //查询到三角形 ABC 的面积与周长
```

 知识提示　　　　在查询不封闭图形的面积与周长时，系统会将捕捉的最后一点到第一点之间的长度统计到不封闭图形的周长中，查询到的面积是在捕捉的最后一点与第一点之间绘制一条连线后所构成的封闭图形的面积。

提示选项解释如下。

● 对象（O）：通过选择图形对象的方式来查询图形对象的面积与周长，可选择的图形对象包括圆、椭圆、样条曲线、多段线、多边形和面域等。
● 增加面积（A）：用于查询多个图形对象的面积总和。
● 减少面积（S）：用于查询多个图形对象的面积差额。

查询矩形 *ABCD* 与圆 *E* 的面积总和，如图 10-5 所示。

图 10-4　　　　　　　　　　　　　　　图 10-5

```
命令：area                                            //选择"工具 > 查
                                                        询 > 面积"命令
指定第一个角点或 [对象(O)/增加面积(A)/减少面积(S)/退出] <对象(O)>：A   //选择"增加面积"
                                                        选项
指定第一个角点或 [对象(O)/减少面积(S)/退出(X)]：                        //在 A 点处单击
（"加"模式）指定下一个角点或[圆弧(A)/长度(L)/放弃(U)]：                //在 B 点处单击
（"加"模式）指定下一个角点或[圆弧(A)/长度(L)/放弃(U)]：                //在 C 点处单击
（"加"模式）指定下一个角点或[圆弧(A)/长度(L)/放弃(U)/总计(T)] <总计>：//在 D 点处单击
（"加"模式）指定下一个角点或[圆弧(A)/长度(L)/放弃(U)/总计(T)] <总计>：//按 Enter 键
总面积 = 283.3584                                     //查询到矩形 ABCD
                                                        的面积
指定第一个角点或 [对象(O)/减少面积(S)/退出(X)]：O                      //选择"对象"选项
```

（"加"模式）选择对象：　　　　　//选择圆 E
总面积 = 387.6249　　　　　　//查询到矩形 ABCD 与圆 E 的面积总和

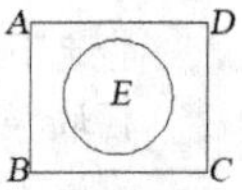

图 10-6

查询矩形 *ABCD* 与圆 *E* 之间的面积差额，如图 10-6 所示。

命令: area　　　　　　　　　　　　　//选择"工具 > 查询 > 面积"命令
指定第一个角点或 [对象(O)/增加面积(A)/减少面积(S)/退出(X)] <对象(O)>: A
　　　　　　　　　　　　　　　　　　//选择"增加面积"选项
指定第一个角点或 [对象(O)/减少面积(S)]: 　　//在 A 点处单击
（"加"模式）指定下一个角点或[圆弧(A)/长度(L)/放弃(U)]: //在 B 点处单击
（"加"模式）指定下一个角点或[圆弧(A)/长度(L)/放弃(U)]: //在 C 点处单击
（"加"模式）指定下一个角点或[圆弧(A)/长度(L)/放弃(U)/总计(T)] <总计>:
　　　　　　　　　　　　　　　　　　//在 D 点处单击
（"加"模式）指定下一个角点或[圆弧(A)/长度(L)/放弃(U)/总计(T)] <总计>:
　　　　　　　　　　　　　　　　　　//按 Enter 键

总面积 = 283.3584
指定第一个角点或 [对象(O)/减少面积(S)/退出(X)]: S　　//选择"减少面积"选项
指定第一个角点或 [对象(O)/增加面积(A)/退出(X)]: O　　//选择"对象"选项
（"减"模式）选择对象：　　　　　　//选择圆 E
总面积 = 179.0919　　　　　　　　//查询到矩形 ABCD 与圆 E 之间的
　　　　　　　　　　　　　　　　　　面积差额

10.3　查询体积和质量

　　AutoCAD 2019 中文版提供的"面域/质量特性"命令可以用于查询面域和三维实体的质量特性，如体积、质量、质心、惯性矩、惯性积、旋转半径和主力矩等。

　　启用命令的方法如下。

- 工具栏：单击"查询"工具栏中的"面域/质量特性"按钮 。
- 菜单命令："工具 > 查询 > 面域/质量特性"。
- 命令行：massprop。

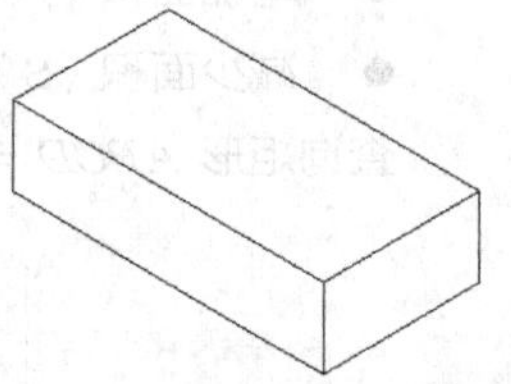

查询长方体的体积与质量，如图 10-7 所示。

图 10-7

命令: massprop　　　　　　　　//选择"工具 > 查询 > 面域/质量特性"
　　　　　　　　　　　　　　　　　　命令
选择对象：　　　　　　　　　　//选择长方体
找到 1 个
选择对象：　　　　　　　　　　//按 Enter 键

----------------　实体　----------------
质量:　　　　　　　1000000.0000　　//查询到长方体的质量,其密度值默认为 1.0
体积:　　　　　　　1000000.0000　　//查询到长方体的体积
边界框:　　　　　X: 100.0000 -- 200.0000　//查询到长方体在空间坐标系中的位置
　　　　　　　　　Y: 100.0000 -- 300.0000
　　　　　　　　　Z: 0.0000 -- 50.0000
质心:　　　　　　X: 150.0000　　　//查询到长方体的质心
　　　　　　　　　Y: 200.0000

	Z: 25.0000	
惯性矩:	X: 44166666666.6667	//查询到长方体的惯性矩
	Y: 24166666666.6667	
	Z: 66666666666.6667	
惯性积:	XY: 30000000000.0000	//查询到长方体的惯性积
	YZ: 5000000000.0000	
	ZX: 3750000000.0000	
旋转半径:	X: 210.1587	//查询到长方体的旋转半径
	Y: 155.4563	
	Z: 258.1989	
主力矩与质心的 X-Y-Z 方向:		//查询到长方体的主力矩与质心
	I: 3541666666.6667 沿 [1.0000 0.0000 0.0000]	
	J: 1041666666.6667 沿 [0.0000 1.0000 0.0000]	
	K: 4166666666.6667 沿 [0.0000 0.0000 1.0000]	
按 ENTER 键继续:		//按 Enter 键
是否将分析结果写入文件? [是(Y)/否(N)] <否>:		//按 Enter 键

> **知识提示**
>
> 所有三维实体的密度值均默认为 1.0。三维实体的质量可通过公式计算得到:
> 质量＝体积×密度。

提示选项解释如下。

- 是（Y）: 表示保存分析结果, 保存文件的后缀名为 "mpr", 该保存文件可用记事本打开。
- 否（N）: 表示不保存分析结果。

10.4 查询深沟球轴承

查询深沟球轴承的内径、外径和宽度, 如图 10-8 所示。

（1）打开云盘中的 "Ch10 > 素材 > 深沟球轴承.dwg" 文件。

（2）选择 "工具 > 查询 > 距离" 命令, 依次查询深沟球轴承的内径、外径和宽度。

命令: dist 指定第一点: <对象捕捉 开>	//打开对象捕捉开关, 捕捉中点 A
指定第二点:	//捕捉中点 B
X 增量 = 0.0000, Y 增量 = -25.0000, Z 增量 = 0.0000	
	//查询到 A、B 点之间的距离为 25, 即 深沟球轴承的内径为 25
命令:	//按 Enter 键
DIST 指定第一点:	//捕捉中点 C
指定第二点:	//捕捉中点 D
X 增量 = 0.0000, Y 增量 = -47.0000, Z 增量 = 0.0000	
	//查询到 C、D 点之间的距离为 47, 即 深沟球轴承的外径为 47
命令:	//按 Enter 键
DIST 指定第一点:	//捕捉交点 E

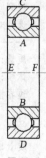

图 10-8

```
指定第二点：                          //捕捉交点 F
X 增量 = 12.0000，Y 增量 = 0.0000，Z 增量 = 0.0000
                          //查询到交点 E、F 之间的距离为 12，即深沟球轴承的宽度为 12
```

10.5 查询花键

查询花键横截面的面积，如图 10-9 所示。

（1）打开云盘中的"Ch10 > 素材 > 花键.dwg"文件。

（2）单击"绘图"工具栏中的"面域"按钮，或选择"绘图 > 面域"
命令，将花键的横截面绘制成为面域。

```
命令：region                    //单击"面域"按钮
选择对象：                       //选择花键的所有轮廓线
找到 32 个
选择对象：                       //按 Enter 键
已提取 1 个环。
已创建 1 个面域。
```

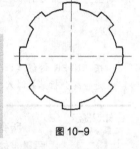
图 10-9

（3）选择"工具 > 查询 > 面积"命令，查询花键横截面的面积。

```
命令：area                                   //选择"工具 > 查询 > 面积"命令
指定第一个角点或 [对象(O)/增加面积(A)/减少面积(S)/退出(X)] <对象(O)>：O
                                            //选择"对象"选项
选择对象：                                    //选择花键的轮廓线
区域 = 900.7549，周长 = 132.9823            //查询花键横截面的面积与周长
```

10.6 查询直齿圆柱齿轮

查询直齿圆柱齿轮三维模型的体积、质量和质心等，如图 10-10 所示。

（1）打开云盘中的"Ch10 > 素材 > 直齿圆柱齿轮.dwg"文件。

（2）选择"工具 > 查询 > 面域/质量特性"命令，查询直齿圆柱齿轮三维模型的体积、质量和
质心等。

```
命令：massprop                  //选择"工具 > 查询 > 面域/质量特性"命令
选择对象：                       //选择直齿圆柱齿轮
找到 1 个
选择对象：                       //按 Enter 键
---------------- 实体 ----------------
质量：          194959.4697
体积：          194959.4697
边界框：   X: 488.0818 -- 618.0818
          Y: 628.0255 -- 758.0255
          Z: 0.0000 -- 30.0000
质心：     X: 552.9948
          Y: 693.0255
```

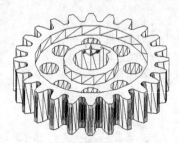
图 10-10

```
                Z: 15.0000
惯性矩:          X: 93913459154.9009
                Y: 59896435554.1516
                Z: 1.5370E+11
惯性积:          XY: 74716166598.9358
                YZ: 2026678216.7780
                ZX: 1617173571.0960
旋转半径:        X: 694.0516
                Y: 554.2789
                Z: 887.8977
按 ENTER 键继续:                          //按 Enter 键
是否将分析结果写入文件? [是(Y)/否(N)] <否>: Y    //选择"是"选项,将分析结果写入文件
```

（3）弹出"创建质量与面积特性文件"对话框，如图 10-11 所示，单击"保存"按钮，保存分析结果。

（4）用记事本打开保存分析结果的文件，如图 10-12 所示。

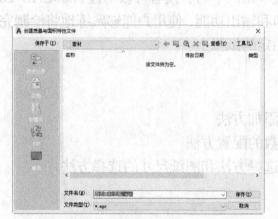

图 10-11

图 10-12

第 11 章
图形打印与输出

本章介绍

本章主要介绍如何在 AutoCAD 2019 中文版中添加打印机、配置打印机的参数、打印工程图,以及将图形输出为其他格式的文件。通过本章的学习,读者可以掌握 AutoCAD 2019 中文版的图形打印和输出功能,使用户能够熟练地将绘制完毕的工程图打印到指定的纸张上。

学习目标

- ✔ 掌握打印机的添加方法
- ✔ 掌握打印机参数的配置方法
- ✔ 掌握打印机的选择方法和图纸尺寸的选择方法

技能目标

- ✔ 熟练掌握设置打印区域、比例、位置、方向和着色的技巧
- ✔ 熟练掌握将图形输出为其他格式的技巧
- ✔ 掌握打印圆锥齿轮轴的技巧

11.1 添加打印机

AutoCAD 2019 中文版提供的"绘图仪管理器"命令用于打开类似于 Windows 资源管理器的打印机管理器,以方便添加打印机。

启用命令的方法如下。

- 菜单命令:"文件 > 绘图仪管理器"。
- 命令行:plottermanager。

（1）选择"文件 > 绘图仪管理器"命令，弹出"Plotters"对话框，如图 11-1 所示。

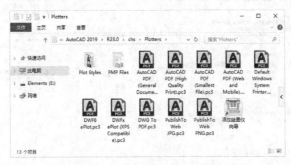

图 11-1

（2）双击"添加绘图仪向导"图标，弹出"添加绘图仪-简介"对话框，如图 11-2 所示。

（3）单击"下一步"按钮，弹出"添加绘图仪-开始"对话框，如图 11-3 所示。从中可以为打印机选择配置类型。AutoCAD 2019 中文版提供了 3 个单选按钮，即"我的电脑"、"网络绘图仪服务器"和"系统打印机"，分别用于配置本地打印机、网络打印机和系统打印机。

图 11-2

图 11-3

（4）此处介绍如何添加本地打印机。对于其他两种打印机，用户可以参照进行操作。选择"我的电脑"单选按钮，单击"下一步"按钮，弹出"添加绘图仪-绘图仪型号"对话框，如图 11-4 所示。

（5）在"生产商"列表框中选择打印机的生产商，在"型号"列表框中选择打印机的型号，然后单击"下一步"按钮，弹出"添加绘图仪-输入 PCP 或 PC2"对话框，如图 11-5 所示。

（6）如果要从原来保存的打印配置文件 PCP 或 PC2 文件中输入打印机的安装信息，单击"添加绘图仪-输入 PCP 或 PC2"对话框中的"输入文件"按钮，弹出"输入"对话框，从中选择 PCP 或 PC2 文件即可。

（7）单击"下一步"按钮，弹出"添加绘图仪-端口"对话框，如图 11-6 所示。从中可以选择所安装的打印机的输出位置。AutoCAD 2019 中文版提供了 3 个单选按钮，即"打印到端口"、"打印到文件"和"后台打印"，用户可以根据打印机的输出位置选择相应的选项。如果选择"打印到端口"单选按钮，则可在"端口"列表中选择打印机所连接的通信端口，然后单击"配置端口"按钮，对其进行参数配置。

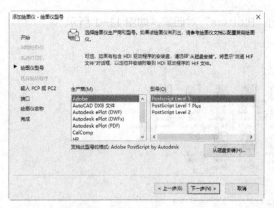

图 11-4

图 11-5

图 11-6

（8）单击"下一步"按钮，弹出"添加绘图仪-绘图仪名称"对话框，如图 11-7 所示。在"绘图仪名称"文本框中输入新添加的打印机标识名称。

（9）单击"下一步"按钮，弹出"添加绘图仪-完成"对话框，如图 11-8 所示。单击"编辑绘图仪配置"按钮，对所添加的打印机的配置参数进行编辑修改；或者单击"校准绘图仪"按钮，校准打印机。

图 11-7

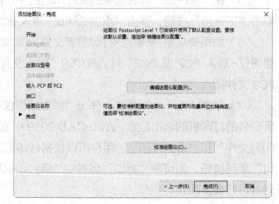

图 11-8

（10）单击"完成"按钮，完成添加打印机的操作，AutoCAD 2019 中文版将保存所添加的打印机的各项配置参数。

11.2 配置打印机参数

添加打印机之后，用户可以随时编辑打印机的配置参数。

选择"文件 > 绘图仪管理器"命令，弹出"Plotters"对话框。双击要编辑配置参数的打印机，弹出"绘图仪配置编辑器"对话框，如图 11-9 所示。

1. 查看打印机的基本信息

"常规"选项卡中列出了打印机的基本配置信息，如绘图仪配置文件名和驱动程序信息等。此外，可以在"说明"文本框内输入打印机的附加说明信息。

2. 编辑通信端口的配置参数

单击"端口"选项卡，"绘图仪配置编辑器"对话框如图 11-10 所示，从中可以更换打印机与计算机连接的通信端口。单击"配置端口"按钮，可以编辑通信端口的配置参数。

3. 编辑打印设备与文档的配置参数

单击"设备和文档设置"选项卡，"绘图仪配置编辑器"对话框如图 11-11 所示，从中可以编辑打印设备与文档的配置参数。

图 11-9

图 11-10

图 11-11

11.3 打印图形

绘制完工程图后，需要将其打印到相应的纸张上，以便于工人加工和装配零件。为此，AutoCAD 2019 中文版提供了"打印"命令。

启用命令的方法如下。

● 工具栏：单击"标准"工具栏中的"打印"按钮 🖶 。

● 菜单命令："文件 > 打印"。

● 命令行：plot。

单击"标准"工具栏中的"打印"按钮 🖶，弹出"打印-模型"对话框，如图 11-12 所示。从中可以选择打印机、图纸尺寸，设置打印区域和打印比例。单击"打印-模型"对话框右下角的 ⊙ 按钮，可以展开其隐藏部分的内容，如图 11-13 所示。

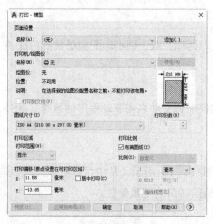

图 11-12

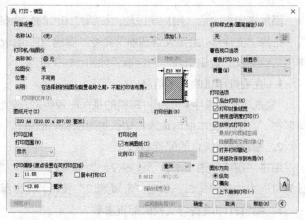

图 11-13

11.3.1 选择打印机

"打印-模型"对话框中的"打印机/绘图仪"选项组用于选择打印机。可在"名称"下拉列表中选择打印机的名称。选择打印机后，"打印机/绘图仪"选项组将显示打印机的名称、位置和相关的说明信息，同时其右侧的"特性"按钮变为可单击状态。单击"特性"按钮 特性(R)... ，弹出"绘图仪配置编辑器"对话框，从中可以设置打印介质、图形、自定义特性和自定义图纸尺寸。

"打印机/绘图仪"选项组的右侧显示打印图形的预览图标，如图 11-14 所示。该预览图标显示了图纸的尺寸及可打印的有效区域的尺寸。

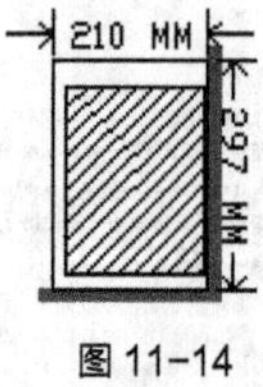

图 11-14

11.3.2 选择图纸尺寸

"打印-模型"对话框中的"图纸尺寸"选项组用于选择图纸的尺寸。打开"图纸尺寸"下拉列表，如图 11-15 所示，可以根据需要从中选择相应的尺寸。若"图纸尺寸"下拉列表中没有合适的尺寸，则可以自定义图纸的尺寸。

（1）单击"打印机/绘图仪"选项组中的"特性"按钮 特性(R)... ，弹出"绘图仪配置编辑器"对话框，选择"自定义图纸尺寸"选项，如图 11-16 所示。

（2）"绘图仪配置编辑器"对话框中出现"自定义图纸尺寸"选项组，单击"添加"按钮 添加(A)... ，弹出"自定义图纸尺寸-开始"对话框，如图 11-17 所示。

（3）选择"创建新图纸"单选按钮，单击"下一步"按钮，弹出"自定义图纸尺寸-介质边界"对话框，如图 11-18 所示。从中可以设置图纸的宽度、高度和单位。

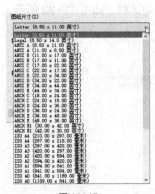
图 11-15

图 11-16

图 11-17

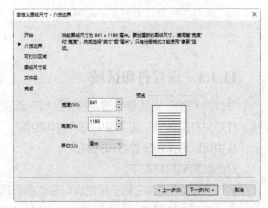
图 11-18

（4）单击"下一步"按钮，弹出"自定义图纸尺寸-可打印区域"对话框，如图 11-19 所示，从中可以设置图纸可打印区域的边界。

（5）单击"下一步"按钮，弹出"自定义图纸尺寸-图纸尺寸名"对话框，如图 11-20 所示，可以根据图纸的尺寸输入标识图纸尺寸的新名称。

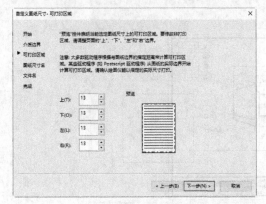
图 11-19

图 11-20

（6）单击"下一步"按钮，弹出"自定义图纸尺寸-文件名"对话框，如图 11-21 所示，在"PMP文件名"文本框中输入保存图纸尺寸的文件的名称。

（7）单击"下一步"按钮，弹出"自定义图纸尺寸–完成"对话框，如图 11-22 所示，单击"完成"按钮，完成操作。

图 11-21

图 11-22

11.3.3 设置打印区域

"打印–模型"对话框中的"打印区域"选项组用于设置图形的打印区域。打开"打印区域"选项组中的"打印范围"下拉列表，如图 11-23 所示，从中可以选择图形的打印区域。

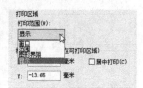

图 11-23

对话框选项解释如下。

● "窗口"选项：用于指定窗口来选择打印区域。选择"窗口"选项，然后在绘图窗口中选择打印的区域，如图 11-24 所示。选择完毕后返回对话框，"打印区域"选项组中出现"窗口"按钮 窗口(O)< 。单击该按钮，打印预览如图 11-25 所示。

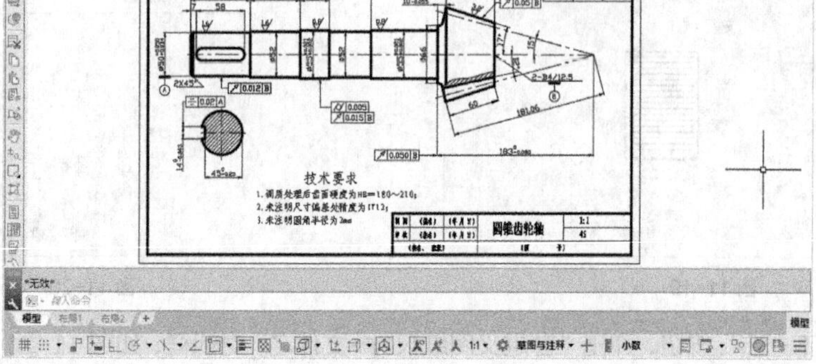

![AutoCAD 绘图窗口显示圆锥齿轮轴零件图]

图 11-24

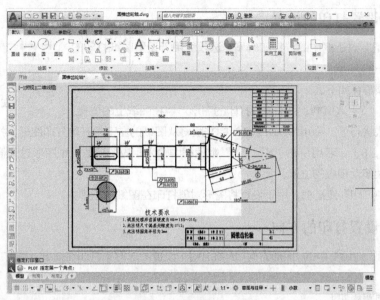

图 11-25

- "范围"选项:用于设置范围来选择打印区域。选择"范围"选项,可以打印出所有的图形对象。

- "图形界限"选项:用于设置图形界限来选择打印区域。选择"图形界限"选项,可以打印图形界限范围内的图形对象。

- "显示"选项:用于通过绘图窗口来选择打印区域。选择"显示"选项,可以打印绘图窗口内显示的所有图形对象。

11.3.4 设置打印比例

"打印-模型"对话框中的"打印比例"选项组用于设置图形的打印比例,如图 11-26 所示。

对话框选项解释如下。

- "布满图纸"复选框:用于设置打印的图形对象是否布满图纸。选择"布满图纸"复选框,AutoCAD 2019 中文版将按照图纸的大小适当缩放图形对象,使其布满整张图纸。

- "比例"下拉列表:用于选择图形对象的打印比例。打开"比例"下拉列表,如图 11-27 所示;选择比例选项后,"比例"下拉列表框下面的数值框将显示相应的比例数值,如图 11-28 所示。

图 11-26

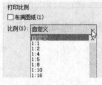

图 11-27

图 11-28

11.3.5 设置打印的位置

"打印–模型"对话框中的"打印偏移"选项组用于设置图纸打印的位置，如图 11-29 所示。

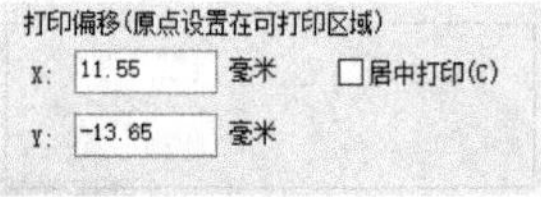

对话框选项解释如下。

- "X""Y"数值框：用于设置打印的图形对象在图纸上的位置。

  在默认状态下，AutoCAD 2019 中文版将从图纸的左下角开始打印图形，打印原点的坐标是（0，0）。若用户在"X""Y"数值框中输入相应的数值，则图形对象将在图纸上沿 x 和 y 轴移动相应的位置。

图 11-29

- "居中打印"复选框：用于设置将图形对象打印在图纸的正中央。

11.3.6 设置打印的方向

"打印–模型"对话框中的"图形方向"选项组用于设置图形对象打印在图纸上的方向，如图 11-30 所示。

对话框选项解释如下。

- "纵向"单选按钮：选择"纵向"单选按钮，将图形对象纵向打印在图纸上，如图 11-31 所示。
- "横向"单选按钮：选择"横向"单选按钮，将图形对象横向打印在图纸上，如图 11-32 所示。

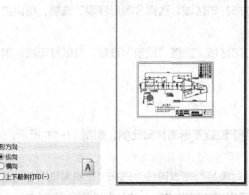

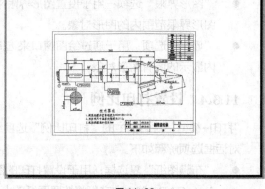

图 11-30   图 11-31   图 11-32

- "上下颠倒打印（——）"复选框：选择"上下颠倒打印（一）"复选框，将图形对象倒置打印在图纸上。

11.3.7 设置着色打印

"打印–模型"对话框中的"着色视口选项"选项组用于打印经过着色或渲染后的三维图形，如图 11-33 所示。

选项组选项解释如下。

"着色打印"下拉列表中提供了"按显示""传统线框""传统消隐""渲染"等多个选项。

图 11-33

- "按显示"选项：用于按图形对象在绘图窗口中的显示模式进行打印。
- "传统线框"选项：用于按线框模式打印图形对象，不考虑其在屏幕上的显示方式。

- "传统消隐"选项：用于按消隐模式打印图形对象，不考虑其在屏幕上的显示方式。
- "三维隐藏"：打印图形对象时应用"三维隐藏视觉样式"，不考虑其在屏幕上的显示方式。
- "三维线框"：打印图形对象时应用"三维线框视觉样式"，不考虑其在屏幕上的显示方式。
- "概念"：打印图形对象时应用"概念视觉样式"，不考虑其在屏幕上的显示方式。
- "真实"：打印图形对象时应用"真实视觉样式"，不考虑其在屏幕上的显示方式。
- "渲染"：按渲染的方式打印图形对象，不考虑其在屏幕上的显示方式。

"质量"下拉列表中提供了"草稿""预览""常规""演示""最高""自定义"6 个选项。

- "草稿"选项：用于将渲染或着色的图形对象按线框模式打印。
- "预览"选项：用于将渲染或着色的图形对象的打印分辨率设置为当前设备分辨率的 1/4，DPI 最大值为 150。
- "常规"选项：用于将渲染或着色的图形对象的打印分辨率设置为当前设备分辨率的 1/2，DPI 最大值为 300。
- "演示"选项：用于将渲染或着色的图形对象的打印分辨率设置为当前设备的分辨率，DPI 最大值为 600。
- "最高"选项：用于将渲染或着色的图形对象的打印分辨率设置为当前设备的分辨率。
- "自定义"选项：用于将渲染或着色的图形对象的打印分辨率设置为在"DPI"数值框中输入的分辨率。

11.3.8　打印预览

在"打印-模型"对话框内完成设置之后，单击"预览"按钮 预览(P)... ，可以预览图形对象的打印效果。若对预览效果满意，则单击预览窗口左上方的"打印"按钮 🖶，直接打印图形；若对预览效果不满意，则单击预览窗口左上方的"关闭预览窗口"按钮 ⊗，返回"打印-模型"对话框，修改相应的设置后再打印。

11.3.9　同时打印多幅工程图

为了节省图纸，提升打印速度，通常需要在一张图纸上同时打印多幅工程图。

（1）选择"文件 > 新建"命令，创建新的图形文件。

（2）选择"插入 > 块"命令，弹出"插入"对话框。单击"浏览"按钮，弹出"选择图形文件"对话框，从中选择要打印的图形文件，然后单击"打开"按钮。此时"插入"对话框的"名称"文本框内显示所选文件的名称，如图 11-34 所示。单击"确定"按钮，将图形对象插入绘图窗口中。

图 11-34

（3）使用相同的方法插入其他需要打印的图形文件，并单击"修改"工具栏中的"缩放"按钮，
对图形对象进行缩放，其缩放比例与打印比例相同，然后将多幅工程图布置在一张图纸的尺寸范围内。

（4）选择"文件 > 打印"命令，弹出"打印"对话框，按照 1∶1 的比例打印图形即可。

11.4 将图形输出为其他格式的文件

在 AutoCAD 2019 中文版中，通过"输出"命令可以将绘制完毕的图形对象输出为 BMP 和 3DS
等格式的文件，并可在其他应用程序中使用它们。

启用命令的方法如下。

● 菜单命令："文件 > 输出"。

● 命令行：export（快捷命令：EXP）。

选择"文件 > 输出"命令，弹出"输出数据"对话框。设置文件的名称和保存路径，在"文件
类型"下拉列表中选择相应的输出格式，单击"保存"按钮，即可将图形对象输出为所选格式的文件，
如图 11-35 所示。

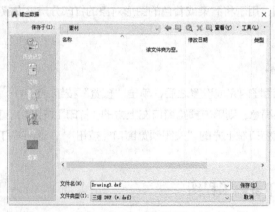

图 11-35

对话框选项解释如下。

● 三维 DWF（*.dwf）：将图形对象输出为 Autodesk Web 图形格式文件，后缀名为"dwf"。

● 图元文件（*.wmf）：将图形对象输出为图元文件，后缀名为"wmf"。

● ACIS（*.sat）：将图形对象输出为实体对象文件，后缀名为"sat"。

● 平板印刷（*.stl）：将图形对象输出为实体对象立体画文件，后缀名为"stl"。

● 封装 PS（*.eps）：将图形对象输出为 PostScrip 文件，后缀名为"eps"。

● DXX 提取（*.dxx）：将图形对象输出为属性抽取文件，后缀名为"dxx"。

● 位图（*.bmp）：将图形对象输出为与设备无关的位图文件，可供图像处理软件调用，后缀
名为"bmp"。

● 块（*.dwg）：将图形对象输出为图块，后缀名为"dwg"。

● V8 DGN（*.dgn）：将图形对象输出为 MicroStation DGN 文件，后缀名为"dgn"。

11.5 打印圆锥齿轮轴

打印 2 张 A4 图纸大小的圆锥齿轮轴零件图，如图 11-36 所示，方法如下。

（1）打开云盘中的"Ch11 > 素材 > 圆锥齿轮轴.dwg"文件。

（2）单击"标准"工具栏中的"打印"按钮，弹出"打印-模型"对话框。

（3）在"页面设置"选项组的"名称"下拉列表中选择"<无>"选项。

（4）在"打印机/绘图仪"选项组的"名称"下拉列表中选择打印机的名称。

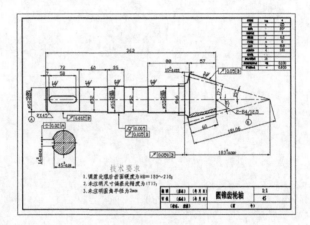

图 11-36

（5）在"图纸尺寸"下拉列表中选择"A4"选项，即在 A4 图纸上打印圆锥齿轮轴零件图。

（6）在"打印份数"数值框中输入图纸打印的份数"2"。

（7）在"打印区域"选项组的"打印范围"下拉列表中选择"窗口"选项。

（8）单击右侧出现的"窗口"按钮，然后在绘图窗口中依次选择打印区域的对角点，即 A 点与 B 点，如图 11-37 所示。

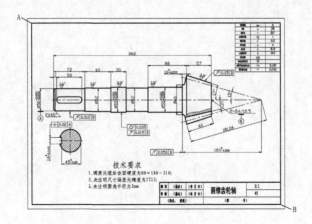

图 11-37

（9）在"打印比例"选项组中选择"布满图纸"复选框。

（10）在"打印偏移"选项组中选择"居中打印"复选框。

（11）在"图形方向"选项组中选择"横向"单选按钮。

（12）单击"预览"按钮，预览圆锥齿轮轴零件图的打印效果。若对预览效果满意，则单击预览窗口左上角的"打印"按钮 ；若对预览效果不满意，则单击预览窗口左上角的"关闭预览窗口"按钮 ，返回"打印–模型"对话框，修改相应的设置后再打印。

第 12 章
综合设计实训

本章介绍

　　本章的综合设计实训案例，是根据实际设计项目的真实情境来训练读者利用所学知识完成商业设计项目的能力。通过本章的学习，读者可以进一步巩固 AutoCAD 2019 中文版的强大操作功能和使用技巧，并应用所学技能制作出专业的设计作品。

学习目标

- ✔ 掌握直线、圆、样条曲线、倒角和圆角等绘图按钮的使用方法和应用技巧
- ✔ 掌握修剪、复制、粘贴、旋转、打断和镜像等编辑命令的使用方法和应用技巧
- ✔ 掌握面域和拉伸命令的使用方法和应用技巧
- ✔ 掌握标注命令的使用方法和应用技巧
- ✔ 掌握打印的设置方法和应用技巧

技能目标

- ✔ 掌握绘制标准直齿圆柱齿轮的方法
- ✔ 掌握绘制泵盖的方法
- ✔ 掌握绘制齿轮啮合装配图的方法
- ✔ 掌握标注拨叉零件图的方法
- ✔ 掌握打印拨叉零件图的方法

12.1 基本绘图——绘制标准直齿圆柱齿轮

12.1.1 项目背景及要求

微课视频

1. 客户名称

通达机电设备有限公司。

2. 客户需求

设计制作标准直齿圆柱齿轮平面图，由于要用于生产和加工，因此绘制的图形要精细、详尽，将图形细节最大限度地表现出来，让图形制作过程和所体现的细节一目了然，以提高制作效率。

绘制标准直齿
圆柱齿轮

3. 设计要求

（1）设计要求线条清晰明快。

（2）表现要求直观醒目、清晰准确。

（3）整体设计完整详尽。

（4）设计规格以国家的行业标准为准。

（5）能以不同的比例尺寸清晰显示图形效果。

12.1.2 项目创意及制作

1. 作品参考

【设计作品参考效果文件所在位置】云盘/Ch12/DWG/标准直齿圆柱齿轮，效果如图 12-1 所示。

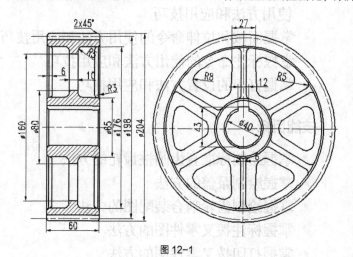

图 12-1

2. 制作要点

使用"直线""偏移""圆""圆角""倒角""打断""修剪""图案填充""删除""镜像""阵列"等命令，绘制标准直齿圆柱齿轮图形。

12.2 三维——绘制泵盖

12.2.1 项目背景及要求

1. 客户名称

阿奎罗机电设备有限公司。

2. 客户需求

设计制作泵盖立体图，由于要用于生产和加工，因此绘制的图形要精细、详尽，将图形细节最大限度地表现出来，让图形制作过程和所体现的细节一目了然，以提高制作效率。

3. 设计要求

（1）设计要求清晰严谨、明快精准。

（2）表现要求直观醒目、清晰准确。

（3）整体设计完整详尽。

（4）设计规格以国家的行业标准为准。

（5）能以不同的观察视角清晰显示图形效果。

微课视频

绘制泵盖

12.2.2 项目创意及制作

1. 作品参考

【设计作品参考效果文件所在位置】云盘/Ch12/ DWG/泵盖，效果如图 12-2 所示。

图 12-2

2. 制作要点

使用"面域""拉伸""旋转""复制""镜像""并集""差集"命令，绘制泵盖的三维模型；使用"消隐"命令、"自由动态观察"和"西南等轴测"按钮，完成三维泵盖图形的绘制。

12.3 配图——制作齿轮啮合装配图

微课视频

制作齿轮
啮合装配图

12.3.1 项目背景及要求

1. 客户名称

谷城机械有限公司。

2. 客户需求

设计制作齿轮啮合装配图，由于要用于生产和加工，因此图形的装配要精细、严谨，将图形细节最大限度地表现出来，让图形制作过程和所体现的细节一目了然。

3. 设计要求

（1）装配的衔接要准确严谨。

（2）表现要直观醒目、清晰准确。

（3）整体设计完整详尽。

（4）设计规格以国家的行业标准为准。

（5）能以不同的形式显示图形效果。

12.3.2　项目创意及制作

1. 素材资源

【素材所在位置】云盘/Ch12/素材/图框 A3.dwg、大齿轮.dwg、小齿轮.dwg、输入轴.dwg 和输出轴.dwg。

2. 作品参考

【设计作品参考效果文件所在位置】云盘/Ch12/DWG/配图，效果如图 12-3 所示。

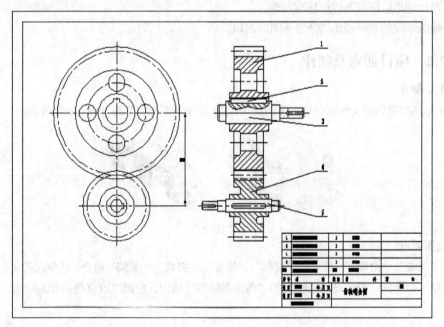

图 12-3

3. 制作要点

使用"复制""粘贴""删除""旋转""移动""修剪""直线""偏移""样条曲线""图案填充"命令，修改已有零件图形组合并将其制作成装配图形。

12.4 标注——标注拨叉零件图

12.4.1 项目背景及要求

1. 客户名称

思达机电设备有限公司。

2. 客户需求

标注拨叉零件图，由于要用于生产和加工，因此对图形的标注要准确、清晰、严谨，将图形的尺寸细节最大限度地表现出来，让制作过程更加得心应手，以提高制作效率。

3. 设计要求

（1）标注的数值准确、严谨。

（2）标注的位置清晰，一目了然。

（3）说明及材料的表示要完整详尽。

（4）文字与符号的应用要通俗易懂。

（5）标注规格以国家的行业标准为准。

12.4.2 项目创意及制作

1. 素材资源

【素材所在位置】云盘/Ch12/素材/拨叉.dwg。

2. 作品参考

【设计作品参考效果文件所在位置】云盘/Ch12/DWG/拨叉，效果如图 12-4 所示。

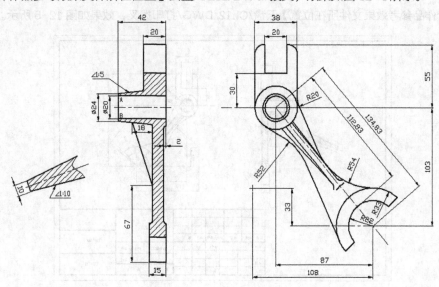

图 12-4

3. 制作要点

使用"复制""粘贴""删除""旋转""移动""修剪""直线""偏移""样条曲线""图案填充"命令，修改已有零件图形组合并将其制作成装配图形。

微课视频

12.5 打印——打印拨叉零件图

12.5.1 项目背景及要求

1. 客户名称

凤翔机电设备有限公司。

2. 客户需求

打印拨叉零件图，由于要用于生产和加工，因此打印的图形要清晰、完整，将图形细节最大限度地表现出来，让所体现的细节一目了然，以提高制作效率。

打印拨叉零件图

3. 设计要求

（1）以通用的 A4 纸为图纸尺寸。

（2）打印范围以最大限度表现图形为主。

（3）文字与数字的展示要清晰、准确。

（4）整体图形的表现要完整详尽。

12.5.2 项目创意及制作

1. 素材资源

【素材所在位置】云盘/Ch12/素材/打印拨叉.dwg。

2. 作品参考

【设计作品参考效果文件所在位置】云盘/Ch12/DWG/打印拨叉，效果如图 12-5 所示。

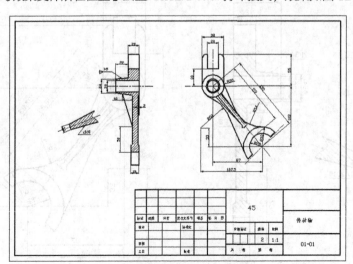

图 12-5

3. 制作要点

使用"复制""粘贴""删除""旋转""移动""修剪""直线""偏移""样条曲线""图案填充"命令，修改已有零件图形组合并将其制作成装配图形。

12.6　课堂练习1——绘制油标

12.6.1　项目背景及要求

微课视频

绘制油标

1. 客户名称

海达机电设备有限公司。

2. 客户需求

设计绘制油标，由于要用于生产和加工，因此绘制的图形要精细、详尽，将图形细节最大限度地表现出来，让制作过程和所体现的细节一目了然，以提高制作效率。

3. 设计要求

（1）设计要求线条清晰明快。

（2）表现要求直观醒目、清晰准确。

（3）整体设计完整详尽。

（4）设计规格以国家的行业标准为准。

（5）能以不同的比例尺寸清晰显示图形效果。

12.6.2　项目创意及制作

1. 作品参考

【设计作品参考效果文件所在位置】云盘/Ch12/DWG/油标，效果如图12-6所示。

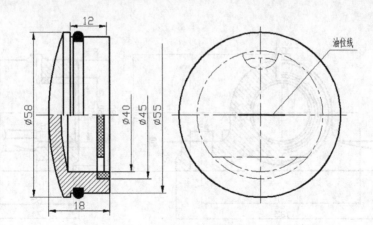

图 12-6

2．制作要点

使用"构造线""删除""圆""直线""修剪""复制""图案填充"命令，绘制油标图形。

12.7 课堂练习 2——绘制滑动轴承座

12.7.1 项目背景及要求

微课视频

1．客户名称

大可机械有限公司。

2．客户需求

设计制作滑动轴承座，由于要用于生产和加工，因此图形的装配要精细、严谨，
将图形细节最大限度地表现出来，让制作过程和所体现的细节一目了然。

绘制滑动轴承座

3．设计要求

（1）设计要求线条清晰明快。

（2）表现要直观醒目、清晰准确。

（3）整体设计完整详尽。

（4）设计规格以国家的行业标准为准。

（5）能以不同的形式显示图形效果。

12.7.2 项目创意及制作

1．作品参考

【设计作品参考效果文件所在位置】云盘/Ch12/DWG/滑动轴承座，效果如图 12-7 所示。

2．制作要点

使用"圆""修剪""偏移""镜像""圆角""倒角""移动""图案填充"命令，绘制滑动
轴承座图形。

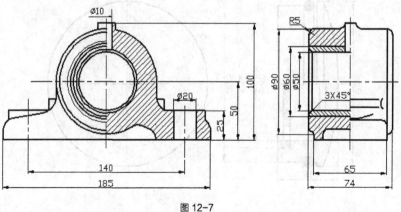

图 12-7

12.8　课后习题1——绘制腹板式带轮

12.8.1　项目背景及要求

1. 客户名称

史特机械有限公司。

2. 客户需求

设计腹板式带轮，由于要用于生产和加工，因此图形的装配要精细、严谨，将图形细节最大限度地表现出来，让制作过程和所体现的细节一目了然。

3. 设计要求

（1）装配的衔接要准确严谨。

（2）表现要直观醒目、清晰准确。

（3）整体设计完整详尽。

（4）设计规格以国家的行业标准为准。

（5）能以不同的形式显示图形效果。

12.8.2　项目创意及制作

1. 作品参考

【设计作品参考效果文件所在位置】云盘/Ch12/DWG/腹板式带轮，效果如图12-8所示。

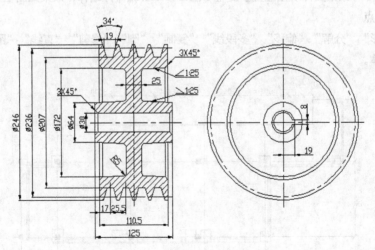

图 12-8

2. 制作要点

使用"圆""修剪""偏移""镜像""圆角""延伸""直线""复制""倒角""图案填充"命令，绘制腹板式带轮图形。

12.9 课后习题 2——绘制咖啡厅墙体

12.9.1 项目背景及要求

1. 客户名称

辉煌建行室内装饰设计有限公司。

2. 客户需求

绘制与标注咖啡厅墙体，由于要用于施工，因此图形的绘制和标注要准确、清晰、严谨，将图形的细节和尺寸最大限度地表现出来，让施工过程更加得心应手，以提高工作效率。

3. 设计要求

（1）绘制和标注的数值准确、严谨。

（2）绘制和标注的位置清晰，一目了然。

（3）图形的表示要完整详尽。

（4）符号的应用要通俗易懂。

（5）标注规格以实际地形为准。

12.9.2 项目创意及制作

1. 作品参考

【设计作品参考效果文件所在位置】云盘/Ch12/DWG/咖啡厅墙体，效果如图 12-9 所示。

2. 制作要点

使用"矩形""分解""偏移""多段线""复制""圆""修剪""直线""图案填充"命令，绘制咖啡厅墙体。

微课视频

绘制咖啡厅墙体

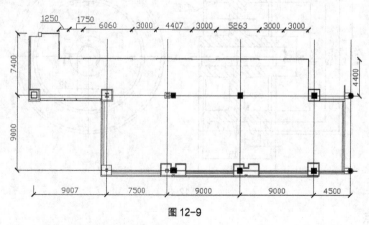

图 12-9